珠宝玉石鉴定实训

张 林 主编
何志方 王弗锐 副主编

ZHUBAO
YUSHI
JIANDING
SHIXUN

参编学校

金陵科技学院
石家庄经济学院
长春工程学院
北京经济管理职业学院
北京市商业学校
河南省广播电视大学
华南理工大学汽车学院
揭阳职业技术学院

中国地质大学出版社

内容提要

本书包括：珠宝玉石鉴定概述、珠宝鉴定仪器实习、钻石及贵重宝石鉴定实习、一般宝石及少见宝石鉴定实习、玉石鉴定实习、有机宝石鉴定实习、人工宝石鉴定实习、珠宝玉石综合鉴定实习、珠宝玉石鉴定集中实训、结束语等内容。书后列有参考文献及附录A珠宝玉石特征一览表、附录B常见宝石特征吸收光谱，以便查阅。

该书适合珠宝专业学生珠宝玉石鉴定实习、实训课程使用，也可供珠宝鉴定人员，珠宝行业管理、营销等从业人员参考。

图书在版编目(CIP)数据

珠宝玉石鉴定实训/张林主编，何志方、王弗锐副主编. —武汉：中国地质大学出版社，2009.1(2019.1重印)

ISBN 978-7-5625-2295-9

Ⅰ.珠…
Ⅱ.①张…②何…③王…
Ⅲ.①宝石-鉴定-高等学校-教材；②玉石-鉴定-高等学校-教材
Ⅳ.TS933

中国版本图书馆CIP数据核字(2009)第007351号

珠宝玉石鉴定实训	张　林　主　编
	何志方　王弗锐　副主编

责任编辑：周　华	责任校对：林　泉
出版发行：中国地质大学出版社(武汉市洪山区鲁磨路388号)	邮政编码：430074
电话：(027)67883511　　传真：67883580	E-mail:cbb@cug.edu.cn
经　销：全国新华书店	http://www.cugp.cn
开本：787毫米×960毫米 1/16	字数：379千字　印张：16.625　彩图18
版次：2009年1月第1版	印次：2019年1月第8次印刷
印刷：荆州市鸿盛印务有限公司	印数：15501—17500 册
ISBN 978-7-5625-2295-9	定价：45.00元（含《珠宝玉石鉴定实习报告册》）

如有印装质量问题请与印刷厂联系调换

21世纪高等教育珠宝首饰类专业规划教材

编 委 会

主任委员：

朱勤文　中国地质大学（武汉）党委副书记、教授

委　　员（按音序排列）：

陈炳忠　梧州学院艺术系珠宝首饰教研室主任、高级工程师
方　泽　天津商业大学珠宝系主任、副教授
郭守国　上海建桥职业技术学院珠宝系主任、教授
胡楚雁　深圳职业技术学院副教授
黄晓望　中国美术学院艺术设计职业技术学院特种工艺系主任
匡　锦　青岛经济职业学校校长
李勋贵　深圳技师学院珠宝钟表系主任、副教授
梁　志　中国地质大学出版社社长、研究员
刘自强　金陵科技学院珠宝首饰系主任、教授
秦宏宇　长春工程学院珠宝教研室主任、副教授
石同栓　河南省广播电视大学珠宝教研室主任
石振荣　北京经济管理职业学院宝石教研室主任、副教授
王　昶　广州番禺职业技术学院珠宝系主任、副教授
王茀锐　海南职业技术学院珠宝专业主任、教授
王娟鹃　云南国土资源职业学院宝玉石与旅游系主任、教授
王礼胜　石家庄经济学院宝石与材料工艺学院院长、教授
肖启云　北京城市学院理工部珠宝首饰工艺及鉴定专业主任、副教授
徐光理　天津职业大学宝玉石鉴定与加工技术专业主任、教授

薛秦芳　中国地质大学(武汉)珠宝学院职教中心主任、教授
杨明星　中国地质大学(武汉)珠宝学院院长、教授
张桂春　揭阳职业技术学院机电系(宝玉石鉴定与加工技术教研室)系主任
张晓晖　北京市商业学校商贸系主任、副教授
张义耀　上海新侨职业技术学院珠宝系主任、副教授
章跟宁　江门职业技术学院艺术设计系系副主任、高级工程师
赵建刚　安徽工业经济职业技术学院党委副书记、教授
周　燕　武汉市财贸学校宝玉石鉴定与营销教研室主任

特约编委：
刘道荣　中钢集团天津地质研究院有限公司副院长、教授级高工
　　　　天津市宝玉石研究所所长
　　　　天津石头城有限公司总经理
王　蓓　浙江省地质矿产研究所教授级高工
　　　　浙江省浙地珠宝有限公司总经理

策　划：
梁　志　中国地质大学出版社社长
张晓红　中国地质大学出版社副总编
张　琰　中国地质大学出版社教育出版中心副主任

改版说明

——记庐山全国珠宝类专业教材建设研讨会之共识

中国地质大学出版社组织编写和出版的"高职高专教育珠宝类专业系列教材"从2007年9月面世至今已经过去三年。为了全面了解这套教材在各校的使用情况及意见,系统总结编写、出版、发行成果及存在问题,准确把握我国珠宝教育教学改革的新思路、新动态、新成果,中国地质大学出版社在深入各校调研的基础上,发起了召开"全国珠宝类专业课程建设研讨会"的倡议,得到各校专家的广泛响应。2010年8月10日~13日,来自全国27所大中专院校的48位珠宝教育界专家汇聚江西庐山,交流我国珠宝教育成果,研讨课程设置方案,并就第一版教材存在的问题、新版教材的编写方案等达成以下共识。

一、第一版教材存在的问题及建议

按照2005、2006年商定的编写和出版计划,"高职高专教育珠宝类专业系列教材"共组织了十多所院校的专家参加编写,计划出版20本,实际出版12本,从而结束了高职高专层次珠宝类专业没有自己的成套教材的历史。在编写、出版、发行过程中存在的主要问题是:

(1)整套教材在结构上明显失衡,偏重宝玉石加工与鉴定,首饰设计、制作工艺、营销和管理方面的教材比重过小。已经出版的12本教材中,属于宝石学基础、宝玉石鉴定方面占2/3,而属于设计、制作工艺、管理及营销方面的只占1/3,不能满足当前珠宝首饰类专业人才培养的需要。造成这种状况的一个重要原因是,编委会所组织的参编学校中,结晶学、矿物学、岩石学基础普遍较好,宝石加工、鉴定力量较强,而作为首饰设计、制作工艺基础的艺术学基础和作为经营管理基础的管理学相对薄弱。因此建议在改版时加强薄弱环节,并补充急需的教材选题。

(2)编写计划在各校实施不平衡,金陵科技学院、安徽工业经济职业学院、上海新侨学院、上海建桥学院等院校较好地完成了预定编写计划。但有些学校由于各种原因,计划实施得并不顺利,有些学校甚至一本都没有完成。造成有些用量很大而极其重要的教材至今仍然没有出来,影响了正常的教学需要。因此建议改版时将这些选题作为重点重新配备编写力量,以保证按时出版。

(3)或多或少都存在着内容重复或缺失现象。调查发现,有的内容多本教材涉及,但又都没交代清楚,感觉不够用;而有的重要内容,相关教材都未涉及。造成这种状况的一个重要原因是,主编单位由编委会指定,既没有发动各校一起讨论编写大纲,也没有组织编委会审稿,主要由主编依据本校教学要求编写定稿,无法充分考虑其他学校的基本要求和吸收各校的教学成果。因此建议加强各校之间的交流,改版时主编单位拟好编写大纲后要广泛征求使用单位的意见,编委会要对大纲和初稿审查把关,以确保编写质量。

二、新版教材的编写方案

(1)丛书名称改为"21世纪高等教育珠宝首饰类专业规划教材",以适应服务目标的变化。第一版的目标定位是以满足高职高专教育珠宝类专业教学需要为主,兼顾中职中专珠宝教育及珠宝岗位培训需要。当时根据高职高专教育主要培养高技能人才的目标要求,提出了五项基本要求:以综合素质教育为基础,以技能培养为本位;以社会需求为基本依据,以就业需求为导向;以各领域"三基"为基础,充分反映珠宝首饰领域的新理念、新知识、新技术、新工艺、新方法;以学历教育为基础,充分考虑职业资格考试、职业技能考试的需要;以"够用、管用、会用"为目标,努力优化、精炼教材内容。

这几年,珠宝教育有了比较大的变化,社会对珠宝人才的需求也有变化,其中上海建桥学院、南京金陵学院、梧州学院等院校已经升为本科,原来的目标定位和编写要求已经不合适。为此,编委会经过认真研究,决定将丛书名改为"21世纪高等教育珠宝首饰类专业规划教材",以适应培养珠宝首饰行业各类应用人才的需要,同时兼顾中职中专及岗位培训的需要。在内容安排上,要反映珠宝行业的新发展和珠宝市场的实际需求,要反映新的国家标准,要突出实际操作和应用能力培养的需求。

(2)调整和充实编委会,明确编委会职责,增强编委会的代表性和权威性。与会代表建议,在原有编委会组成人员的基础上,广泛吸收本科院校、企业界的专家参与,进一步充实编委会,增强其权威性。在运作上,可以分成两个工作组,一个主要面向研究型人才培养的,一个主要面向应用型人才培养的。编委会的主要职责是:①拟定编写和出版计划、规范、标准等,为编写和出版提供依据;②确定主编和参编单位,审定编写大纲,落实编写和出版计划;③审查作者提交的稿件,把好业务质量关;④监督教材编辑出版进程,指导、协调解决编辑出版过程中的业务问题。

(3)按照分批实施、逐步推进的思路确定新的编写计划。编委会计划用三年时间构建一个"21世纪高等教育珠宝首饰类专业规划教材"体系,整个体系由基础、鉴定、设计、加工、制作、经营管理、鉴赏等模块组成,每个模块编写3~6门主干课程的教材,共计编写、出版教材32种。与原来的体系相比,新体系着重加强了制作(8种)、设计(4种)、经营管理(4种)等模块的分量,并增列了文化与鉴赏方面的教材。会上,按照整合各校优势、兼顾各校参编积极性的原则,建议每种教材由1~2所学校主编,其他学校参编;基础好的学校每校可以主编2~3种教材,参编若干种。

编写出版的进度安排:2010年底前完成编写大纲的修订、定稿工作,确定每个年度的编写和出版计划,修编出版珠宝英语口语等选题;

2011年秋季参编宝石学基础、贵金属材料及首饰检验、首饰设计与构思、翡翠宝石学基础、首饰制作工艺、珠宝首饰营销基础、首饰评估实用教程、钻石及钻石分级、宝石鉴定仪器与鉴定方法等；其他品种2011年着手编写/修编，争取2012年秋季出版。

三、固化会议形式，建立固定交流平台

与会专家认为，随着珠宝行业的快速发展，我国珠宝教育有了长足的进步，开办珠宝首饰类专业的学校也越来越多，但是由于业界没有一个共同的交流平台，相互之间缺乏沟通，无法相互取长补短，共同提高。这次中国地质大学出版社牵头，把相关学校召集在一起交流经验，探讨专业建设和教材建设大计，为我们搭建了很好的平台，意义非凡而深远，为珠宝教育界做了一件大好事，由衷地感谢中国地质大学出版社，同时也希望中国地质大学整合珠宝学院和出版社的力量，牵头建立全国性的珠宝教育研究组织，作为全国珠宝教育界联系和交流的平台，每1～2年召开一次会议，承办单位和地点，可以采取轮流坐庄的办法，由会员单位提出申请，理事会确定。

《21世纪高等教育珠宝首饰类专业规划教材》编委会
2010年7月6日于武汉

前言

海南职业技术学院"珠宝玉石鉴定"课程被评为2007年校级、省级、国家级精品课程,为配合"珠宝玉石鉴定"课程的学习,我们编写了《珠宝玉石鉴定实训》一书。

本书的编写旨在使学生在实习课中了解每次实习的目的、内容和要求,指导学生更好地进行实习。同时,也可供珠宝鉴定人员,珠宝行业管理、营销等从业人员参考。

全书分为十章:珠宝玉石鉴定概述、珠宝鉴定仪器实习、钻石及贵重宝石鉴定实习、一般宝石及少见宝石鉴定实习、玉石鉴定实习、有机宝石鉴定实习、人工宝石鉴定实习、珠宝玉石综合鉴定实习、珠宝玉石鉴定集中实训、结束语等内容。书后列有参考文献及附录A珠宝玉石特征一览表、附录B常见宝石特征吸收光谱,以方便查阅。

在编著过程中,编著者总结了十多年来珠宝鉴定、教学、培训和科研等工作经验,并参考了中、外有关宝石学、宝石鉴定的教材和书刊,国家珠宝行业有关标准,国家职业资格——宝玉石检验员(中级)技术标准、技术规范以及中国珠宝首饰行业协会教育委员会颁布的GAC宝玉石鉴定师考试大纲。

本书由海南职业技术学院张林教授、何志方讲师、王苐锐高级工程师共同编写。由于时间仓促、编者水平所限,不当与疏漏之处在所难免,欢迎读者批评指正。邮箱:zhang0709@sohu.com

编者
2008年7月10日

目录

第一章　珠宝玉石鉴定概述 ……………………………………………… (1)
　一、珠宝玉石鉴定的概念 ……………………………………………… (1)
　二、珠宝玉石鉴定的特点、内容及要求 ……………………………… (1)
　三、珠宝玉石鉴定的步骤与方法 ……………………………………… (2)
　四、珠宝鉴定的注意事项 ……………………………………………… (14)

第二章　珠宝鉴定仪器实习 …………………………………………… (15)
　一、实习目的 …………………………………………………………… (15)
　二、实习内容 …………………………………………………………… (15)
　三、实习要求 …………………………………………………………… (42)
　四、实习报告 …………………………………………………………… (44)

第三章　钻石及贵重宝石鉴定实习 …………………………………… (45)
　一、实习目的 …………………………………………………………… (45)
　二、实习内容 …………………………………………………………… (45)
　三、实习要求 …………………………………………………………… (59)
　四、实习报告 …………………………………………………………… (59)

第四章　一般宝石及少见宝石鉴定实习 ……………………………… (60)
　一、实习目的 …………………………………………………………… (60)
　二、实习内容 …………………………………………………………… (60)
　三、实习要求 …………………………………………………………… (83)
　四、实习报告 …………………………………………………………… (84)

第五章　玉石鉴定实习 ………………………………………………… (85)
　一、实习目的 …………………………………………………………… (85)
　二、实习内容 …………………………………………………………… (85)

三、实习要求 …………………………………………………………（105）
　　四、实习报告 …………………………………………………………（105）

第六章　有机宝石鉴定实习 …………………………………………………（106）
　　一、实习目的 …………………………………………………………（106）
　　二、实习内容 …………………………………………………………（106）
　　三、实习要求 …………………………………………………………（118）
　　四、实习报告 …………………………………………………………（118）

第七章　人工宝石鉴定实习 …………………………………………………（119）
　　一、实习目的 …………………………………………………………（119）
　　二、实习内容 …………………………………………………………（119）
　　三、实习要求 …………………………………………………………（125）
　　四、实习报告 …………………………………………………………（125）

第八章　珠宝玉石综合鉴定实习 ……………………………………………（126）
　　一、实习目的 …………………………………………………………（126）
　　二、实习内容 …………………………………………………………（126）
　　三、实习要求 …………………………………………………………（195）
　　四、实习报告 …………………………………………………………（197）

第九章　珠宝玉石鉴定集中实训 ……………………………………………（198）
　　一、鉴定集中实训目的 ………………………………………………（198）
　　二、鉴定集中实训时间 ………………………………………………（198）
　　三、鉴定集中实训内容 ………………………………………………（198）
　　四、鉴定集中实训要求 ………………………………………………（199）

第十章　结束语 ………………………………………………………………（200）
　　一、鉴定仪器的使用及在观察、测试中需要注意的问题 …………（200）
　　二、定名问题 …………………………………………………………（205）

参考文献 ………………………………………………………………………（208）

附录A　珠宝玉石特征一览表 ………………………………………………（209）

第一章 珠宝玉石鉴定概述

珠宝玉石鉴定是珠宝专业的一门重要专业课,是珠宝专业主干核心课程之一,是从事珠宝行业各项工作必须具备的基本能力。

一、珠宝玉石鉴定的概念

珠宝玉石鉴定是根据观察、测试到的珠宝玉石的各项特征,综合分析判断,对珠宝玉石进行定名的工作,有时尚需进行质量评价。

珠宝鉴定过程中要特别注意天然与合成、优化处理以及易混淆珠宝玉石的鉴别。

二、珠宝玉石鉴定的特点、内容及要求

1. 珠宝玉石鉴定的特点

(1) 无损伤鉴定

珠宝玉石鉴定对于裸石(琢件)和镶嵌件(饰品)的鉴定必须是无损伤鉴定,不允许刻划。对于某些样品,如珍珠、绿松石等不宜接触有机液体,紫外荧光亦须慎用。

(2) 必须使用专门的仪器、设备

珠宝玉石鉴定通常使用常规的珠宝鉴定仪器,如放大镜、宝石显微镜、折射仪、电子天平、偏光镜、二色镜、分光镜、查尔斯滤色镜、紫外荧光灯、热导仪和莫桑仪等。必要时,可使用大型仪器,如红外光谱仪、电子探针、拉曼光谱仪、X射线荧光光谱仪、阴极射线发光仪、扫描电镜和X射线衍射仪等。

2. 珠宝玉石鉴定的内容

(1) 原石(料石)

对珠宝玉石原石(料石)进行鉴定,有时可直接采用矿物学、岩石学的鉴定方法。

(2) 裸石(琢件)

对雕琢的玉件、切磨的戒面等裸石进行鉴定,通常使用常规珠宝鉴定仪器即

可解决问题,个别情况需利用大型仪器进行鉴定。

(3) 镶嵌件(饰品)

对饰品进行鉴定,由于珠宝玉石已镶嵌,使得某些鉴定项目无法进行,如密度的测定等,增加了鉴定工作难度。

无论对原石、裸石还是镶嵌件,鉴定过程中都需要确定珠宝玉石的品种、天然与合成以及是否经过了优化、处理;同时,对易混淆的珠宝玉石的鉴别,必须给予充分的注意。

3. 珠宝玉石鉴定的要求

从事珠宝玉石鉴定的人员需要有扎实的珠宝鉴定基本知识和基础理论以及熟练的鉴定技能。

珠宝玉石鉴定人员必备的基本知识和基础理论包括结晶矿物学基础、晶体光学基础和宝石学基础。此外,还必须掌握珠宝鉴定仪器的结构、原理、操作、使用方法和注意事项等。

熟练的鉴定技能是建立在掌握了珠宝玉石鉴定基本知识和基础理论以及正确使用各类常规珠宝玉石鉴定仪器的前提下,经过大量各类珠宝玉石样品的观察、测试的实训,培养快速、准确鉴定珠宝玉石的能力。

在加强实践技能训练的同时,我们强调理论的重要性。只有很好地掌握了珠宝玉石鉴定基本知识和基础理论,才能使鉴定技能得以迅速的提高;才能对所观察的现象以及测试的结果给出合理的解释;才能具备快速、准确鉴定各类珠宝玉石的能力。

珠宝玉石鉴定过程中,必须认真、细心、实事求是,对所观察到的现象和测试的数据进行综合分析、判断,并准确定名;同时,应严格执行珠宝行业的有关国家标准。

三、珠宝玉石鉴定的步骤与方法

珠宝玉石鉴定,首先要总体观察,然后进行常规珠宝鉴定仪器检测,并对观察到的现象和所测试的数据进行综合分析、判断,并准确定名,最后经其他人复查,签发鉴定证书。

1. 总体观察

总体观察又称肉眼鉴定或经验鉴别。

总体观察是缩小样品品种范围,选择进一步测试方法的基础,也是确定品质、加工质量的检验方法。总体观察内容包括颜色、光泽、透明度、特殊光学效应、色散、琢型、掂重和是否拼合石等。

(1) 颜色的观察与描述

颜色:从物理意义上讲,颜色意味着一定波长范围的电磁波辐射,当其刺激我们的视神经时,就产生了颜色的感觉。

①颜色的观察。

颜色的观察应在连续光谱的白光下观察,如日光、白炽灯管(日光和白炽灯下颜色可稍有不同),背景应为白色。用反射光观察颜色,不可用透射光观察颜色,因为透射光观察到的是体色,而不是表色。

②颜色的描述方法。

色彩,色彩分为彩色系列和非彩色系列。彩色系列中基本色彩有红、橙、黄、绿、青、蓝、紫以及过渡色彩紫红、橙红、黄绿、蓝绿等。非彩色系列有无色、白、灰、黑等。

色调,根据色调的不同,可用浅、中、深以及实物等形容词描述,如浅红、中红、深红、鸽血红、砖红等。

对于颜色不均匀的珠宝玉石出现的色带、色斑等亦须给予准确描述。

(2) 光泽的观察与描述

光泽是宝石表面反射光的能力和特征。观察光泽时要用反射光。光泽由强至弱分为以下几种。

①金属光泽:如黄金、黄铁矿等。

②半金属光泽:如磁铁矿、铌铁矿等。

③金刚光泽:如金刚石、白铅矿等。

④玻璃光泽:如玻璃、水晶等。

⑤特殊光泽:表面不平坦或以集合体形式存在时出现特殊光泽。特殊光泽又分为以下几种:油脂光泽,如羊脂玉、石英断口等;树脂光泽,如琥珀等;蜡状光泽,如寿山石、田黄等;丝绢光泽,如木变石、查罗石等;珍珠光泽,如珍珠、贝壳等;土状光泽,如黏土、白垩等。

(3) 透明度的观察与描述

透明度指宝石通过可见光的能力。透明度可分为5级,用透射光观察。

①透明:如水晶、钻石等。

②亚透明:如某些红宝石、蓝宝石等。

③半透明:如玛瑙、翡翠、碧玺等。

④微透明:如黑曜岩等。

⑤不透明:如绿松石、孔雀石等。

(4)特殊光学效应

①变色效应。指宝石的颜色在不同光谱能量分布的白光光源照射下,呈现不同颜色的现象。变色效应主要由 Cr 或 V 引起。有变色效应的宝石如变石,日光下为冷色调——各种不同的绿色,钨丝白炽灯下呈暖色调——各种不同的红色。其他具有变色效应的还有变色蓝宝石、变色石榴石、变色尖晶石、变色萤石、变色蓝晶石以及合成变石、合成变色刚玉、合成变色尖晶石、合成变色立方氧化锆、变色玻璃等。

②猫眼效应。弧面型宝石在光照下呈现出如猫眼般明亮的细窄光带,叫猫眼效应。猫眼效应主要由反射、折射作用引起。具有猫眼效应的宝石有猫眼、碧玺猫眼、磷灰石猫眼、透辉石猫眼、矽线石猫眼、绿柱石猫眼、方柱石猫眼、月光石猫眼、木变石猫眼、石英猫眼和玻璃猫眼等。

③星光效应。弧面型宝石在平行光线照射下,呈现相互交汇的星状光带的现象,称为星光效应。星光效应主要由反射、折射作用引起。具有星光效应的宝石有星光红、蓝宝石、星光辉石、星光石榴石、星光绿帘石、合成星光红、蓝宝石和透射星光石英等。观察星光效应或猫眼效应时,用较强光源如冷光源观察效果较好。

④月光效应。宝石中极微小的包裹体、固溶体结构或点缺陷、晶体位错、孔隙等对光的散射而产生了明亮的蓝光或乳光称月光效应。月光效应主要由散射作用引起。具有月光效应的宝石有长石、石英、近于无色的岫玉和无色的玉髓等。

⑤变彩效应。宝石的特殊结构对光的干涉、衍射作用产生颜色,随着光源或观察角度的变化,颜色也改变,这种现象称为变彩。变彩效应主要由干涉、衍射作用而形成。如欧泊的变彩等。

⑥砂金效应。当透明宝石中含有某些矿物等包裹体时,这些包裹体对可见光发生反射作用所产生的闪烁现象称为砂金效应。具有砂金效应的宝石有日光石、东陵石和砂金玻璃等。

(5)色散

白光通过透明物质互不平行的倾斜平面时,分解成它的组成波长即色散。

少数宝石,如钻石、合成碳硅石和合成立方氧化锆等,肉眼可见色散现象,故可作为其关键性的鉴定特征。

(6)琢型

宝石加工的款式有琢型和琢形之分。琢型指各种瓣面几何形状及其排列方式。琢形指垂直台面向下看所见的腰棱外廓的几何形状。

常见的宝石琢型有四大类:刻面型、弧面型、珠型和异型。

①刻面型。刻面型又称棱面型、翻光面型和小面型。

刻面型是瓣面由许多平面组成的琢型。根据其形状特点和平面组合方式不同,可划分为四大基本类型:圆多面型、玫瑰型、阶梯型和混合式琢型。

a. 圆多面型:又称明亮型、圆钻型或圆形刻面型。如标准圆钻型切工即为圆多面型(图1-1)。圆多面型的变型有橄榄形刻面型、梨形刻面型、椭圆形刻面型和心形刻面型等(图1-2)。

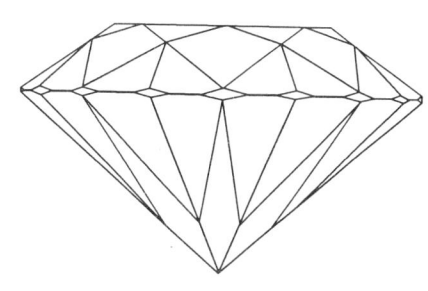

图1-1 圆钻型刻面的冠部和侧面

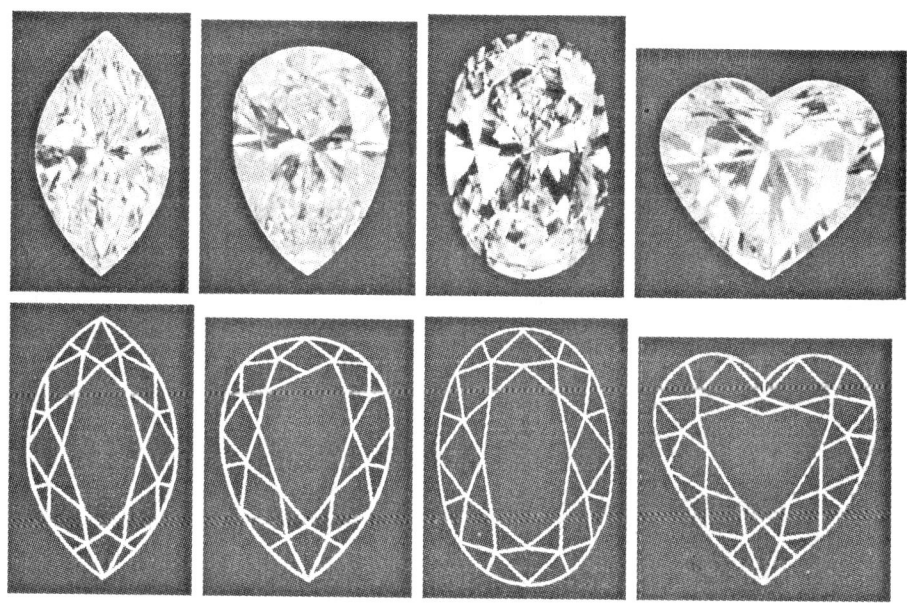

图1-2 橄榄形刻面、梨形刻面、椭圆形刻面、心形刻面冠部和素描图

b. 玫瑰型：玫瑰型是底面平且宽，上面由连续的三角形组成，因其形状看上去似一朵盛开的玫瑰花，故而得名（图1-3）。

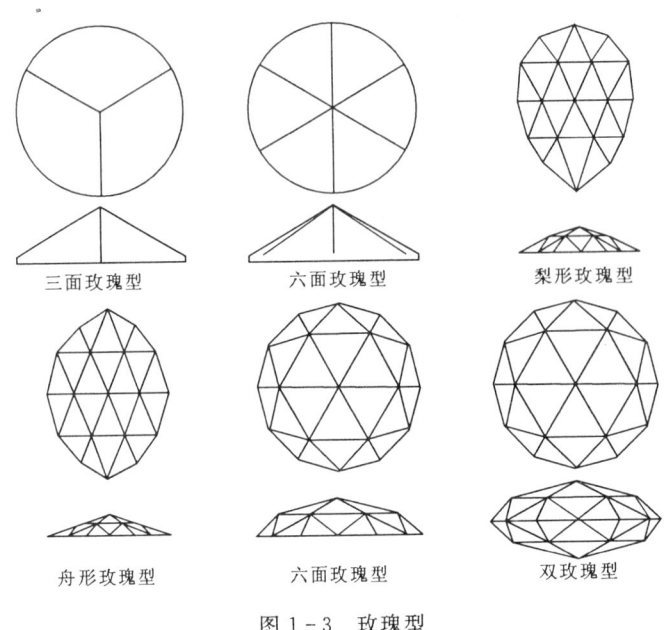

图1-3 玫瑰型

c. 阶梯型：阶梯刻面型又称祖母绿型，因常用于祖母绿的琢型而得名。祖母绿型基本形状是一个去掉四个角的矩形，具有阶梯状排列的翻光面，底部终止于一个斧形的尖底（图1-4）。

 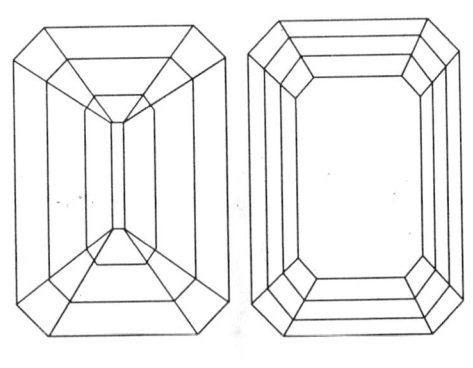

图1-4 阶梯型（祖母绿型）的亭部和冠部

d. 混合式琢型：混合式琢型是指同一粒宝石的不同部位切磨成不同琢型混合而成的款式。如图1-5为混合式切工常见琢型。其中最常见的款式是冠部为圆多面型，亭部为阶梯型。

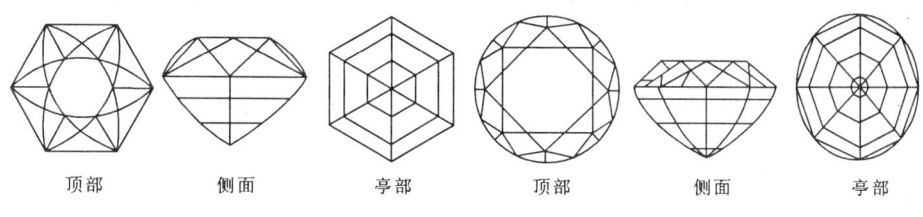

图1-5　混合式琢型

②弧面型。弧面型是指主要瓣面为弧面的琢型。弧面型又称凸面型或素面型。

根据弧面型宝石的截面形状划分如下（图1-6）。

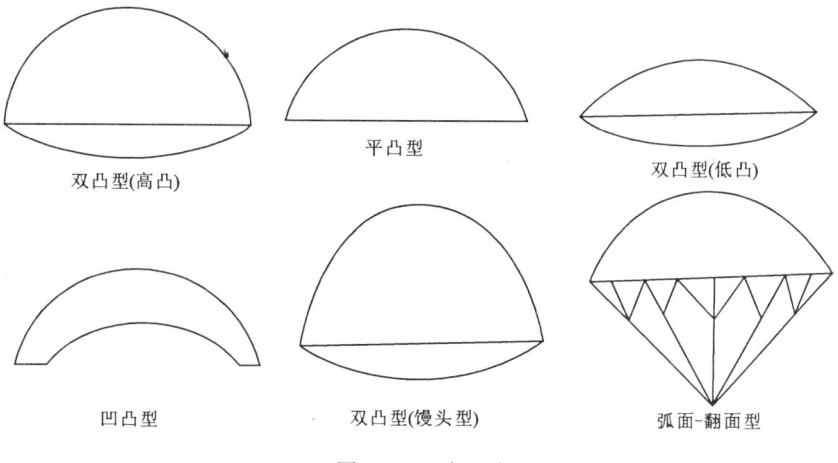

图1-6　弧面型

a. 单凸弧面型：由顶部的凸面和底部的平面组成。
b. 双凸弧面型：顶部和底部都由凸面组成。
c. 扁豆弧面型：顶、底均为凸面，只是底部凸面弧度较小。
d. 凹面弧面型：在单凸弧面型基础上，从底部挖出一个空心凹面。

此外，根据弧面型的腰部形状，可进一步划分出圆形弧面型、椭圆形弧面型、橄榄形弧面型、心形弧面型、矩形弧面型、方形弧面型、垫形弧面型、十字形弧面型和垂体形弧面型等(图1-7)。

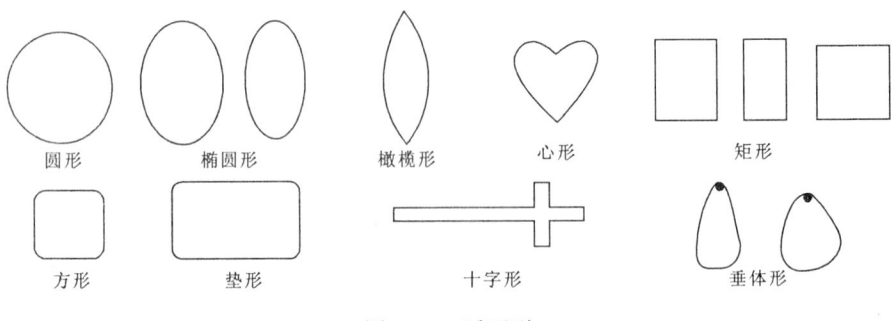

图1-7 弧面型

③珠型。珠型为串饰所用,形态可以是圆、椭圆、腰鼓、柱等;瓣面可以是弧面,也可以由小平面(刻面)组成。

根据几何形态的不同,珠型可分为圆珠型、椭圆珠型、扁圆珠型、腰鼓珠型、圆柱珠型和棱柱珠型等(图1-8)。

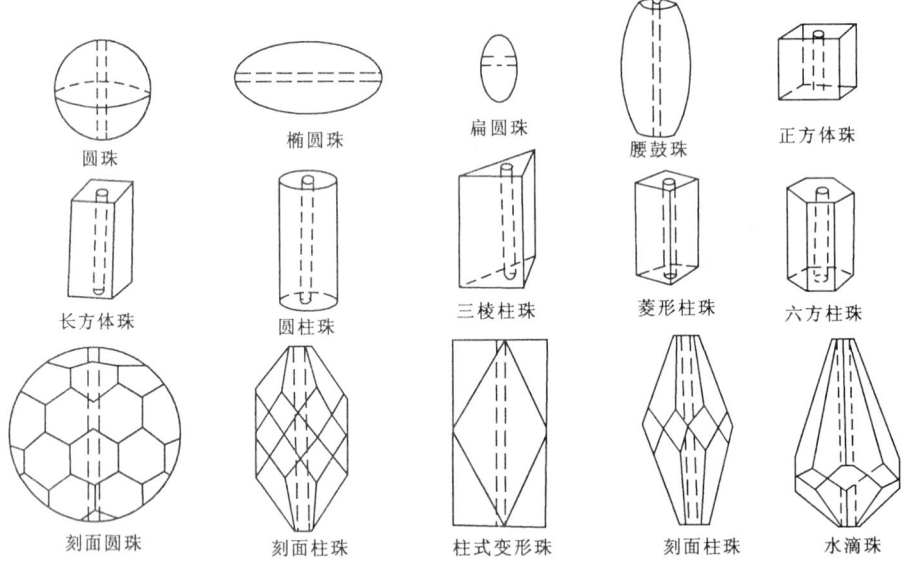

图1-8 珠型

④异型。异型包括自由型和随型两种款式。自由型是把原石琢磨成不对称、不规则的造型或写实形态。随型是按照原石形状,用磨棱去角、抛光等简单工艺加工而成的款式(图1-9)。

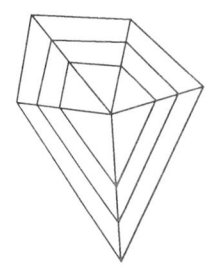 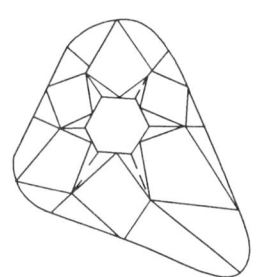

图1-9 异型

(7)掂重

掂重可判断宝石的相对密度大小,从而帮助鉴别宝石。如海蓝宝石与蓝黄玉,掂重较轻的是海蓝宝石;掂重较重的是蓝黄玉。

(8)拼合石

常见的拼合石有拼合欧泊、红宝石拼合石、蓝宝石拼合石和石榴石玻璃拼合石等。

拼合石的鉴定特征有:拼合缝(拼合缝应是平直的)、拼合面(结合处常见有残留气泡)、光泽差异(如石榴石与玻璃拼合石可有光泽差异)。

红圈效应用于帮助检测石榴石和玻璃组成的拼合石。检测过程有以下几个步骤。

①将样品台面朝下置于白色背景上;
②用笔式手电从不同角度照射样品的底部;
③如果该宝石为石榴石玻璃拼合石,则可见由底面反射出的或围绕腰部的红圈。

红圈效应检测的局限性:红色样品看不见红圈;紫红色的或石榴石冠部很薄的也可能见不到红圈。

(9)解理、裂理与断口的观察

①解理是晶体受外力打击时,严格沿着一定的结晶学方向破裂成平面的固有性质。

宝石矿物常见的具有鉴定意义的解理有如下几种。

a. 金刚石:八面体{111}四组中等解理;

b. 方解石:菱面体$\{10\bar{1}1\}$三组完全解理;

c. 辉石:$\{110\}$柱面解理,即两组近正交(87°,93°)的完全解理,也称辉石式解理、豆腐块式解理;

d. 矽线石:$\{010\}$一组完全解理;

e. 黄玉:$\{001\}$一组完全解理等。

②裂理是晶体在外力作用下,有时沿双晶结合面、定向包裹体分布面或结构缺限的面裂开成平面的性质。

宝石矿物常见的具有鉴定意义的裂理有刚玉类宝石。红、蓝宝石常依$\{10\bar{1}1\}$菱面体三组裂开,较少依$\{0001\}$底面一组裂开。

解理与裂理在现象上极为相似,但产生的原因不同。解理是沿晶体结构中面网之间键力最弱的平面产生的定向破裂,它是由晶体结构本身的固有特点所直接决定的。裂理尽管也是沿着一定的结晶方向破裂成平面,但却是由于非固有的其他原因引起的:如沿双晶结合面、定向包裹体分布面等的裂开。解理与裂理在外观上虽然极为相似,但亦有差异。裂理是一些互相平行的、笔直连续的裂缝,而解理可以是笔直连续的,也可以是笔直断续的裂缝(因解理等级不同而异)。

③断口是宝石晶体、晶质集合体、非晶质体在外力打击下,不依一定结晶方向破裂而成的断开面,如贝壳状断口、参差状断口、锯齿状断口、阶梯状断口和平坦状断口等。

常见的贝壳状断口可见于非晶质体和解理不发育的宝石中,如玻璃、水晶和琥珀等。

2. 珠宝玉石鉴定仪器检测的内容

(1)放大检查

放大检查应用于观察宝石的表面特征和内部特征。

放大检查应从10倍放大开始。有时用10倍放大镜和冷光源观察宝石的某些特征,效果会比用宝石显微镜好。例如,使用冷光源透射光观察象牙的勒兹纹、石英岩玉的粒状结构以及某些透明度较差的翡翠的染色特征等,都会得到满意的结果。

①表面特征观察包括宝石的加工工艺及抛光质量,宝石台面刻划、棱线磨损情况以及解理、裂理、裂隙、断口的观察,某些宝石的结构特征如珍珠的"砂丘纹"、菱锰矿的层纹构造、玻璃猫眼的蜂巢结构以及某些不透明宝石露在表面的内含物等。表面特征的观察用反射光观察。

②内部特征的观察主要是观察宝石的包裹体特征,以便鉴别天然宝石与合成宝石以及确定宝石是否经过了优化处理。例如,天然的红、蓝宝石具有矿物包

裹体、针状矿物包裹体、平直或六边形生长纹(色带)、双晶纹或裂理、气液包裹体、指纹状包裹体、气液两相包裹体等;而焰熔法合成的红、蓝宝石有气泡、弧形生长纹,助熔剂法合成的红、蓝宝石有助熔剂残留物、铂金片等;染色翡翠具有丝网状绿,颜色集中在缝隙和晶粒边缘。此外,内部特征的观察可以确定宝石的结构以便鉴定宝石。例如,SiO_2质玉石,隐晶质结构的为玉髓、玛瑙;粒状结构的为石英岩玉;纤维状结构的为木变石;玻璃质结构(并含有长石、石英斑晶)的为天然玻璃。内部特征的观察还可以根据矿物包裹体的形态确定宝石的种属。例如,合成碳硅石特有的金属球状、极小白点状的线状包裹体,尖晶石中的八面体负晶或矿物包裹体,石榴子石中的浑圆状矿物包裹体及针状矿物包裹体,玻璃中的气泡等。放大观察也用于估测宝石的双折射率大小,一些双折射率大的宝石如锆石、橄榄石、碧玺等可见双影现象。

内部特征的观察主要利用透射光观察,有时也用反射光观察或同时用底光源和顶光源观察。

(2)折射率及双折射率的测定

折射率及双折射率是宝石鉴定的重要数据。

折射率及双折射率可用宝石折射仪测定。宝石折射仪是根据宝石的临界角及光的全反射原理制成的。

一般均质体宝石和多晶质集合体的玉石只能测得一个折射率值(多晶质集合体极个别情况可以测得两个折射率值)。非均质体双折射率特别小的宝石,如符山石,有时也只能测到一个折射率值(但符山石在正交偏光镜下四明四暗,用二色镜观察有弱二色性)。非均质宝石一般可测得两个折射率值。一轴晶宝石正光性者低值不动,高值动($Ne > No$);负光性者高值不动,低值动($No > Ne$)。确定一轴晶光性正负时,在折射仪上观察两条阴影边界高值动还是低值动,经常不容易分辨。最好的办法是测2~3组数据,即可确定一轴晶的光性正负。例如,把紫晶台面放在折射仪的棱镜上(要加浸液),旋转偏光片,读数为1.553/1.544,然后把宝石转动一定角度,旋转偏光片,读数为1.550/1.544。在这两组数据中,两次都出现的1.544是不动的,即为常光(No)折射率值;而有变化的1.553、1.550是动的,即为非常光(Ne或Ne')的折射率值。因为$Ne > No$,所以测得紫晶是一轴晶正光性宝石。二轴晶宝石有三个主折射率值,一般测得Ng、Np即可,两条阴影边界(Ng、Np)都动(Nm值是不动的)。可以根据Ng或Np远离还是靠近Nm,判断二轴晶的光性正负。如果Ng靠近Nm,则$Ng-Nm < Nm-Np$,为负光性;如果Ng远离Nm,则$Ng-Nm > Nm-Np$,为正光性。当然,也可以测许多组数据,用作图法确定二轴晶的光性正负(需要宝石有大刻面,测试、作图均需较长时间)。

测折射率时,一轴晶可出现假均质体现象,即只见到一条阴影边界,这是入射光线沿光轴方向传播的结果。转动宝石或换刻面即可见到两条阴影边界。二轴晶有时可见到假一轴晶现象,即一条阴影边界不动(Nm),另一条阴影边界动(Ng 或 Np)。转动宝石或换刻面即可观察到两条阴影边界都动。

双折射率(或接近最大双折射率)可帮助鉴别易混淆宝石,例如,紫晶与紫色方柱石的折射率值相近,但紫晶双折射率是 0.009,而紫色方柱石双折射率是 0.005;又如磷灰石与碧玺,二者折射率值与密度值相近,但磷灰石双折射率通常为 0.003,而碧玺双折射率通常为 0.020。

(3)多色性观察

非均质宝石,由于光波振动方向不同,致使选择吸收不同而呈现颜色不同的现象称为多色性。

观察多色性使用二色镜,因为二色镜中的冰洲石块双折射率大,可以使宝石的多色性显现出来。

具有多色性的宝石为非均质体。一轴晶具有二色性;二轴晶具有三色性。

均质体宝石没有多色性。晶质集合体中的非均质集合体多色性不可测。

观察多色性应用透射光观察,光源为连续光谱的白光。冷光源、手电筒、自然光等均可使用。

应该掌握二色镜使用方法的关键所在:从宝石的两个以上方向观察,并且转动二色镜观察。从宝石的两个以上方向观察,一是为了避免光轴方向,二是为了找到非均质宝石的主要光学方向。一轴晶有两个主要光学方向:一为 Ne 方向,另一为 No 方向。二轴晶有三个主要光学方向:一为 Ng 方向,另一为 Np 方向,还有一个是 Nm 方向。我们所说的二色性、三色性的实质是光波在主要光学方向上振动时,选择吸收所产生的颜色。理论上很清楚,利用偏光显微镜在岩石薄片中观察矿物的二色性或三色性也很容易,但是利用二色镜实际观察起来确实很困难,尤其是三色性的观察。实习中经常见到有的同学使用二色镜时,只知道从宝石不同方向观察,而不知道旋转二色镜观察。为什么要旋转二色镜观察?这是因为自然光透过非均质宝石后,变成了振动方向互相垂直的两种偏光,这两种偏光进入二色镜,如果振动方向与二色镜中冰洲石的光率体椭圆切面的长、短半径斜交,则每一种偏光都要按着"平行四边形"法则进行分解,分解成振动方向平行于冰洲石光率体椭圆切面长、短半径的两束偏光,总光强不变。结果,透过宝石的振动方向互相垂直的两种偏光,分解后分别叠加在冰洲石光率体椭圆切面的长半径或短半径上。这时看到的"多色性"实际是一种混合色(过渡色),而不是真正的二色性。旋转二色镜,当通过宝石的振动方向互相垂直的两种偏光与二色镜中冰洲石光率体椭圆切面长、短半径分别平行时,由于冰洲石的双折射率大,把这两种偏光分开来,一种偏光在一个窗口,另一种偏光在另一个窗口(实际上是一个窗口,冰洲石的双折射使其成为"两个"窗口),这时见到的才是二色性而不是混合色。前面谈到观察二色性、三色性的实质是光波在非均质体的主要光学方向上选择吸收而呈现的颜色。要想观察到真正的二色性、三色性,需要找到主要光学方向,这只有从宝石的多个方向观察才可办到。

有颜色的透明、半透明的非均质宝石可以观察多色性。多色性有强、中、弱之分,例如,符山石的弱二色性,两个窗口颜色相同,只是色调深浅不同。

观察多色性时,有时会遇到一些特殊情况。例如,托帕石为斜方晶系,二轴晶宝石,具有三色性,但是托帕石中只有黄色托帕石具有浅褐黄/黄/橙黄的三色性,其他颜色的托帕石只能观察到二色性。因为托帕石的三个主要光学方向中,有两个主要光学方向选择吸收相近。有时优化处理的宝石,如染色红宝石,颜色很深,但只有弱二色性或无二色性。这是因为染色之前,该宝石颜色浅淡或没有颜色的缘故。

观察宝石的二色性时,不要把过渡色误认为是第三种颜色。观察宝石的三色性时,一定要从宝石的多个方向观察。

(4)补充测试

①分光镜测试。分光镜测试是一种重要的鉴定手段。某些宝石有特征的吸收谱线(带),可以作为有效的鉴定依据,如红宝石、合成红宝石(铬谱)、深蓝色合成尖晶石(钴谱)以及锆石(风琴谱,特征 653.5 nm 及 U. Th. TR 谱线)等。

分光镜测试,观察吸收光谱特征还可用于鉴别易混淆宝石及优化处理宝石。例如,碧玺猫眼与磷灰石猫眼,点测折射率、密度都相近,但是磷灰石猫眼具有 580 nm 双吸收线,而碧玺猫眼不具有 580 nm 双线。再如,铬致色的绿色翡翠具有 630 nm、660 nm 和 690 nm 吸收线,而染色的绿色翡翠有时可有 650 nm 宽吸收带等。

②紫外荧光测试。紫外荧光测试有时可为某些相似及优化处理宝石提供判别依据。例如,红宝石与红色石榴石的鉴别,红宝石有红色荧光,而红色石榴石荧光惰性。又如,某些 B 货翡翠可有强蓝白等颜色的荧光等。

此外,荧光测试还可帮助鉴别天然宝石与合成宝石,帮助鉴定钻石与仿钻石,帮助判断某些宝石的产地等。

③密度测定。密度值是宝石的重要鉴定依据。尤其对于高折射率的宝石以及只能点测折射率的宝石,密度值的测定更显重要。

(5)其他测试

①偏光性。正交偏光镜下,均质体全暗,非均质体四明四暗(光轴方向除外),非均质集合体全亮。利用偏光镜观察宝石的光性特征,需要在正交偏光镜

下进行。至少应从两个以上方向观察,以避免只得到光轴方向的观察结果。观察时要考虑到刻面的影响以及某些宝石的异常消光或任意偏光反应。

②滤色镜。查尔斯滤色镜可用来鉴别某些相似的宝石及优化处理宝石。例如,绿色翡翠与绿色水钙铝榴石,绿色翡翠在查尔斯滤色镜下不变色,而绿色水钙铝榴石在查尔斯滤色镜下变红,某些染绿色的翡翠在查尔斯滤色镜下可变红等。

③热导仪。热导仪鉴别钻石与非钻石快速而准确。呈钻石反应的除钻石外,还有合成碳硅石,因此尚需进一步检测是钻石还是合成碳硅石。合成碳硅石有特征的线状包裹体以及重影。

四、珠宝鉴定的注意事项

①填写送样单。
②细心观察、认真测试,综合分析、正确判断,准确定名。
③需有第二人复查。
④无损鉴定。
⑤浸液、紫外慎用。
⑥特别注意易混淆宝石、天然与合成以及优化处理宝石的鉴别。

第二章　珠宝鉴定仪器实习

珠宝鉴定仪器分为常规鉴定仪器和大型仪器两类。在珠宝鉴定仪器中,对于常规鉴定仪器,要求重点掌握其原理、结构、操作方法及使用时的注意事项;对于大型仪器,要求掌握其原理、应用和送样要求。

珠宝鉴定仪器是珠宝鉴定的重要工具。熟练使用珠宝鉴定仪器是珠宝鉴定人员必须掌握的基本功,是珠宝鉴定的重要基础。

一、实习目的

掌握各类常规珠宝鉴定仪器的原理、结构、操作方法及使用注意事项。

重点掌握宝石放大镜、宝石显微镜、折射仪、电子天平、分光镜、二色镜、热导仪等仪器的操作方法并熟练使用。

二、实习内容

(一)宝石放大镜和宝石显微镜

1. 放大检查的应用

(1)主要用于观察宝石的表面特征和内部特征
①根据包裹体鉴别天然宝石/人工宝石。
②查找优化处理迹象。
③初步确定单折射、双折射并估计双折射率。
④观察断口、解理、裂理等以便鉴别宝石。
⑤观察宝石加工质量、抛光工艺以及外部瑕疵。
⑥观察拼合石等。
(2)钻石净度分级(用10倍放大镜)
用10倍放大镜可以进行钻石净度分级。

2. 宝石放大镜

(1) 构造

宝石放大镜由单片凸透镜或多片透镜组合而成(图2-1)。

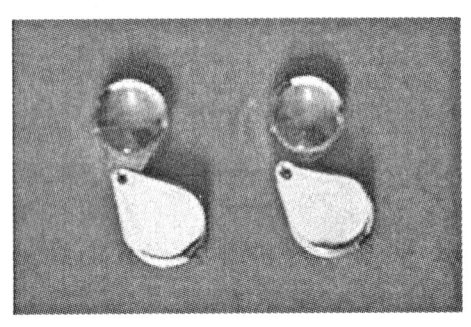
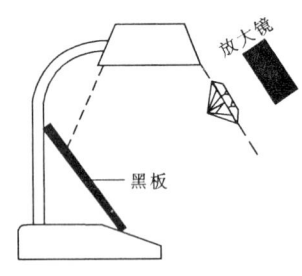

图2-1 宝石放大镜

(2) 质量要求

① 无球面差(消球面差,消像差),即中央准焦后,边部也同时准焦。

② 无色差,放大镜不能产生色散等的颜色。

③ 放大镜前工作距离不小于25 mm,因为观察对象经常是首饰,要隔着戒圈观察,故放大镜前工作距离不宜过小。

④ 常用的放大镜为10倍(10×)。

⑤ 钻石分级用放大镜必须为10×,无蓝色镀膜。

(3) 使用方法

① 用擦镜布将放大镜片擦净。

② 手持放大镜,放大镜尽量贴近眼睛,宝石距放大镜(10×)2.5 cm左右观察。常用的10倍放大镜的焦距可以根据以下公式求得:

$$M = \frac{d}{F}$$

式中,M——放大倍数;

d——明视距离(人眼看物体最清楚而又不易疲劳的距离),一般为25 cm;

F——放大镜焦距。

据公式 $M = \frac{d}{F}$,求得 $F = \frac{d}{M} = \frac{25 \text{ cm}}{10} = 2.5 \text{ cm}$。

因为10×放大镜的焦距是2.5 cm,所以我们在使用10×放大镜时,应把宝石放在距离放大镜2.5 cm左右处观察。

③ 在钻石分级时使用放大镜(10×),正确的姿势为:端坐桌前,双肘自然支撑在桌上,用右手(习惯用右眼观察者)拿放大镜(图2-2)。放大镜可套在食指上,

用拇指和中指夹住。左手拿镊子夹住钻石,再把镊子放在右手的中指与无名指之间,并且使左右手相互依托,持放大镜的手靠住脸颊。观察时两眼均应张开。

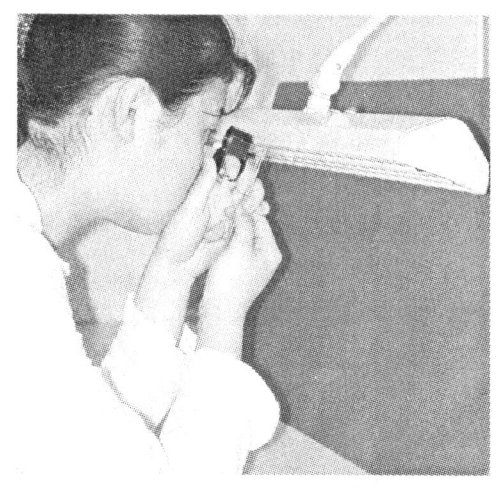 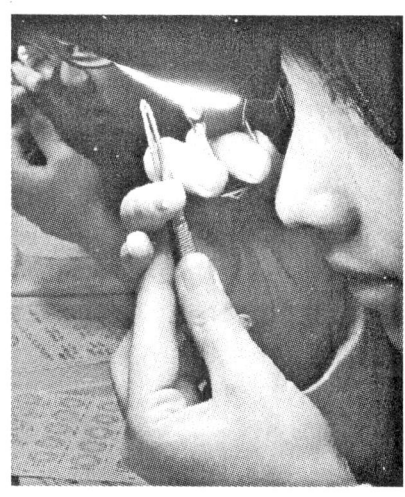

图 2-2 使用放大镜的正确姿势

3. 宝石显微镜

宝石显微镜有单筒与双筒两类。常用的为双筒立体连续变倍宝石显微镜。

(1)宝石显微镜的结构(图 2-3)

①镜座:是宝石显微镜的基座,用来支撑显微镜。

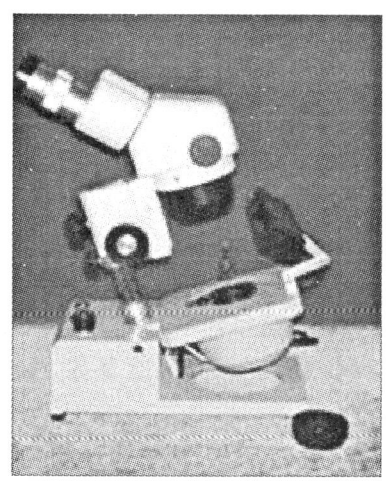 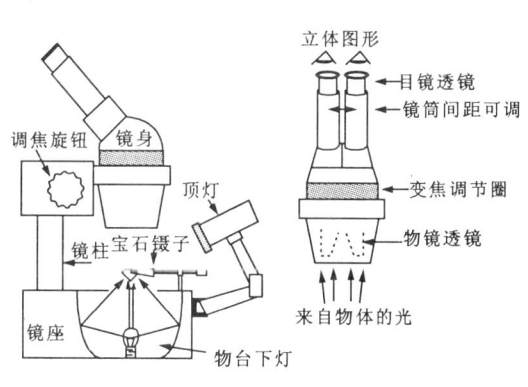

图 2-3 宝石显微镜的外观与结构

②镜臂:在镜座之上。镜臂上安装有准焦螺旋。

③镜身:安装在镜臂上。由光学放大系统构成,包括目镜、变倍镜和物镜。

④光学系统:双筒立体连续变倍宝石显微镜有两个目镜、两个物镜和一个变倍镜(变焦调节圈),构成两个单独的光学系统。目镜中通常有一个带有调焦装置,有的宝石显微镜的两个目镜都有调焦装置。目镜通常用10倍、20倍的,物镜常用2倍、4倍的。宝石显微镜的放大倍数＝目镜倍数×物镜倍数×变倍指数。

⑤调焦螺旋:由齿条和螺旋组成,可以升降镜身和光学系统,以便准焦。

⑥照明系统:包括底光源和顶灯。

此外,还有宝石夹、锁光圈、底光源挡板以及底光源开关和顶光源开关等。

(2)宝石显微镜的调节与使用

打开光源,清洁宝石,把宝石置于宝石夹上。

①据双眼宽度调节两目镜间距。

②调节两眼焦距,正确使用宝石显微镜时准焦步骤如下:

a.对准目的物。

b.旋转准焦螺旋,使一无调焦装置的目镜准焦(只用一只眼睛观察无调焦装置的目镜)。

c.同样只用一只眼睛观察另一目镜,并用目镜上的调焦装置准焦。此时焦距即已调好。若仍未调好焦距,则重复上述步骤。

d.选择照明方法。

③从低放大倍数观察直到高倍放大观察。

④根据需要采用不同照明方法。

⑤从不同方向观察宝石。

⑥注意灰尘、油污与内部特征的区别。

(3)宝石显微镜的照明方法

由于宝石的透明度和包裹体的类型不同,选择适当的照明方法会取得更好的观察效果。

①暗域照明法(图2-4)。打开底光源,加入挡板,可得到侧光照明,在暗域背景下,使包裹体更清晰的显现出来。可用于观察微细的纤维状包裹体、生长纹、裂理、解理和裂隙等。

②亮域照明法(图2-5)。撤掉挡光板,使底光源的光线直接通过宝石观察。亮域照明对大多数透明、半透明的宝石的包裹体观察都是有效的,尤其有利于对色带、生长纹和低突起的包裹体的观察。

③垂直照明法(图2-6)。关掉底光源,用顶光源垂直(或近垂直)照射宝

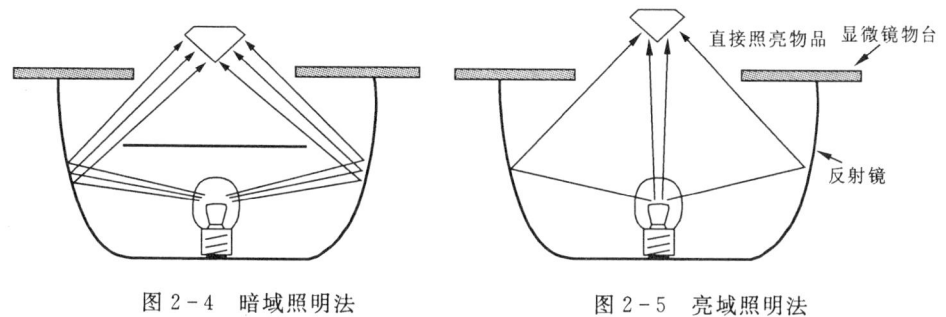

图 2-4 暗域照明法　　　　　图 2-5 亮域照明法

石。主要用于表面特征观察。适用于观察不透明或微透明宝石,如某些透明度很差的如黑曜岩的斑晶、矽线石和透辉石解理;透明度较好的样品,如欧泊变彩、彩片;以及优化处理样品,如 B 货翡翠、充填红宝石等。

④斜向照明法(图 2-7)。用冷光源从宝石的不同角度斜向照明。应用同垂直照明法。另外,还可用于观察气液包裹体、小解理面等的薄膜效应。

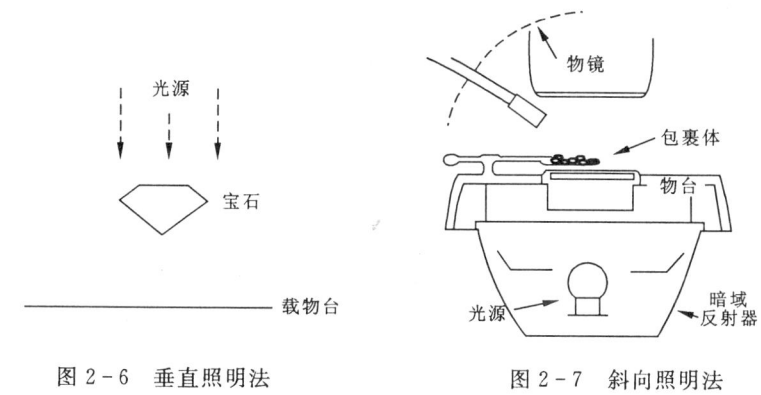

图 2-6 垂直照明法　　　　　图 2-7 斜向照明法

⑤偏光照明法(图 2-8)。在宝石显微镜中添加上、下偏光片,宝石置于其间,可观察宝石的光性特征、干涉图、多色性等。

⑥水平照明法(图 2-9)。用冷光源或笔式手电水平方向照射宝石,从上部观察,使点状包裹体、气泡等清晰地显现出来。

⑦点光照明法(图 2-10)。使用底光源并缩小锁光圈成点状照射宝石,对色带、弯曲条纹和宝石结构更易于观察。

⑧散射照明法(图 2-11)。在宝石和光源之间放置面巾纸等透明材料,使光线散射、柔和,利于观察色带等。

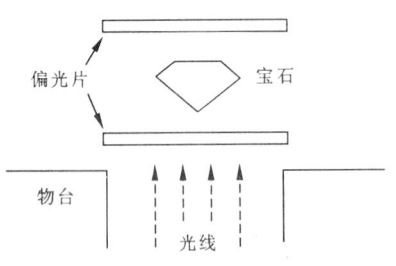
图 2-8 偏光照明法

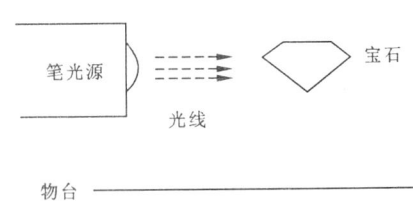
图 2-9 水平照明法

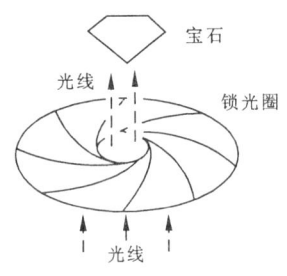
图 2-10 点光照明法

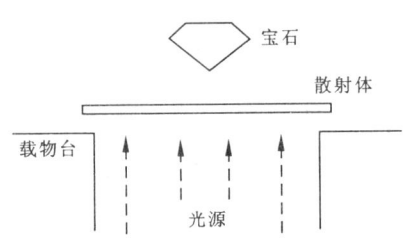
图 2-11 散射照明法

⑨遮掩照明法(图 2-12)。底光源照明,利用挡光板遮掩一部分光线,可使包裹体更具立体感。有利于确定晶体生长结构,如弯曲生长纹、双晶纹等。

除上述 9 种基本照明方法外,还可以用复合照明法,如亮域照明加顶光照明、暗域照明加顶光照明等。

(4)宝石显微镜使用时的注意事项

①宝石显微镜是精密的光学仪器,操作应轻缓,不可用力过猛。

②不要用手触摸镜头,若需要清洁镜头,可用擦镜纸。

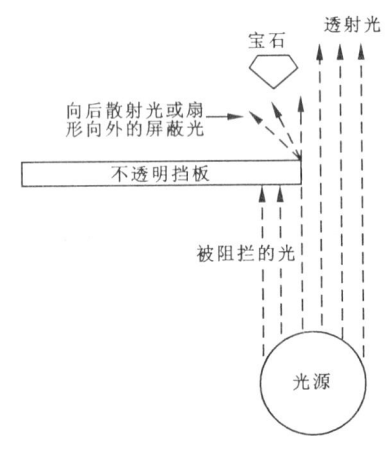
图 2-12 遮掩照明法

③不使用时随手关掉电源开关。

④用毕将物镜调至最低点,避免准焦螺旋疲劳并可延长使用寿命。

⑤用毕套上镜罩。

(二)折射仪

1. 方法原理

折射仪是根据全反射/临界角原理制成的。

当光线从光密介质射入光疏介质时,折射光线远离法线。当入射角增大到一定程度时,折射角为90°,即折射光线沿两介质的界面传播,此时的入射角叫临界角。当入射角大于临界角时,则光线全部返回到入射介质中,这种现象称为全反射。

小于临界角的入射光线全部折射进入折射介质,而大于临界角的入射光线全部返回到入射介质中,因此形成明暗交界。此明暗交界即宝石(折射介质)的折射率值。宝石的化学成分和晶体结构的不同,使它们具有不同的临界角。

常见宝石的临界角:

钻石	24°25′
红、蓝宝石	33°31′
尖晶石	35°36′
黄玉	37°50′
水晶	40°50′

每种宝石都有一定的临界角,故有一定的阴影边界,用刻度尺标注之后,即可读出折射率值。

2. 结构

折射仪(图2-13)由棱镜(半圆柱)、工作台、刻度尺、反射镜、目镜、偏光片、进光孔、密封盖、标准光源和浸油等组成(图2-14、图2-15)。

①棱镜:采用均质体、高折射率的材料,如铅玻璃、合成立方氧化锆等。

②刻度尺:是一块有刻度的玻璃板,上面刻有折射率值。

③反射镜:亦称直角反光棱镜,可使影像转动90°,便于观察。

④目镜:起放大作用的放大镜,用来读折射率的数值。

⑤偏光片:放在目镜之上,可以转动,使读数代表宝石在偏光片振动方向的光波的折射率值。

⑥进光孔与光源:光源可用外部光源,也可用内部光源。标准光源为黄光或钠光源,波长为589.5(589) nm。

⑦外壳与密封盖:外壳起连接与固定作用。密封盖使杂光、散光不进入仪器,使读数更清晰。

⑧浸油:又称接触液。低折射率的宝石测折射率时,可使用二碘甲烷做浸

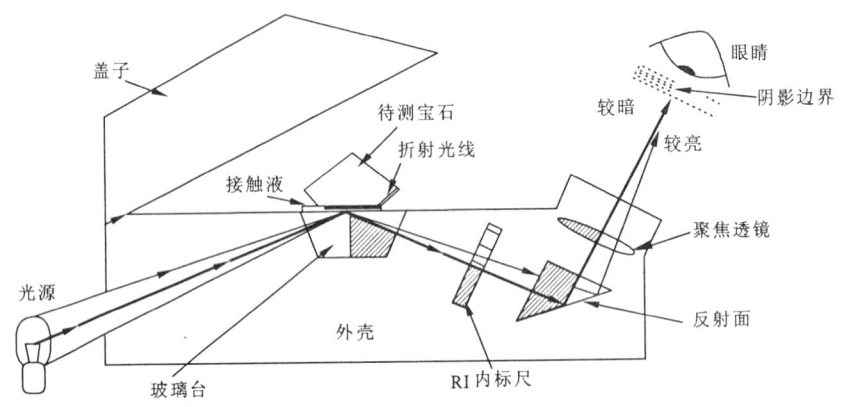

图 2-13 折射仪原理

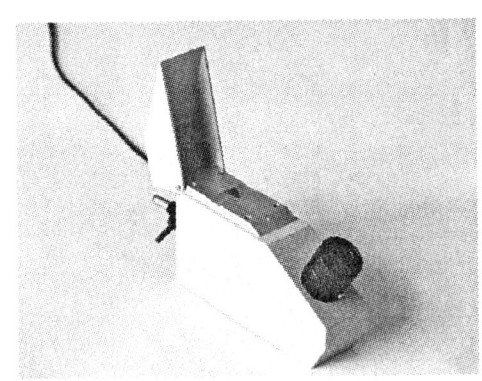

图 2-14 折射仪外观

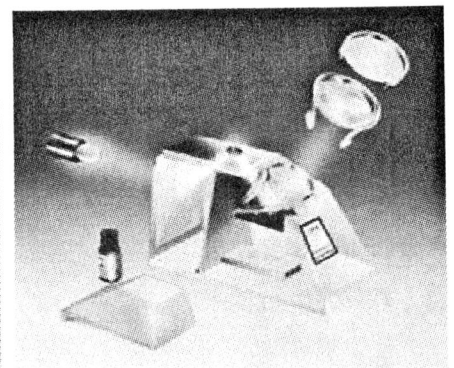

图 2-15 折射仪分解图

油,其折射率值为 1.74。通常用的浸油为二碘甲烷+沉降硫,折射率为 1.78~1.79;也可以用二碘甲烷+沉降硫+四碘乙烯(18%),折射率值为 1.81。

3. 精度与测量范围

①仪器精度:±0.002。
②观测精度:±0.005(刻面测法);±0.01(点测法)。
③测量范围:1.350~1.810(视 $N_{浸油}$ 的折射率值而定)。

4. 使用方法与操作步骤

(1)刻面测法(近视技术,图 2-16)

适用于具有较大平整、光滑刻面的宝石。刻面测法操作步骤如下所述。

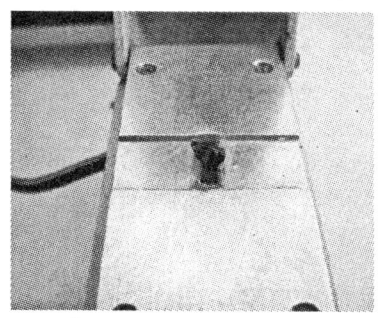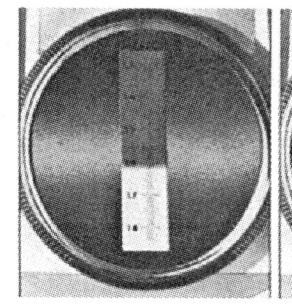

图 2-16　刻面测法及目镜内的阴影边界

①用酒精棉球清洁样品与棱镜台面。

②打开光源,观察视域的清晰程度。

③滴一小滴浸油(直径 1～2 mm 为宜)于棱镜中心位置。

④置宝石于油滴上,转动宝石,以便使宝石与棱镜有良好的光学接触。

⑤眼睛靠近目镜(1～3 cm)处观察,在明暗交接线处读数。

⑥转宝石 360°,每转一定角度即观察和读数,同时旋转偏光片观察。

⑦若为均质体或集合体,只有一条阴影边界,即一个折射率值(集合体极个别情况会有两条阴影边界,如软玉,其两条阴影边界由纤维状透闪石定向排列所致)。

⑧若为非均质体,可见两条阴影边界,取最大值和最小值即可(两者差值为双折射率或接近最大的双折射率)。

(2)点测法(远视技术,图 2-17)

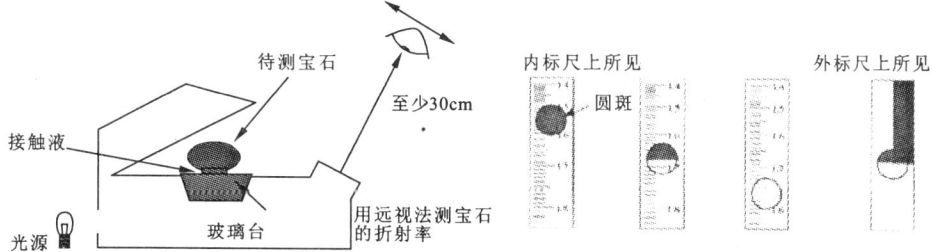

图 2-17　点测法及目镜内的影像

适用于弧面型宝石以及尺寸很小的刻面型宝石。

步骤①～④同刻面测法(油滴小些,±1 mm 即可)。

⑤去掉偏光片,所见影像为圆或椭圆。

⑥眼睛距窗口约 30 cm,上、下移动观察,当影像一半亮一半暗时读数,影像中的亮暗交接线处即点测折射率值。

1/2 法:影像一半亮一半暗时读数,较精确。

明暗法:取影像急剧地由亮转暗位置的刻度值读数,误差较大,只能参考。

均值法:取影像全暗与全亮时读数的平均值,误差大,只能参考。

(3)折射率值的记录

①刻面测法的记录。单折射宝石记录到小数点后第三位,例如,尖晶石,RI=1.718;双折射宝石记录到小数点后第三位。高值和低值之间用","或"/"隔开,不准用连字符。例如,红宝石 RI 记作 1.762,1.770 或 1.762/1.770 均可,但不能记作 1.762 - 1.770 或 1.762～1.770。

②点测法的记录。点测法的折射率值记录到小数点后两位,后面加"(点)"。例如,水晶,1.54(点),即必须注明为点测。

③高折射率宝石折射率的记录。高折射率宝石折射率值超出了折射仪的测试范围,无阴影边界出现。记录其折射率值大于浸油的折射率值即可,但必须写出浸油的折射率值。例如,合成立方氧化锆,RI>1.79(浸油),不能写成 RI>浸油。高折射率宝石记录为 RI>1.79(浸油),也是有效鉴定证据之一,说明该宝石是高折射率的宝石。

5. 注意事项

(1)测折射率的精度和可靠性的影响因素

①样品的抛光质量与平整度。

②接触液的多少。若接触液太多,则宝石可能浮起;若接触液太少,则接触不良。

③样品、测台是否干净。

④光源应为黄光(钠光源),波长为 589.5(589) nm。

(2)观测折射率的几种特殊现象

①假均质体现象。转动宝石 360°,只见一条阴影边界,但快速转动偏光片,阴影边界好像上下移动。出现这种情况的原因是由于该非均质宝石双折射率小。如磷灰石的双折射率多为 0.003,符山石的双折射率可小到 0.001。遇到这种情况可用二色镜观察其多色性,用偏光仪观察其光性特征。例如,符山石因为双折射率有时小到0.001,折射仪测试其折射率只见一条阴影边界 1.718,但观察光性特征可见四明四暗,观察其多色性可见弱二色性。

②假一轴晶现象。有些二轴晶宝石的 Ng 与 Nm 或 Nm 与 Np 差值很小,当转动宝石 360°时,好像阴影边界有一条不动,另一条动,如金绿宝石,Nm 接近

Np,Ng1.753~1.758,Nm1.747~1.749,Np1.744~1.747。又如黄玉(托帕石)Ng1.616,Nm1.609,Np1.609。

③特殊光性方位。一轴晶有时两阴影边界重合,转动宝石可消除此现象;二轴晶有时可有一条阴影边界不动,与一轴晶相似,转动宝石或换刻面观测即可解决。

④某些双折射率特别大的宝石,其中一个折射率值位于折射仪的测试范围之内,而另一个折射率值超出了测试范围。例如,菱锰矿,$No=1.84$,$Ne=1.58$,当转动宝石时,只有一条阴影边界(Ne),但不停地移动(No已超出观测范围,无法观测)。

(3)无法读数的原因

①宝石折射率值大于浸液的折射率值,即宝石为高折射率的宝石,折射率值超出了折射仪的测试范围。

②抛光不良。

③样品不在测台中央。

④刻面宝石粒度太小,无法见到阴影边界,此时可用点测法读出其折射率值。

⑤眼睛距离、方位不对。

⑥样品或测台不洁净。

6. 折射仪的应用

(1)测折射率

刻面测法测得的折射率值精确,而点测法有时误差较大,定名时应结合密度等其他特征综合分析、判断。

(2)测双折射率

置宝石于棱镜测台上。旋转偏光片,读出最大值与最小值,然后依次旋转宝石45°,同时旋转偏光片观察,记录其最大值与最小值。最后取各次读数中的最大值和最小值,二者之差为双折射率(或接近最大双折射率),有时需换刻面观测。

(3)区分均质体与非均质体

均质体宝石为单折射宝石,只有一条阴影边界,即一个折射率值,而非均质体为双折射宝石,可测得两个折射率值。

(4)测轴性

一轴晶宝石一条阴影边界不动(No),另一条阴影边界动(Ne'),二轴晶宝石一般情况下两条阴影边界(Ng和Np)都动。

(5)测光性正负

①一轴晶光性正负的测定。一轴晶宝石的两条阴影边界,如果低值不动(No),高值动(Ne),即 $Ne>No$,为正光性(U^+);如果高值不动(No),低值动(Ne),即 $Ne<No$,为负光性(U^-)。

观测一轴晶宝石折射率时,不动的阴影边界为常光 No 值,动的阴影边界为非常光 Ne(Ne')值。实际观测过程中,是高值动还是低值动往往很难判断。最好是用测双折射率的方法,转动宝石和偏光片,测两组或三组数据,即可确定一轴晶的光性正负。例如,紫晶,第一次测得数据为 1.544/1.553,转动宝石一定角度后,旋转偏光片观测,测得第二组数据为 1.544/1.550,从两组数据中可以看出,常光(No)的折射率值是 1.544,是不动的,而 1.553、1.550 是非常光(Ne/Ne')的折射率值,是动的。因为 $Ne>No$,所以紫晶是一轴晶正光性(U^+)。

②二轴晶光性正负的测定。二轴晶光性正负可根据 $Ng-Nm>Nm-Np$ 为正光性(B^+);$Ng-Nm<Nm-Np$ 为负光性(B^-)测得。即若大折射率(Ng)阴影边界上、下移动幅度比小折射率(Np)移动幅度大,则说明 $Ng-Nm>Nm-Np$,为二轴晶正光性(B^+);反之,为二轴晶负光性(B^-)。

二轴晶光性正负的测定还可以用作图法。因为需要宝石有大刻面,抛光良好,同时又费时太多,故不要求掌握,一般了解即可,此处从略。

(6)测色散值

分别用红光(687 nm)和紫光(430.8 nm)做光源测得的宝石的折射率值之差即色散值(度)。

(7)检查浸油的折射率值

在折射仪的测台中央滴一滴浸油,观察视域,找到阴影边界,即浸油的折射率值。如 1.790 等。

(三)电子天平与密度测定

1. 仪器

密度测定所用仪器为电子天平(图 2-18)或其他衡器,感量小于等于 1 mg,精度为 1/1 000。

2. 密度测定

(1)密度

密度即单位体积物质的质量,单位为 g/cm^3。

(2)相对密度

相对密度也称为比重,相对密度是在 4℃及标准大气压下,材料的重量与等

 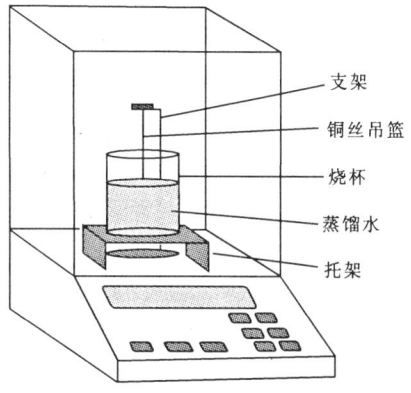

图 2-18　电子天平及其他辅助支架示意图

体积的水的重量之间的比值。由于4℃时水的密度为1 g/cm³,因此宝石的相对密度数值与其密度值正好相等,只不过相对密度无单位。

(3)测量方法

密度测定常用静水力学法及重液法,也可用磁流体法等。

①静水力学法(有机液体介质称量法)。

a. 原理:依据阿基米德定律,固体在液体中失去的重量等于它所排开的同体积液体的重量。

b. 求密度公式:

$$\rho = \frac{m}{m-m_1} \times \rho_0$$

式中,ρ——样品在室温时的密度(g/cm³);

m——样品在室温时的质量(g);

m_1——样品在液体介质中的质量(g);

ρ_0——一定温度下液体介质的密度(g/cm³)。

c. 操作步骤:

- 调整天平到水平位置;
- 宝石在空气中称量,记录其质量 m;
- 宝石在液体中称量,记录其质量 m_1;
- 按公式 $\rho = \frac{m}{m-m_1} \times \rho_0$ 计算,即得到宝石的密度值;
- 结果表示:密度单位统一用 g/cm³,结果保留小数点后两位。例如,水晶,密度为2.66 g/cm³;碧玺,密度为3.06 g/cm³等。

d. 注意事项：
· 首先必须清洁宝石。
· 选用液体：蒸馏水密度一般采用 1.00 g/cm³ 即可；四氯化碳必须做温度校正，25 ℃时为 1.579 g/cm³，32 ℃时为 1.569 g/cm³，35 ℃时为 1.559 g/cm³。
· 宝石表面粗糙或有穿孔，存在气泡，会影响精度。
· 样品越小，误差越大，精度越差。样品过小（＜0.005 g）时，测量的密度误差大，不能作为鉴定依据。
· 多孔样品、串连饰品和镶嵌饰物，不要求测量密度。
· 不要移动天平，保持天平处于水平位置，注意天平上的水银气泡要居中。
· 细心操作：金属丝筐不要接触到烧杯壁；烧杯壁不要碰到支架；秤盘上不要有灰尘，不要溅上液体；千万不要碰倒烧杯，万一碰倒烧杯，应立即断电，否则会引起严重后果；液体称量前要先去皮（归零）；称重时将防护罩门关严；准确读数。
· 实验结束时，将四氯化碳倒回试剂瓶中，并将盖子盖紧。

② 重液法。

重液法（图 2-19）是利用密度不同的重液与宝石相比较，间接测定宝石密度的一种方法。

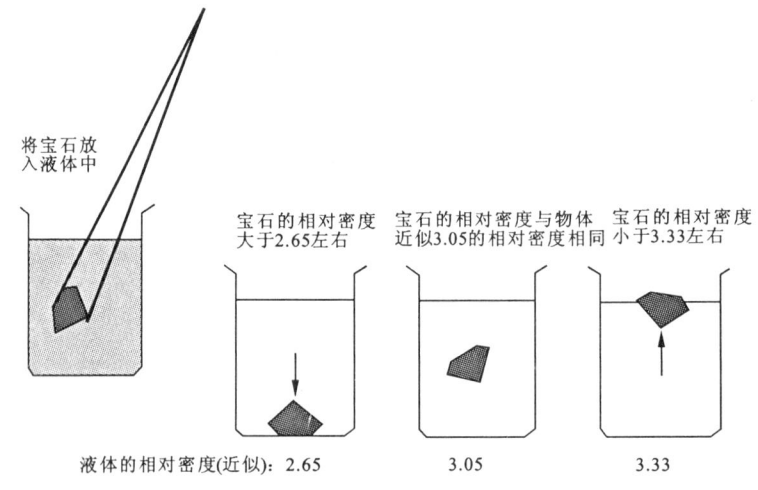

图 2-19　重液法

a. 特点：简单、迅速，精度 0.002～0.003。但是，密度大于 4.30 g/cm³ 的样品无法测试，与重液起化学反应者无法测试。

b. 原理：悬浮——二者密度相当；漂浮——宝石密度小于重液密度；下沉——宝石密度大于重液密度。

c. 理想重液的要求：所选重液挥发性应尽可能小,透明度好,化学性质稳定,黏度适宜,尽可能无毒、无臭,可混溶而不产生第三种物质,混溶重液各成分挥发性尽可能一致。

常用重液的密度及折射率值见表 2-1。

表 2-1 常用重液的密度及折射率值

重液	密度(g/cm³)	折射率
克列里奇液	4.20	
二碘甲烷	3.32	1.74
三溴甲烷	2.89	1.59
一溴甲烷	1.47	1.66
甲烷	0.87	1.49
饱和盐水	1.13	

d. 注意事项：
- 首先使用密度大的重液以节省时间；
- 每次测试后均须清洁宝石和镊子；
- 重液用毕盖紧瓶盖；
- 用棕色瓶子盛装重液,避光保存。

③磁流体法。

盛有顺磁性(弱磁性)液体的容器置于非均匀磁场的电磁铁间隙,液体的密度将随磁场强度的变化而变化。磁场强度大的部位在下,小的在上,则磁场强度"分层",顺磁性液体的密度也随之分层,形成一个密度递增的重液柱。将宝石投入到重液柱中,宝石将定位悬浮在某一密度范围内,借标尺可读出其相对密度值。该法主要用于大量样品的相对密度分选,也可用于个别样品的密度测定。

(四)二色镜

1. 应用

二色镜用于观察有色宝石的多色性。可区分均质体与非均质体以及区分一轴晶与二轴晶以鉴别宝石。

2. 原理

当光波进入非均质体宝石时,分解形成振动方向互相垂直的两束偏光,由于振动方向不同,选择吸收也不同,致使非均质体宝石产生多色性。二色镜中的冰洲石块双折射率大,可使多色性显现出来。

从非均质宝石同一部位透射的光被分解成振动方向互相垂直的两束偏振光,当其振动方向与二色镜中冰洲石的光率体椭圆长、短半径分别平行一致时,即观察到二色性;二者斜交时,观察到的是混合色。

3. 结构

二色镜通常是用冰洲石组装的。由进光窗口(二色镜聚焦在窗口)、冰洲石菱面体、目镜、金属固定架(或软木座)、玻璃棱镜和外圆筒等构成(图2-20)。

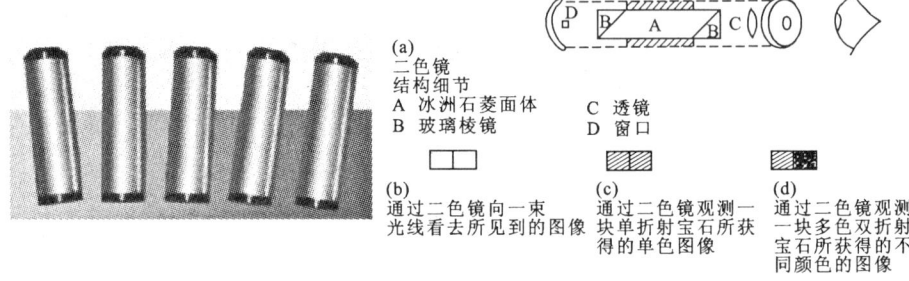

图2-20 二色镜外观及结构示意图

用偏光片制作的二色镜会给观察带来问题,不建议使用,此处从略。

4. 操作(图2-21)

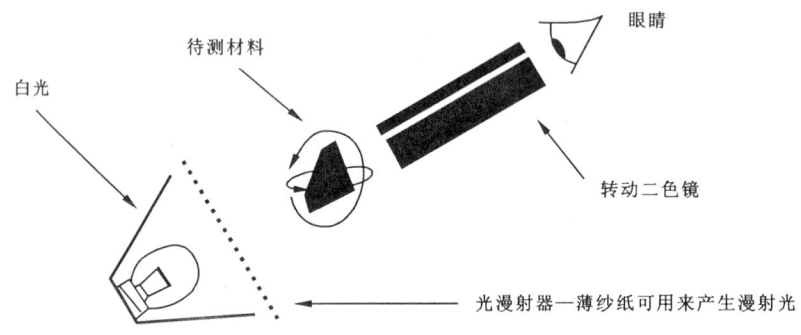

图2-21 二色镜使用方法示意图

①用连续光谱的白光做光源,如冷光源、白炽灯、手电和日光等。
②用透射光观察。
③眼睛距二色镜、宝石距二色镜均为2~5 mm。
④从宝石的两个以上方向观察,并且转动二色镜观察。

5. 注意事项

①光源不能用单色光、偏光,要用连续光谱的白光。

②宝石应为有色、透明和半透明的宝石。

③不要把二色性的过渡色(混合色)当作第三种颜色。

④均质体无多色性,一轴晶具二色性(光轴方向除外),二轴晶具三色性,集合体多色性一般不可测。

⑤多色性有强(如堇青石、红柱石、蓝碧玺等)、中(如红宝石等)、弱(如紫晶、橄榄石等)和无(均质体如玻璃、尖晶石、石榴石等以及没有颜色的非均质体)之分。

⑥一定要从宝石的多个方向观察,以避免光轴方向,从多个方向观察也是为了找到一轴晶的两个主要光学方向和二轴晶的三个主要光学方向。同时要旋转二色镜观察,以使从非均质宝石透过的两束互相垂直振动的偏振光分别与二色镜冰洲石光率体椭圆长、短半径平行,观察到真正的多色性(观察三色性时,至少要从两个方向才能观察到三色性)。

⑦二色镜用毕放回盒中,以免掉到地上摔坏。

(五)偏光镜

1. 原理

根据正交偏光下宝石的消光与干涉现象确定宝石的光性特征,也可用平行偏光(相当单偏光条件下)观察多色性和吸收性。

观察宝石的光性特征,需要调节上、下偏光片到正交。

在正交偏光下有以下几种现象。

①全暗:为均质体(包括非晶质、等轴晶系宝石)或非均质体垂直光轴的切片(沿光轴方向观察宝石)。

②四明四暗:为非均质宝石(光轴方向除外),有时均质体如石榴石也有四明四暗的任意偏光反应。

③全亮:为非均质集合体,隐晶质集合体以及聚片双晶、裂理、解理、裂隙发育的宝石或包裹体太多而引起。

④异常消光:斑块状、波状、蛇状消光等,均质体在正交偏光下应为全暗,有时会出现上述不规则消光,称之为异常消光。

2. 结构

偏光镜的结构较简单(图 2-22),主要由上偏光片(可调节,能转动 360°)、下偏光片(固定不动)、可以旋转的玻璃载物台和底座内的光源(小功率灯泡)组成,此外还有电源变压器和开关等。

有的偏光镜还配有玻璃干涉球(相当于勃氏镜),其用来观察干涉图。

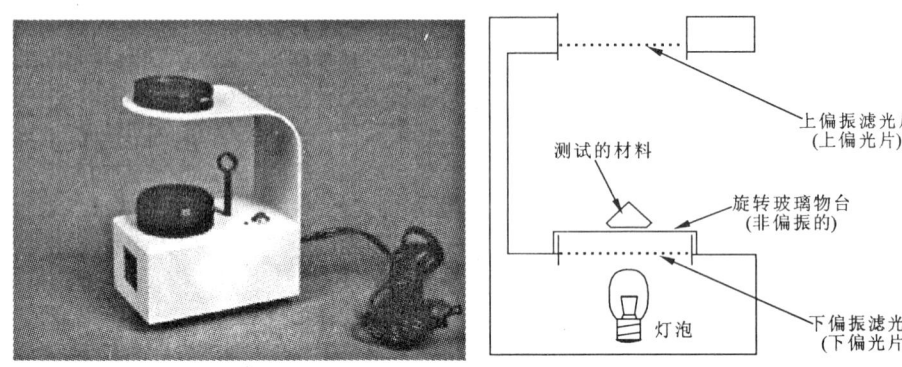

图 2-22 偏光镜的外观与结构示意图

3. 操作(图 2-23)

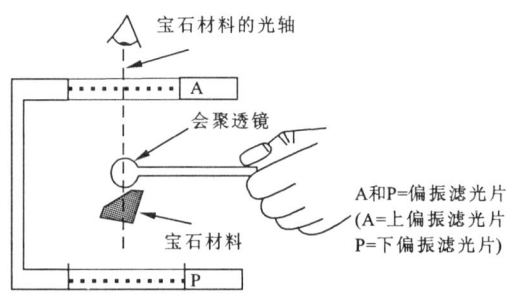

借助于无应变球形玻璃透镜(会聚透镜)

图 2-23 偏光镜使用方法示意图

①打开光源。

②调节上偏光与下偏光正交,此时视域黑暗。

③将宝石置于玻璃载物台上。

④旋转玻璃载物台360°观察。

⑤从宝石的多个方向观察,以避免光轴方向或刻面影响。

⑥根据全暗、四明四暗、全亮等现象判断(要排除某些宝石的任意偏光反应或异常消光现象)。

4. 注意事项

①不透明或微透明的样品不能测试。

②从多个不同方向检测,以避免仅得到光轴方向的观察结果或减少刻面影响。

③样品的包裹体和裂隙几乎可以导致任意的偏光反应。

④某些单折射的宝石,如石榴石、玻璃、欧泊和琥珀可呈现任意的偏光现象。

⑤高折射率(RI>1.81)的宝石,可能会出现问题。

⑥对尺寸很小的样品,观察和解释都是很困难的。

⑦有时受到刻面影响,很难观察。

5. 应用

①区分均质体、非均质体及多晶非均质集合体。

②解析干涉图,确定轴性及光性(很困难,光性方位不容易确定)。

③检查多色性(用平行偏光——相当于单偏光条件时)。

④检查异常消光:在正交镜下,将宝石转至最亮位置或局部最亮,然后转动上偏光片90°,若视域变更亮,则为异常消光(异常双折射);若不变或变暗,则为非均质(双折射)宝石(注意:上述方法检查异常消光经常会出现问题,最好是通过观察有无多色性、测试是否有双折射率等进行综合判断,才可以使问题得到很好的解决。

(六)分光镜

1. 原理

不同宝石致色元素不同,对可见光的吸收线、吸收带的位置及相对强度也不同,因而可利用能形成连续光谱的分光镜观察样品在白光(400~700 nm)照射下所产生的黑色谱线或谱带的位置及相对强度来鉴别宝石。

棱镜式分光镜的原理是:由于白光中不同波长的光在同一物质中传播速度不同,折射率值就不等。一般而言,波长越短,其传播速度越慢,折射率就越大。因此,白光中不同波长的光就分布在不同位置,在一个三棱镜上形成连续光谱。

2. 结构

分光镜可分为棱镜式和光栅式两类。

(1)棱镜式分光镜的结构(图2-24)

①狭缝:控制进光量。观察透明宝石狭缝几乎闭合,半透明宝石开得稍大一些。一般是把狭缝关闭,稍一打开时,谱线(带)最清晰。

②棱镜:一组棱镜,要求不吸收可见光特定波长,色散角不能太大,也不能太

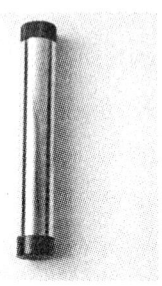
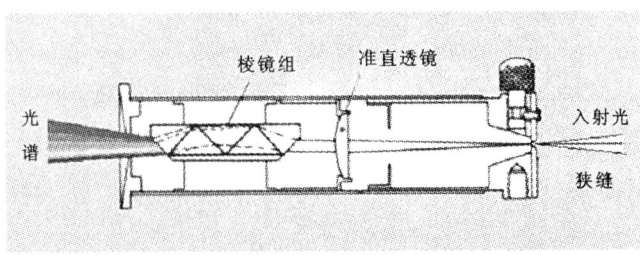

图 2-24 分光镜的外观与结构示意图（棱镜式）

小,色散后的光谱带要有足够宽度,所用材料应为均质体,否则会产生两套光谱。

此外,还有透镜、标尺及目镜、内管（滑管）、外管等。

棱镜式分光镜除手持式之外,还有台式分光镜。台式分光镜（图 2-25）有标尺、读数系统及分光镜支架等。

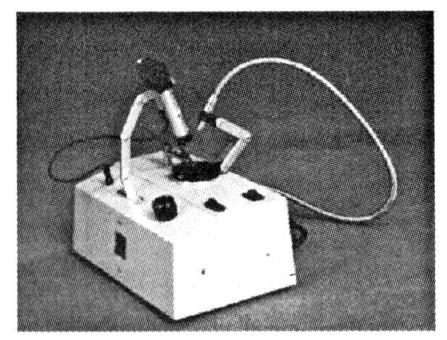
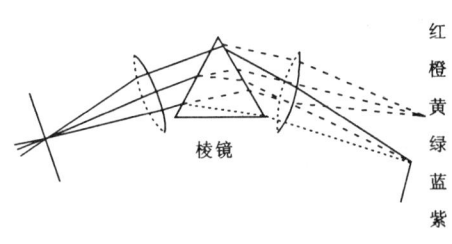

图 2-25 分光镜的外观与结构示意图（棱镜台式分光镜）

(2)光栅式分光镜结构（图 2-26）

光栅式分光镜由衍射光栅、准直透镜、直角棱镜、狭缝、目镜等组成。

光栅式分光镜光谱分布均匀,但不如棱镜式分光镜清晰,只是对透明度好的宝石及在红区有吸收线者测试有利。

3. 操作

掌握棱镜式分光镜中的手持式分光镜的操作和使用方法即可。手持式棱镜分光镜携带方便,效果好。

①据样品选择照明方法。

a. 透射光法（图 2-27）。适用于透明、半透明宝石。

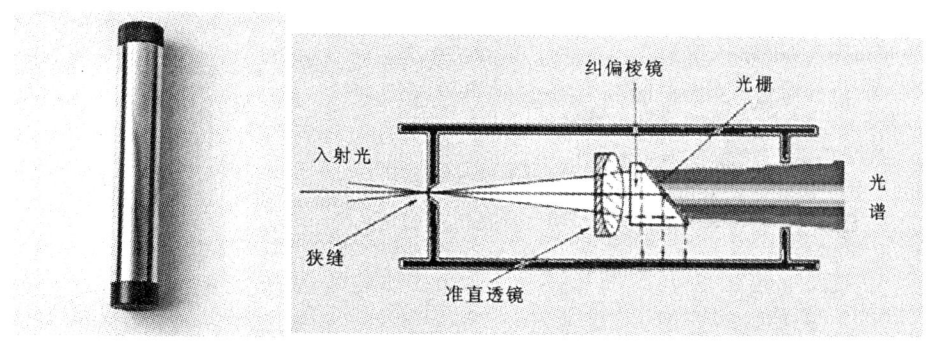

图 2-26 分光镜的外观与结构示意图（光栅式）

b. 内反射法（图 2-28）。适用于颜色浅或透明的小颗粒宝石。

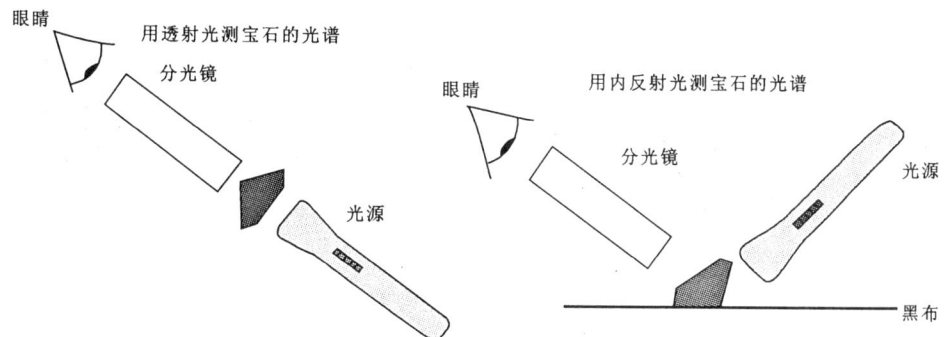

图 2-27 分光镜使用方法示意图
（透射光法）

图 2-28 分光镜使用方法示意图
（内反射法）

c. 表面反射法（图 2-29）。适用于不透明、微透明的宝石。

②一般采用透射光法较易掌握。若用反射法需将样品放在黑色背景上，入射光与反射光呈 90°角。

③调节分光镜镜头高度，狭缝与宝石距离 1 cm 左右即可（有的人认为应距离 1 英寸即 2.5 cm 左右，但实践证明 1 cm 左右观察效果较好）。

④调节狭缝与滑管焦距。狭缝关

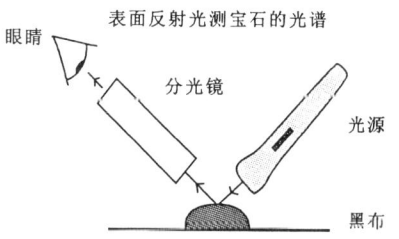

图 2-29 分光镜使用方法示意图
（表面反射法）

闭,稍一打开时谱线、谱带最清晰。调节滑管焦距,观察蓝区向上推,红区向下推(光栅式分光镜是不可调的,一部分棱镜式也是不可调的)。

⑤观察谱线、谱带位置与相对强度。

4. 注意事项

①光源应为白光连续光谱(400~700 nm)的光源。光源应用强光源,最好为冷光源。

②有发射光谱的日光、荧光灯等不能用作光源。

③勿使透过宝石以外的光进入分光镜。

④样品太小时,光谱弱,不易观察。

⑤样品透明度好,光谱清晰度好。

⑥样品颜色深,光谱清楚。

⑦如果用手拿着宝石,应判别 592 nm 吸收线是否为手的血液所引起。

⑧用毕放回盒中,以免滚到地上摔坏。

(七)查尔斯滤色镜

1. 原理

某些颜色相近的样品具有不同的光谱特征,所以只能通过某些特定波长的滤色镜下呈现的不同颜色,以此来鉴别宝石。

宝石的颜色是宝石对白光选择吸收后剩余波长混合的结果。同样的颜色,可以由不同光谱组成。例如,绿色翡翠与绿色翠榴石,肉眼看,二者都是绿色,无法区分,前者绿色中一般不含红色波长的光,而后者绿色中含少量红色波长的光;查尔斯滤色镜却可以将二者区分开来,查尔斯滤色镜下前者不变红,后者变红。

2. 结构

查尔斯滤色镜始造于 1934 年。当时为了区分祖母绿及其仿制品,由英国宝石检测实验室安德森与查尔斯科技学院合作,设计生产了查尔斯滤色镜,也叫祖母绿滤色镜。当时祖母绿在查尔斯滤色镜下呈红色,其他绿色宝石不呈现红色,以此鉴别祖母绿与仿祖母绿。这是当时的认识,而目前已证明实际情况不是如此。例如,哥伦比亚等地祖母绿在查尔斯滤色镜下变红;印度、巴基斯坦等地的祖母绿在查尔斯滤色镜下不变红;而不是祖母绿的翠榴石和某些绿色锆石,在查尔斯滤色镜下也变红。尽管如此,仍然可以利用查尔斯滤色镜来鉴别某些宝石。

查尔斯滤色镜的结构比较简单,将滤光片夹在保护玻璃片中,装在可以转入、转出的塑料外壳中即组成了查尔斯滤色镜(图 2-30)。查尔斯滤色镜的滤光片仅让红光和黄绿光通过,并且通过的红光比黄绿光多得多。

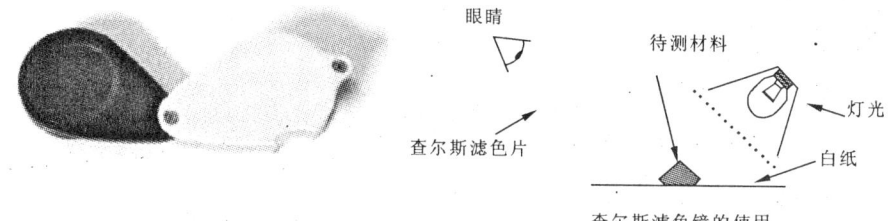

图 2-30　查尔斯滤色镜外观及使用方法示意图

3. 操作

①清洁样品。

②将样品放在黑色板上(不反光或不影响观察的背景上)。

③光源用白光、强光,并且须靠近样品照射。

④手持滤色镜尽量靠近眼睛,滤色镜距离样品约 30 cm 左右观察。

4. 应用

①鉴定蓝色宝石:合成蓝尖晶石、蓝色玻璃和合成蓝色水晶,三者均由钴致色,故在查尔斯滤色镜下呈艳红色;而其他蓝色宝石,在查尔斯滤色镜下蓝宝石呈浅蓝、灰蓝色,海蓝宝石呈黄绿色,蓝黄玉呈灰蓝、泛红色。

②鉴定绿色玉髓:铬致色的绿玉髓在查尔斯滤色镜下变红,而镍致色的绿色澳玉在查尔斯滤色镜下不变色。

③鉴定染色绿色翡翠:铬盐染色的在查尔斯滤色镜下变红,而有机染料染色的在查尔斯滤色镜下不变色。

④帮助鉴定其他相似宝石:绿色翡翠在查尔斯滤色镜下不变色,而绿色水钙铝榴石在查尔斯滤色镜下变红。若祖母绿在查尔斯滤色镜下呈亮红色,则为合成祖母绿的可能性极大。某些绿色锆石、翠榴石在查尔斯滤色镜下呈粉红色。红宝石、红色尖晶石在查尔斯滤色镜下呈红色,而石榴石在查尔斯滤色镜下呈灰黑色。

5. 注意事项

①用强的白光源,弱手电、荧光灯不可用,直射阳光效果也差。

②经查尔斯滤色镜观察所见颜色深度取决于样品的大小、形状、透明度及其本身颜色深度。

③由于染色剂的类型和含量的差异,每一样品的反应可以不同。

④查尔斯滤色镜鉴定只是辅助手段,尚需综合判断。

(八)紫外灯

1. 原理

根据宝石在长波紫外光和短波紫外光下的发光性鉴别宝石。

紫外线是波长在 10～400 nm 之间的电磁波,位于可见光和 X 射线之间,波长较可见光短,不能为人眼所观察到。

当紫外光照射到某些样品时,激发样品产生一种发射可见光的现象(荧光或磷光)。荧光按发光强度分为无、弱、中、强四级。某些宝石可有磷光(如欧泊、萤石等)。

铁是荧光的猝灭剂。

2. 结构

紫外灯实际是一个提供紫外线的光源(图 2-31)。

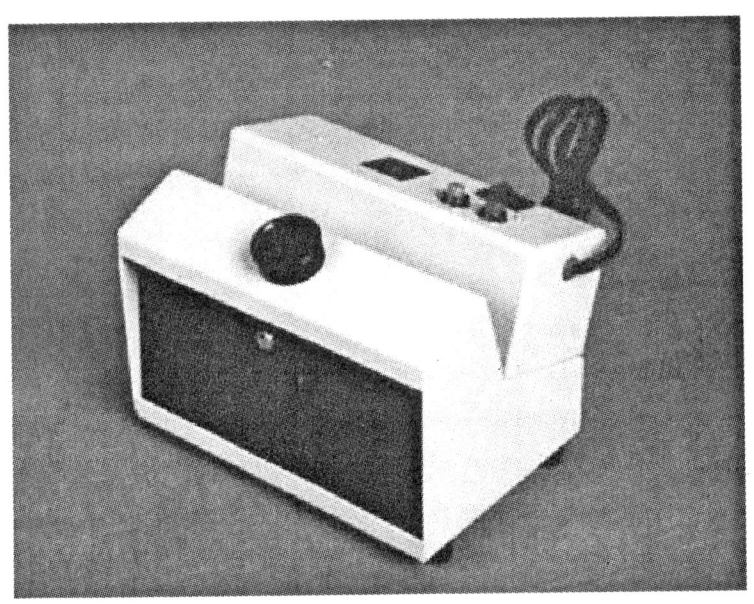

图 2-31 紫外灯外观

紫外光源为灯管加特制滤光片,可发出长、短波紫外光。长波波长为 365 nm,短波波长为 254 nm(253.7 nm)。此外,还有观察窗口、暗箱和开关。

3. 操作

①在未打开紫外灯开关前,清洁宝石并放在暗箱内的样品台上。
②分别按长波(LW)和短波(SW)按钮,观察荧光反应。
③如果需要观察磷光性,则关闭开关,继续观察。

4. 应用

①鉴定宝石品种。例如,红宝石有红色荧光;而红色石榴石无荧光,即荧光隋性。
②帮助判别天然石与合成石。例如,无色蓝宝石可有红至橙色荧光,而合成无色蓝宝石可有蓝白色荧光;无色尖晶石无荧光,而合成无色尖晶石为蓝绿、蓝白色荧光。
③帮助鉴别钻石与仿钻石。例如,钻石荧光性变化很大,从无至强,可见各种颜色;而仿钻石如合成立方氧化锆,其荧光则较为一致。因此,可用来鉴别群镶钻石的真伪。
④帮助判断宝石是否经过人工处理。例如,天然翡翠一般无荧光或荧光较弱,而某些 B 货翡翠可发出中至强的黄绿或蓝白荧光;某些天然黑珍珠可发红或浅黄的荧光,而硝酸银处理的染色黑珍珠,无荧光或灰白色荧光。
⑤帮助判断某些宝石的产地。例如,斯里兰卡黄色蓝宝石 LW 下呈黄色荧光,而澳大利亚黄色蓝宝石无荧光。

5. 注意事项

①紫外光会损伤眼睛,因此须在放置样品之后再打开开关。
②透明样品与不透明样品荧光有所不同。
③有时样品仅某一部分发荧光,如祖母绿中的油剂、青金石中的方解石。
④同类宝石不同样品的荧光可有明显差异。
⑤此方法只是辅助手段,尚需综合判断。

(九)热导仪

热导仪是 20 世纪 80 年代初设计生产的,是鉴定钻石与仿钻石迅速而有效的仪器。但由于近年来合成碳硅石的上市,给鉴别钻石与仿钻石提出了新的课题,因为二者无法用热导仪区分。

1. 原理

不同珠宝玉石传导热的性能不同,因此,测定热导率或相对热导率可鉴别宝石。

2. 结构

Ⅱ型热导仪(图2-32)由探头、测量显示系统、警报系统及电源组成。

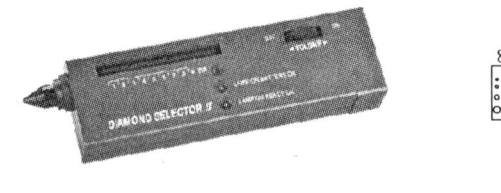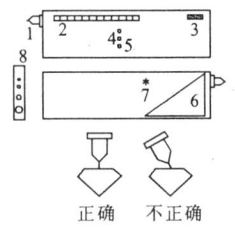

图2-32 热导仪外观及使用方法示意图

1.探头;2.发光二极管发光窗口,共12个;3.通电开关/调亮窗口装置;4.电池指示灯;5."准备就绪"指示灯;6.导电率板(热导仪上通常不装配);7.信号扬声器;8.放置裸钻的小板

3. 操作

先清洁宝石,操作步骤如下:

①打开开关预热。打开开关之后,会亮起一个红灯,等另一个红灯亮时,说明预热已完成,可以进行下一步操作。

②据室温和样品重量调挡。

日本Ⅱ型热导仪的调挡规定如表2-2所示。

表2-2 日本Ⅱ型热导仪调挡规定

ct/t	温度(℃)		
	<10	10~30	>30
<0.05	5	6	7
0.06~0.5	3	4	5
>0.5	1	2	3

③手持仪器,两手指捏住背部金属板。

这是为了防止误判定。警报系统是为了防止热导仪探头直接接触金属部分(金、银、铜等)使热导仪发出错误的信号而设置的。警报系统是由人体、金属、探头及仪器背面的一块直角三角形的金属板及蜂鸣器等组成。当探头误触金属托时,蜂鸣器就会发出短促的"嘟!嘟!"声,而不是接触钻石时拉长的"嘟!——嘟!"声。以此发出提醒警报。

④探头垂直台面测试。

⑤据升挡及蜂鸣声判断。

4. 注意事项

①待测宝石必须干净、干燥。
②电池电力应充足。
③定期清洁探头,用软纸轻擦即可。
④钻石应放在铝板凹坑中,不要用手拿钻石,镶钻首饰可拿托。
⑤测试分钻,光和声可能不会很强。
⑥应尽量垂直台面测试。
⑦控制室内气流,避开风扇及窗口的风。
⑧测试时手指必须捏住仪器背部三角形金属板,以免错误判定。
⑨测试完毕将探头戴上保护套,并立即断电。
⑩电池长时间不用,应将其取出。

5. 应用

①鉴别钻石与仿钻石(合成碳硅石除外)。
②鉴别其他宝石,如海蓝宝石与蓝黄玉、方柱石与紫晶等。
③检测贵金属及其含量。

(十)590型无色合成碳硅石/钻石测试仪

钻石与合成碳硅石在热导仪测试中均呈钻石反应,为此,美国Ｃ３公司生产了590型无色合成碳硅石/钻石测试仪(图2-33)。

图2-33　590型无色合成碳硅石/钻石测试仪

1. 原理

无色到浅黄色钻石具有透过长波紫外线的能力;而合成碳硅石却可以吸收长波紫外线。该仪器即利用此原理设计制作而成。

2. 结构

该仪器装有接收紫外光的细光纤管,并有声响及指示灯装置。

3. 操作

当长波紫外灯的光线射向钻石时,则长波紫外光进入钻石,经过折射、内反射又折射到台面上,进入接收器,发出声响并使绿灯闪亮。若为合成碳硅石,则紫外光被吸收,无紫外光进入接收器,因而无声响,指示灯不闪亮。

4. 注意事项

①590型无色合成碳硅石/钻石测试仪应在正常温度、湿度下使用。温度超过30℃时,会出现错误结果。

②探头与样品应干净,否则会有错误的结果。

三、实习要求

1. 放大镜观察

①玻璃猫眼的蜂巢构造。
②翡翠(处理)的染色特征(丝网状绿)。
③石英岩玉的粒状/鳞片粒状结构。
④钻石内含物的观察。

2. 宝石显微镜观察

①红、蓝宝石的矿物包裹体、指纹状包裹体、双晶纹/裂理、平直或六边形色带(生长纹)气液两相包裹体等。
②焰熔法合成红、蓝宝石的弧形生长纹(色带)、气泡等。
③养殖珍珠的"砂丘纹"(生长回旋结构)。
④染色翡翠的"丝网状"绿。
⑤尖晶石中的八面体负晶或矿物包裹体。
⑥橄榄石中的睡莲叶状包裹体。
⑦合成碳硅石、橄榄石、碧玺、铬透辉石、锆石和合成金红石等的双影观察。
⑧欧泊、合成欧泊的变彩观察及彩片特征观察。
⑨菱锰矿的鲕状结构、层纹构造的观察。
⑩透辉石猫眼的两组近正交完全解理及矽线石猫眼的一组完全解理的观察。

3. 折射仪观测

(1)折射率的测定

①点测:测定猫眼、红宝石、碧玺、水晶、翡翠、岫玉、欧泊、蓝晶石、独山玉、月

光石、玛瑙等的折射率。

②刻面测法：测定红宝石、合成红宝石、祖母绿、紫晶、方柱石、石榴石、橄榄石、碧玺、磷灰石、萤石的折射率。

(2) 双折射率测定

测定紫晶、方柱石、堇青石、碧玺、磷灰石、橄榄石、红宝石的双折射率。

(3) 一轴晶光性正负的确定

确定紫晶、方柱石的一轴晶光性正负。

4. 密度测定

用静水力学法测定锆石、合成立方氧化锆、紫晶、方柱石、红宝石、祖母绿、合成祖母绿（水热法）、青金石、合成青金石、方钠石、翡翠、软玉、岫玉、贝壳的密度。

5. 多色性观测

①无多色性：观测尖晶石、石榴石、玻璃无多色性。

②二色性：观测红宝石、蓝宝石、祖母绿、碧玺、紫晶、符山石的二色性。

③三色性：观测堇青石、蓝晶石、坦桑石、红柱石、绿帘石的三色性。

6. 分光镜观测

用分光镜观测红宝石或合成红宝石、锆石、焰熔法深蓝色合成尖晶石、榍石、磷灰石、石榴石等。

7. 查尔斯滤色镜观测

用查尔斯滤色镜鉴别绿色翡翠和绿色水钙铝榴石、天蓝色托帕石和海蓝宝石、红宝石和红色石榴石等。

8. 紫外灯宝石发光性观察

用紫外灯观察红宝石、红尖晶石、红色石榴石、钻石、合成立方氧化锆、磷灰石、欧泊、萤石等。

9. 偏光器观察

用偏光器观察红宝石、蓝宝石、黄玉、碧玺、尖晶石、石榴石、玻璃、翡翠、岫玉、玛瑙、赛黄晶、水晶等。

10. 热导仪测试

用热导仪测试钻石、合成碳硅石、合成立方氧化锆、紫晶、方柱石、托帕石、海蓝宝石、红宝石、蓝宝石等。

上述观察测试要求掌握每种珠宝鉴定仪器的原理、使用方法和操作步骤以及使用时的注意事项；细心观察、认真测试，在实践中不断总结经验，提高实际操作技能，争取尽快熟练使用各种常规珠宝鉴定仪器。

四、实习报告

1. 内容

（1）宝石显微镜观察

焰熔法合成红宝石包裹体特征观察。

（2）折射率测定

①点测法：测定翡翠、岫玉的折射率。记录到小数点后两位，并注明点测。

②刻面测法：测定红宝石、橄榄石、碧玺的折射率。写出折射率最大值、最小值，记录到小数点后第三位，最大值与最小值之间用","或"/"隔开，不能使用连字符"～"或"—"。

③一轴晶光性正负判断：判断紫晶和方柱石的一轴晶光性正负。

（3）密度测定

测定蓝宝石、翡翠的密度。密度值记录到小数点后第二位。

（4）多色性观测

观测石榴石、红宝石、堇青石的多色性。

（5）分光镜观测

观察红宝石或合成红宝石吸收光谱并画图。

（6）查尔斯滤色镜观测

用查尔斯滤色镜鉴别红宝石和红色石榴石、天蓝色托帕石和海蓝宝石。

（7）紫外灯观察

用紫外灯观察红色尖晶石和红色石榴石。

（8）偏光器观察

用偏光器观察祖母绿、橄榄石、翡翠、玛瑙、尖晶石、玻璃。并写出观察到的现象和结论。

（9）热导仪测试

用热导仪测试钻石、合成碳硅石、合成立方氧化锆。

2. 要求

①按有关要求认真观察测试。

②把观察测试结果填写在实习报告册中。

第三章　钻石及贵重宝石鉴定实习

一、实习目的

①掌握钻石、红宝石、蓝宝石、祖母绿、猫眼、变石的特征和鉴定方法。
②掌握钻石与仿钻石的鉴别方法以及钻石的4C评价原则。
③掌握贵重宝石的天然石与合成石以及优化处理的鉴别。

二、实习内容

鉴定钻石、仿钻石（合成碳硅石、合成立方氧化锆、人造钇铝榴石、玻璃、无色刚玉、无色尖晶石等）、红宝石、合成红宝石、星光红宝石、合成星光红宝石、蓝宝石、合成蓝宝石、星光蓝宝石、合成星光蓝宝石、染色红宝石、充填红宝石、扩散蓝宝石、红宝石拼合石、蓝宝石拼合石、合成变色刚玉、祖母绿、合成祖母绿、猫眼、变石、金绿宝石、合成变石等珠宝玉石。

（一）钻石及贵重宝石主要鉴定特征

(1) 钻石(Diamond)
矿物名称：金刚石。
化学成分：C；可含有N、B、H等微量元素。
晶　　系：等轴晶系。
光　　泽：金刚光泽。
色　　散：强，色散值0.044，可见橙色、蓝色的火彩。
摩氏硬度：10。
密　　度：3.52($\pm$0.01) g/cm^3。
光性特征：均质体，偶见异常情况。
外　　观：腰部不抛光，呈砂糖状。常见三角形、阶梯状生长纹或原始晶面，棱线锐利。
折 射 率：2.417。

双折射率:无。
紫外荧光:无至强,可有蓝白、蓝、黄、橙黄、粉、黄绿色荧光,一般长波强于短波,有些可见磷光。
吸收光谱:无色—浅黄色钻石,在紫区 415 nm 有一吸收带(线)。
放大检查:矿物包裹体、羽状纹、云状物、点状物等,棱线锐利。

(2)红宝石(Ruby)

矿物名称:刚玉。
化学成分:Al_2O_3,可含有 Cr、Fe、Ti、Mn、V 等元素。
晶　　系:三方晶系。
光　　泽:玻璃光泽至亚金刚光泽。
摩氏硬度:9。
密　　度:4.00($\pm$0.05) g/cm^3。
光性特征:非均质体,一轴晶,负光性。
多　色　性:二色性,紫红/橙红等。
折　射　率:1.762～1.770(+0.009,-0.005)
双折射率:0.008～0.010。
紫外荧光:LW 弱至强的红或橙红色;SW 无至中的红或橙红色。
吸收光谱:694 nm、692 nm、668 nm、659 nm 吸收线,620～540 nm 吸收带,476 nm、475 nm 强吸收线,468 nm 弱吸收线,紫光区吸收。
偏光镜检查:四明四暗(光轴方向除外),非均质体。
放大检查:丝状或针状矿物包裹体,晶体包裹体,负晶,气液包裹体,指纹状包裹体,气液两相包裹体,平直或六边形色带或生长纹,双晶纹/裂理,裂隙等。
特殊光学效应:星光效应,猫眼效应(稀少)。

(3)蓝宝石(Sapphire)

矿物名称:刚玉。
化学成分:Al_2O_3,含 Fe、Ti 等。
晶　　系:三方晶系。
光　　泽:玻璃光泽至亚金刚光泽。
摩氏硬度:9。
密　　度:4.00($\pm$0.05) g/cm^3。
光性特征:非均质体,一轴晶,负光性。
多　色　性:二色性,蓝色者,蓝/绿蓝;绿色者,绿/黄绿;黄色者,黄/橙黄;橙色者,橙/橙红;紫色者,紫/紫红。

折 射 率:1.762～1.770(+0.009,-0.005)。
双折射率:0.008～0.010。
紫外荧光:蓝色者,一般无荧光,个别产地如柬埔寨、澳大利亚、泰国产的蓝宝石可见弱亚状蓝到绿色荧光,斯里兰卡和美国蒙大拿产的含Cr蓝宝石可有红色荧光。
热处理的蓝宝石某些可有弱蓝或弱绿白色荧光。
绿色者,一般无,个别弱亚状蓝到绿色荧光。
黄色者,LW无荧光或橙黄色荧光,SW弱红或橙黄。
无色者,无至中,红至橙(合成无色蓝宝石可有蓝白或绿白荧光)。
黑色者,一般无。
吸收光谱:蓝色、绿色、黄色者,450 nm吸收带或450 nm、460 nm、470 nm吸收线(蓝宝石特征吸收线为451.5 nm的铁线。富铁的黄色蓝宝石有特征的451.5 nm铁线;而含铁少的铁线弱或无。热处理的黄色蓝宝石只见400～450 nm完全吸收带)。
偏光镜检查:四明四暗(光轴方向除外),非均质体。
放大检查:同红宝石。
特殊光学效应、变色效应、星光效应(可有六射星光,少见双星光)。

(4)祖母绿(Emerald)
矿物名称:绿柱石。
化学成分:$Be_3Al_2Si_6O_{18}$。
晶　　系:六方晶系。
光　　泽:玻璃光泽。
摩氏硬度:7.5～8。
密　　度:2.72(+0.18,-0.05) g/cm³。
光性特征:一轴晶,负光性。
多 色 性:二色性,中至强,蓝绿/黄绿。
折 射 率:1.577～1.583(±0.017)。
双折射率:0.005～0.009。
紫外荧光:一般无,某些有红色荧光。
吸收光谱:683 nm和680 nm强吸收线,662 nm和646 nm弱吸收线,630～580 nm部分吸收带,紫区全吸收。
放大检查:矿物包裹体,气液包裹体,气液两相包裹体,三相气、液、固包裹体,裂隙等。

特殊光学效应:猫眼效应,星光效应(稀少)。

(5)猫眼(Chrysoberyl cat's-eye)

矿物名称:金绿宝石。

化学成分:$BeAl_2O_4$。

晶　　系:斜方晶系。

光　　泽:玻璃光泽。

摩氏硬度:8~8.5。

密　　度:3.73(±0.02) g/cm³。

光性特征:二轴晶,正光性。

多 色 性:三色性,弱,黄/黄绿/橙。

折 射 率:1.746~1.755(+0.004,-0.006)。

双折射率:0.008~0.010。

紫外荧光:一般无,变石猫眼,弱至中红色。

吸收光谱:445 nm强吸收带。

放大检查:丝状金红石或管状包裹体,指纹状包裹体,负晶等。

特殊光学效应:猫眼效应,变色效应。

(6)变石(Alexandrite)

矿物名称:金绿宝石。

化学成分:$BeAl_2O_4$。

晶　　系:斜方晶系。

光　　泽:抛光面呈玻璃光泽至金刚光泽,断口呈玻璃光泽至油脂光泽。

摩氏硬度:8~8.5。

密　　度:3.73(±0.02) g/cm³。

光性特征:二轴晶,正光性。

多 色 性:三色性,强,绿/橙黄/紫红。

折 射 率:1.746~1.755(+0.004,-0.006)。

双折射率:0.008~0.010。

紫外荧光:无至中,紫红。

吸收光谱:680 nm和678 nm强吸收线,665 nm、655 nm、645 nm弱吸收线,580~630 nm部分吸收带,476 nm、473 nm、468 nm三条弱吸收线,紫区全吸收。

放大检查:指纹状包裹体和丝状物。

特殊光学效应:变色效应,猫眼效应。

(二)钻石及贵重宝石的鉴定

1. 钻石与仿钻石的鉴别

热导仪可以快速、准确鉴别钻石与仿钻石(合成碳硅石除外)。测试时,热导仪不发出蜂鸣声,即为仿钻石;发出蜂鸣声,即为钻石或合成碳硅石。因此,钻石与仿钻石的鉴别重点为钻石与合成碳硅石的鉴别(表3-1)。

表3-1 钻石与合成碳硅石的鉴别

鉴定特征	钻石	合成碳硅石
放大观察	矿物包裹体、点状物、云状物等,无双影	金属球状、白点状、线状包裹体,可见双影
偏光镜检测	全暗或异常消光(等轴晶系)	四明四暗(光轴方向除外)(U^+,六方晶系)
密度(g/cm³)	3.52(±0.01)	3.22(±0.02)
590检测仪	钻石反应	非钻石反应

2. 钻石4C分级评价

国际上按颜色(Color)、净度(Clarity)、切工(Cut)、质量(Carat Weight)四个方面对钻石进行等级划分,简称4C分级或4C评价。

重点掌握肉眼估测钻石颜色级别及利用10×放大镜估测钻石净度级别。

(1)钻石颜色级别

钻石颜色级别划分见表3-2。

表3-2 钻石颜色级别划分表

D	100	极白
E	99	极白
F	98	优白
G	97	优白
H	96	白
I	95	微黄白
J	94	微黄白
K	93	浅黄白
L	92	浅黄白
M	91	浅黄
N	90	浅黄
<N	<90	黄

各颜色级别的肉眼特征描述如下:
① D—E色:极白。
D色:纯净无色、极透明,可见极淡的蓝色。
E色:纯净无色、极透明。
② F—G色:优白。
F色:从任何角度观察均为无色透明。
G色:1 ct 以下的从钻石的冠部、亭部观察均为无色透明,但 1 ct 以上的钻石从亭部观察显示似有似无的黄(褐、灰)色调。
③ H色:白。
1 ct 以下的钻石从冠部观察看不出任何颜色色调,但从亭部观察,可见似有似无的黄(褐、灰)色调。
④ I—J色:微黄(褐、灰)白。
I色:1 ct 以下的钻石冠部观察无色,亭部和腰棱侧面呈微黄(褐、灰)白色。
J色:1 ct 以下的钻石冠部观察近无色,亭部和腰棱侧面呈微黄(褐、灰)色。
⑤ K—L级:浅黄(褐、灰)白。
K级:冠部观察呈浅黄(褐、灰)白色,亭部和腰棱侧面呈很浅的黄(褐、灰)白色。
L级:冠部观察显浅黄(褐、灰)色,亭部和腰棱侧面呈浅的黄(褐、灰)色。
⑥ M—N色:浅黄(褐、灰)色。
M级:冠部观察呈浅黄(褐、灰)色,亭部和腰棱侧面观察有明显浅黄(褐、灰)色。
N级:从任何角度观察钻石均带有明显浅黄(褐、灰)色。
⑦ <N级:黄(褐、灰)色
任何角度观察钻石均带明显的黄色,非专业人士都可以看出有明显的黄(褐、灰)色。

(2)钻石净度级别
① LC级(镜下无瑕级):10×未见内、外部特征(有四种情况仍属 LC 级)。
a. 额外刻面位于亭部,冠部不可见;
b. 原始晶面位于腰围内,不影响腰部的对称,冠部不可见;
c. 内部生长线无反射现象,不影响透明度;
d. 钻石内、外部有极轻微的特征,轻微抛光后可除去。
② VVS级(极微瑕级):10×具微小的内、外部特征。
  VVS1 极难观察;
  VVS2 很难观察。

VVS级钻石净度特征小结：允许有较容易发现的外部特征，如多余面、原晶面、小划痕或微小的缺口等。极少量的可见度低的针点状物、发丝状小裂隙（位于亭部）。轻微的须状腰。少量的有反射的生长纹、微弱的云状雾等，与LC级的区别，是含少量微小的内含物，而LC只有不明显的外部特征。

③VS级（微瑕级）：10×具细小的内、外部特征。

  VS1 难以观察；

  VS2 比较容易观察。

VS级钻石净度特征小结：钻石内具有细小的内含物，专业技术人员以10倍放大观察难发现（VS1）或比较容易发现（VS2）。除原晶面及冠部可见的多余面外，其他轻微的外部特征对该级别的影响不大。典型包裹体：点状包裹体群、较轻微的云状物、小的浅色包裹体、较小的云状纹等。与VVS级区别是在10倍放大条件下，VS级钻石可以观察到瑕疵，尽管比较困难，而VVS级则几乎观察不到。

④SI级（瑕疵级）：10×具明显的内、外部特征。

  SI1 容易观察；

  SI2 很容易观察。

SI级钻石净度特征小结：典型包裹体为较大浅色包裹体、较小深色包裹体、较明显的云雾、羽状纹等。各种包裹体都可能出现。与VS级的区别在于SI级钻石，专业技术人员以10倍放大观察容易（SI1）和很容易（SI2）发现钻石的内、外部特征。但是去掉放大装置用肉眼无法看到内、外部特征。SI1级的内含物肉眼从任何角度都看不见，SI2级的内含物肉眼从亭部观察界于可见与不可见之间。

⑤P级（重瑕疵级）：肉眼可见内、外部特征。

  P1 肉眼可见；

  P2 肉眼易见；

  P3 肉眼极易见。

P级钻石净度特征小结：典型包裹体为大的云状物、羽状纹、深色包裹体，并且这些包裹体可能影响钻石的耐久性、透明度和明亮度等。专业技术人员在10倍放大镜下显而易见及肉眼可见的净度特征。

P1级：通常肉眼从冠部观察界于可见与不可见之间。典型的特征有明显的深色包裹体较大的裂纹，清楚的云状雾等。

P2级：肉眼从冠部容易看见大或多的内含物，它们对钻石的亮度有明显的影响，使钻石看上去变得暗淡、呆板。对钻石的耐久性也有影响。

P3级：肉眼很容易看见数目极多或个体极大的特征。它们不但影响了钻石的透明度和明亮度，还影响了钻石的耐久性。实际已和工业用金刚石相差无几。

3. 红、蓝宝石的鉴别

在红、蓝宝石的鉴别中,重点掌握红、蓝宝石与焰熔法合成红、蓝宝石的鉴别以及红、蓝宝石的优化处理的鉴别,重点为染色红宝石和扩散蓝宝石的鉴别。

(1)红、蓝宝石与相似的红色、蓝色宝石的鉴别

红、蓝宝石与相似的红色、蓝色宝石,依据折射率、密度、光性特征、多色性、荧光、分光镜检测等,一般不难鉴别。其中,容易出现问题的是红宝石与某些红色石榴石的鉴别(表3-3)。二者折射率、密度有时相近,尤其对于素面型宝石,更易混淆。

表3-3 红宝石与红色石榴石的鉴别

鉴别特征	红宝石	红色石榴石
荧光	红色	无
多色性	二色性,紫红/橙红等	无
双折射率	0.008	无
吸收光谱	红宝石吸收谱(Cr谱)	铁窗等
放大观察	矿物包裹体、气液包裹体、指纹状包裹体,平直或六边形色带(生长纹),双晶纹/裂理	针状及浑圆状矿物包裹体

(2)红、蓝宝石与合成红、蓝宝石的鉴别

①红宝石与焰熔法合成红宝石的鉴别(表3-4)。

表3-4 红宝石与焰熔法合成红宝石的鉴别

鉴别特征	红宝石	焰熔法合成红宝石
外观	常有颜色不均匀现象,色带、裂理、裂隙常见	颜色均一,鲜艳,完美
放大观察	平直或六边形生长纹(色带),针状矿物包裹体、晶体包裹体、指纹状包裹体、气液包裹体等	弧形生长纹及气泡
二色性	一般垂直台面观察不见多色性或多色性弱(有例外)	一般垂直台面观察多色性最明显(有例外)
紫外荧光	红色,一般弱于合成者	红色,一般强于天然者

②蓝宝石与焰熔法合成蓝宝石的鉴别。

弧形生长纹或色带以及气泡仍是焰熔法合成蓝宝石的重要鉴定特征。此外,可参考发光性和吸收光谱特征。

a. 可参考发光性对蓝宝石和焰熔法合成蓝宝石进行鉴别。

蓝宝石:天然者一般无荧光;而焰熔法蓝宝石 SW 可有淡蓝-白色或淡绿色荧光。

绿色蓝宝石:天然者一般无荧光;而焰熔法合成者 LW 橙色荧光。

无色蓝宝石:天然者紫外荧光无至中,红至橙色荧光;而焰熔法合成者可有蓝白、绿白色荧光。

黄色蓝宝石:天然者无荧光或橙黄色荧光;而焰熔法合成者 Ni 致色的无荧光,Ni+Cr 致色的 SW 有弱红色荧光。

b. 除荧光特征外,还可参考吸收光谱特征对二者进行鉴别。

蓝宝石:天然者特征吸收为 451.5 nm 的铁线,有的附带有 460 nm 和 470 nm 弱线;而焰熔法合成蓝宝石无铁线或仅有 451.5 nm 弱线。热处理的斯里兰卡天然蓝宝石无 451.5 nm 铁线。

绿色蓝宝石:天然者有 451.5 nm 铁线;而焰熔法合成者无铁线或很弱、很模糊,有 500 nm、530 nm、635 nm、690 nm 吸收线(Co+V+Ni 致色)。

黄色蓝宝石:天然者富铁的有特征的 451.5 nm 铁线,如澳大利亚产的黄色蓝宝石;而含铁少的铁线弱或无,如斯里兰卡产的黄色蓝宝石。热处理的天然黄色蓝宝石只见 400～450 nm 的完全吸收带。焰熔法合成的黄色蓝宝石,由 Ni 致色的,在约 455 nm 处仅见弱吸收线;由 Ni+Cr 致色的,红区可见 Cr 线。

变色蓝宝石:天然者具有典型的红宝石型 Cr 和 Fe 吸收线谱;而焰熔法合成者可见 473 nm V 吸收线,并有以 580 nm 为中心的宽吸收带及 690 nm 吸收线。

③再次热处理的焰熔法合成红、蓝宝石的鉴别。

市场上可以见到再次热处理的焰熔法合成红、蓝宝石。放大观察,可以见到其中有明显的裂隙,沿裂隙分布有假指纹状包裹体。同时,可以观察到弧形生长纹或气泡。这些再次热处理的红、蓝宝石,易被误认为是天然的或是助熔剂法合成的。其实,这是把焰熔法红、蓝宝石戒面经加热后再冷却,产生裂隙,并浸入乙酸苯胺等树脂溶液中,使其内部产生了假指纹状包裹体。

④焰熔法合成星光红、蓝宝石与天然星光红、蓝宝石的鉴别。

a. 颜色:焰熔法合成星光红宝石有粉红-红色;焰熔法合成蓝宝石有乳蓝-蓝色、白色-灰色、紫色、绿色、黄色、褐色、黑色等。

b. 星线:合成星光红、蓝宝石星线较细、清晰、完美,仅存于表层;而天然星光红、蓝宝石星线较粗,可有缺失,不完整,星线产生于样品内部。

c. 包裹体特征:合成星光红、蓝宝石由于透明度较差,多为微透明-半透明,其包裹体分布于表层者,可用顶光源观察,放大观察可见弧形生长纹,气泡或圆形凹坑,在高倍(>100×)时可观察到三向细小的金红石针;而天然者可见矿物包裹体、气液包裹体、平直或六边形色带(生长纹)、三向针状矿物包裹体、双晶纹和裂理等。

⑤助熔剂法合成红宝石的鉴定特征。

a. 颜色:颜色丰富,呈各种深浅不同色调的红色。

b. 发光性:可有较强的红色荧光。

c. 查尔斯滤色镜观察:有较明显的红色。

d. X荧光光谱分析:有Pb等助熔剂微量元素的存在。

e. 内含物:有固态的助熔剂残余物。助熔剂残余物的颜色,因其绝大多数不透明,所以当只用底光源观察时,呈灰黑或棕褐色;而只用顶光源观察时,可为橙黄、橙红色且有金属光泽。助熔剂的形态多样,有指纹状、树枝状、栅栏状、网状、扭曲的云翳状、熔滴状和彗星状等。此外,可有平直及角状色带。可有三角形、六边形及不规则状铂金片——透射光下呈黑色(不透明),反射光下呈银白色并且具有金属光泽。

⑥助熔剂法合成蓝宝石的鉴定特征。

基本同助熔剂法合成红宝石。此外,在紫外荧光方面,助熔剂残余物可呈粉红、黄绿、棕绿色等较强荧光;而天然蓝宝石多为紫外荧光惰性。在吸收光谱方面,助熔剂法合成蓝宝石可能缺失460 nm、470 nm吸收线。

⑦水热法合成红宝石的鉴定特征。

a. 颜色与外观:浅红至深红,颜色均匀、艳丽,外观完美,内部洁净。

b. 发光性:体色浅者,如粉红色者几乎没有荧光,体色深者可有强红色荧光。

c. 内含物:钉状及针状气液包裹体,锯齿状、波纹状、网状生长纹和双晶纹,平直或六边形生长纹(色带),铂金片,种晶片等。

⑧桂林水热法合成红、蓝宝石鉴定特征。

a. 颜色:红、橙红、暗橙红、桃红、浅黄色等,透明洁净。

b. 紫外荧光:LW,中,鲜红;SW,中至弱,暗红。桃红色者,LW,强,鲜红色;SW,中,暗红或粉红。浅黄色合成蓝宝石,LW,中至弱,杏红色;SW,弱杏红或中等的白垩色。

c. 吸收光谱:合成红宝石只见红区Cr吸收线,蓝绿区被吸收。浅黄色合成蓝宝石缺失450 nm吸收线。

d. 内含物:常见种晶片;细小的面包渣状包裹体,呈面状分布,也有的呈线状、网状;生长纹理很不明显;红外光谱检测无水的吸收峰。

(3)优化处理红、蓝宝石的鉴定

①热处理的红、蓝宝石的鉴别。

a. 颜色:可有颜色不均匀现象,格子状色块,不均匀扩散晕,色带等。

b. 固体矿物包裹体熔蚀。

c. 气液包裹体炸裂。

d. 热处理的黄色、蓝色蓝宝石缺失 450 nm 吸收线;某些蓝色蓝宝石热处理后,可有荧光,SW 呈弱的淡绿、淡蓝色紫外荧光。

②染色红宝石的鉴别。

a. 染料集中于裂隙、裂理、凹坑中。

b. 多色性异常,无二色性或二色性不明显。

c. 可有荧光异常。

d. 吸收光谱可有异常。

③浸有色油的红宝石的鉴别。

a. 裂隙中充填有色油而引起五颜六色的干涉色。

b. 裂隙中见有油痕及渣状沉淀物。

c. 热针试验有油珠析出。

④充填红宝石的鉴别。

a. 充填物颜色、光泽与红宝石有差异。

b. 充填过程中使裂隙或空洞中残留有气泡。

c. 充填物可有灰色或强蓝色荧光。

(4)表面扩散处理的红、蓝宝石的鉴定

①铁、钛扩散处理的蓝宝石的鉴别。

a. Ⅰ型产品灰蓝色,雾状外观;Ⅱ型为清澈的蓝色、蓝紫色。

b. 腰围及棱线处颜色集中。

c. 凹坑、裂隙处颜色深。

d. 某些样品 SW 下可有白垩状蓝或绿色荧光;而另一些样品 LW 下可有蓝色、绿色甚至橙色荧光。

②钴扩散处理蓝宝石的鉴别。

a. 呈鲜艳的钴蓝色,可有颜色略浅的斑点,棱线处会出现颜色变浅的现象。

b. 折射率超出折射仪测试范围。

c. 分光镜检测有钴吸收谱(三条吸收带)。

③新型铍扩散处理的红、蓝宝石的鉴别。

a. 颜色:有黄、橙黄、粉橙、橙粉、橙、橙红和红等色。

b. 具热处理特征:内部见应力纹,表面具熔蚀纹、麻点等以及高温热处理的现象——锆石包裹体变成不规则形,并且常含气泡,具蕨叶状锆石重结晶现象以及铍扩散处理表面常出现重结晶的多晶刚玉聚合体等。

c. 吸收光谱:只见黄绿区宽吸收带,无铬谱。

d. 荧光:无或极弱的淡绿色荧光。

e. 微量元素:等离子质谱仪和 X 射线能谱仪等大型仪器检测,Be 表层高,往里迅速减少。

④表面扩散处理星光红、蓝宝石的鉴别。

a. 颜色:具黑灰色色调的深蓝色,戒面底部或裂隙内有红色斑块状物质。

b. 星光:星线均匀,过于完美。

c. 放大检查:天然内含物,星光仅局限于样品表面,弧面型宝石表面有一层极薄的絮状物,由细小白点聚集而成,无三组定向的金红石丝状物(电子显微镜放大 3 000 倍也未见)。

d. 荧光:无。某些样品红色斑块部分发红色荧光。

e. Cr_2O_3 含量:异常,质量分数可达 4%,油浸观察样品表面呈现红色,具轮廓清晰的红色色圈。

(5)拼合红宝石、拼合蓝宝石的鉴别

拼合红宝石顶部为一薄层天然红宝石,下部为焰熔法合成红宝石。拼合蓝宝石也为二层石,顶部为很薄的一层天然蓝宝石,下部为焰熔法合成蓝宝石(黑蓝色)。

鉴别时注意有拼合缝,拼合面处有气泡,顶部内含物为天然特征,下部为焰熔法合成内含物。

4. 祖母绿的鉴定

(1)祖母绿与其他相似绿色宝石的鉴别

祖母绿与其他相似的绿色宝石,依据折射率、密度、光性特征、内部特征等不难鉴别。绿色天河石易与低档祖母绿混淆,外观酷似,但折射率、密度等特征明显不同。

(2)祖母绿与合成祖母绿的鉴别(表 3-5)

(3)优化处理祖母绿的鉴别

①浸无色油祖母绿的鉴别。

a. 反射光下可见裂隙中无色油产生的干涉色。

b. 可见油痕。

c. 受热"发汗"流油。

d. 油污包装纸。

②浸有色油祖母绿的鉴别。

a. 绿色油呈丝状分布于裂隙中。

b. 油干涸后会在裂隙处留下绿色染料。

表 3-5　祖母绿与合成祖母绿的鉴别

鉴别特征	祖母绿	合成祖母绿
放大检查	矿物包裹体、气液包裹体、两相包裹体、三相包裹体,裂隙,愈合裂隙等	水热法:钉状(针状)包裹体、气液包裹体、两相包裹体,种晶片,铂金片,硅铍石,犬齿状纹、网格状纹、螺旋纹等; 助熔剂法:助熔剂残留物,弯曲脉状裂隙,铂金片,硅铍石,可有平直或六边形色带
密度(g/cm³)	>2.69	<2.69(吉尔森助熔剂法例外,但有 427 nm 吸收线)
折射率	1.58~1.59	1.56~1.57
双折射率	0.005~0.009	多为 0.003~0.006
红外光谱	有Ⅰ型水、Ⅱ型水,峰位、强弱与水热法不同	水热法:有Ⅰ型水、Ⅱ型水,峰位、强弱与天然者不同; 助熔剂法:无水的吸收峰

c. 某些油可有紫外荧光。

d. 染绿包装纸。

③树脂类充填祖母绿的鉴别。

a. 充填物可残留有气泡。

b. 充填区呈雾状,充填物内有流动构造。

c. 反射光观察样品,表面有蛛网状的裂缝充填物,光泽较暗。

④染色处理祖母绿的鉴别。

a. 颜色染料沿裂隙分布,可呈蛛网状。

b. 可有 630~660 nm 吸收带。

c. 在长波紫外光下可呈黄绿色荧光。

(4)覆膜处理祖母绿的鉴别

①底衬处理的祖母绿。

a. 可有接合缝。

b. 接合面处可有气泡残留。

c. 有时会有薄膜脱落,起皱现象。

d. 多色性无或弱。

e. 无 Cr 吸收谱或模糊。

②镀膜处理的祖母绿。

a. 浸泡观察,腰围、棱角处颜色集中。

b. 表面镀膜层易产生裂纹,交织成网状。

5. 金绿宝石、猫眼、变石的鉴定

(1)金绿宝石的鉴别

金绿宝石与钙铝榴石、尖晶石、橄榄石等相似的宝石依据光性特征、折射率、密度等特征不难区分。金绿宝石与颜色相近的蓝宝石的鉴别应予注意(表3-6)。

表 3-6 金绿宝石与蓝宝石的鉴别

鉴别特征	金绿宝石	蓝宝石
折射率	1.746~1.755(+0.004,-0.006)	1.762~1.770(+0.009,-0.005)
密度(g/cm^3)	3.73(±0.02)	4.00(+0.10,-0.05)
轴性	二轴晶	一轴晶
内含物	指纹状包裹体,一组丝状物,阶梯状滑动面或双晶纹	矿物包裹体,指纹状气液包裹体,三组丝状物,平直或六边形色带或生长纹,双晶纹(裂理)等

(2)猫眼的鉴别

猫眼与其他具猫眼效应的宝石不难鉴别。极罕见的石榴石猫眼无多色性可区别于猫眼;其他具猫眼效应的宝石的折射率,密度均小于猫眼,明显不同,不难鉴别;玻璃猫眼有蜂巢、网状结构,均质体,有气泡。

合成猫眼是借表层平行排列的微粒而产生猫眼效应,内部无天然猫眼的丝状物。

(3)变石的鉴别

除变石外,具有变色效应的宝石有:变色石榴石、变色尖晶石、变色蓝宝石、变色萤石、变色蓝晶石等。

依据光性特征、多色性、密度、折射率、内含物等特征不难把变石与其他具有变色效应的宝石鉴别开来。

(4)合成金绿宝石的鉴别

合成金绿宝石有合成金绿宝石、合成猫眼、合成变石三个品种,而且主要是合成变石。

合成方法有助熔剂法、晶体提拉法和区域熔炼法。

①助熔剂法:助熔剂残余,铂金片。

②提拉法:针状包裹体及弧形生长纹。

③区域熔炼法:小的球形气泡和漩涡状结构。

此外,红外光谱仪检测天然变石有水分子的特征吸收峰;而合成变石无水的吸收峰存在。

三、实习要求

掌握钻石、贵重宝石的主要鉴定特征和鉴定方法;重点掌握钻石与合成碳硅石的鉴别和红、蓝宝石与焰熔法合成红、蓝宝石的鉴别以及祖母绿与水热法祖母绿的鉴别。对染色红宝石、扩散蓝宝石、红宝石拼合石、蓝宝石拼合石亦应给予充分的注意。

四、实习报告

1. 内容

钻石、合成碳硅石、红宝石、合成红宝石(焰熔法)、蓝宝石、合成蓝宝石(焰熔法)、祖母绿、合成祖母绿(水热法)、猫眼、合成变石。

2. 要求

①至少有三项或三项以上证据。

②红宝石、合成红宝石必须进行分光镜检测并画图。

③遇有钻石,除鉴定外尚需进行肉眼评价颜色、净度级别。

第四章 一般宝石及少见宝石鉴定实习

一、实习目的

①掌握一般宝石及少见宝石的主要鉴定特征及鉴定方法。
②掌握易混淆宝石的鉴别方法以及合成石、优化处理石的鉴别。

二、实习内容

一般宝石包括:海蓝宝石及其他绿柱石、碧玺、尖晶石、锆石、托帕石、橄榄石、石榴石、石英(水晶、紫晶、黄晶、绿水晶、芙蓉石)、长石(月光石、天河石、日光石、拉长石)、冰洲石。

少见宝石包括:榍石、符山石、方柱石、锡石、红柱石、矽线石、蓝晶石、堇青石、辉石(普通辉石、顽火辉石、透辉石、锂辉石)、磷灰石、黝帘石(坦桑石)、绿帘石。

(一)一般宝石及少见宝石的主要鉴定特征

1. 一般宝石的主要鉴定特征

(1)海蓝宝石(Aquamarine)及其他绿柱石(Beryl)
矿物名称:绿柱石。
化学成分:$Be_3Al_2Si_6O_{18}$。
晶　　系:六方晶系。
常见颜色:海蓝宝石呈天蓝、钴蓝色,其他呈绿、粉红、玫瑰红、黄、无色等色。
光　　泽:玻璃光泽。
摩氏硬度:7.5~8。
密　　度:2.72(+0.18,-0.05) g/cm³。
光性特征:非均质体,一轴晶,负光性。
多 色 性:二色性,弱至中。

折 射 率:1.577~1.583(±0.017)。
双折射率:0.005~0.009。
放大检查:矿物包裹体,液体包裹体,气液两相包裹体,三相包裹体,平行管状包裹体,愈合裂隙等。
特殊光学效应:猫眼效应。

(2) 碧玺(Tourmaline)

矿物名称:电气石。
化学成分:$(Na,K,Ca)(Al,Fe,Li,Mg,Mn)_3(Al,Cr,Fe,V)_6(BO_3)_3(Si_6O_{18})(OH,F)_4$。
晶　　系:三方晶系。
光　　泽:玻璃光泽。
常见颜色:各种颜色。
摩氏硬度:7~8。
密　　度:$3.06(+0.20,-0.06)$ g/cm³。
光性特征:非均质体,一轴晶,负光性。
多 色 性:二色性,中至强,因体色不同、颜色深浅不同而异。
折 射 率:1.624~1.644(+0.011,-0.009)。
双折射率:0.018~0.040,通常为0.020。
吸收光谱:红、粉红碧玺,绿光区宽吸收带,有时可见525 nm窄带,451 nm、458 nm吸收带。蓝、绿碧玺:红区普遍吸收,498 nm强吸收带。
放大检查:气液包裹体,平行管状气液包裹体,晶体包裹体,丝状、针状矿物包裹体,棱线双影。
特殊光学效应:猫眼效应。

(3) 尖晶石(Spinel)

矿物名称:尖晶石。
化学成分:$MgAl_2O_4$。
晶　　系:等轴晶系。
常见颜色:红、橙红、粉红、紫红、黄、橙黄、褐、蓝、绿、紫、无色等色。
光　　泽:玻璃光泽至亚金刚光泽。
摩氏硬度:8。
多 色 性:无。
折 射 率:$1.718(+0.017,-0.008)$。
密　　度:$3.60(+0.10,-0.03)$ g/cm³。
紫外荧光:红、橙、粉色者,LW弱至强,红、橙红;SW无至弱,红、橙红。

绿色者，LW 无至中，橙至橙红。

其他颜色者，一般无。

吸收光谱：红色者，685 nm、684 nm 强吸收线，656 nm 弱吸收带，595～490 nm强吸收带。

放大检查：八面体矿物、负晶，其他晶体包裹体，生长带，双晶纹，气液包裹体等。

特殊光学效应：星光效应，变色效应。

(4) 锆石(Zircom)

矿物名称：锆石。

化学成分：$ZrSiO_4$。

晶　　系：四方晶系。

常见颜色：无色、蓝、黄、绿、褐、橙、红、紫色等色。

光　　泽：玻璃光泽至金刚光泽。

摩氏硬度：6～7.5。

密　　度：高型，4.60～4.80 g/cm^3；

中型，4.10～4.60 g/cm^3；

低型，3.90～4.10 g/cm^3。

光性特征：非均质体，一轴晶，正光性。

多 色 性：二色性。

蓝色者，强二色性，蓝/黄至无色。

其他颜色者，较弱。

折 射 率：高型，1.925～1.984(±0.040)；

中型，1.875～1.905(±0.030)；

低型，1.810～1.815(±0.030)。

双折射率：0.059～0.001。

紫外荧光：蓝色者，LW 无至中，浅蓝；SW 无。

绿色者，一般无，有些具极弱的绿、黄绿色荧光。

黄、橙黄色者，无至中，黄、橙。

红、橙红色者，无至强，黄、橙。

棕、褐色者，SW 无至极弱，红。

吸收光谱：特征吸收为 653.5 nm 吸收线，可见 2～40 条吸收线，主线在 691 nm、662.5 nm、659 nm、589.5 nm、562.5 nm、537.5 nm、515 nm、484 nm、432.5 nm。

一些热处理的蓝色、无色锆石只有 653.5 nm 弱线，绿色低型锆石一般只有 653.5 nm 处宽的模糊吸收带,某些锆石不见谱线。
放大检查:矿物包裹体,角状色带,平行的生长管,愈合裂隙,棱线双影。
特殊光学效应:猫眼效应(稀少)。

(5)托帕石(Topaz)

矿物名称:黄玉。
化学成分:$Al_2SiO_4(F,OH)_2$。
晶　　系:斜方晶系。
常见颜色:无色、淡蓝、蓝、黄、粉、粉红、褐红、绿色。
光　　泽:玻璃光泽。
解　　理:平行底面{001}的一组完全解理。
摩氏硬度:8。
密　　度:$3.53(\pm0.04)$ g/cm³。
光性特征:非均质体,二轴晶,正光性。
多 色 性:三色性,弱至中。
　　　　　黄、黄褐色者,浅褐黄/黄/橙黄;
　　　　　其他颜色者,一般仅能观察到二色性。
折 射 率:$1.619\sim1.627(\pm0.010)$。
　　　　　无色、蓝色者,$1.609\sim1.617$;
　　　　　黄色至黄褐色者,$1.629\sim1.637$。
双折射率:$0.008\sim0.010$。
放大检查:一般较干净。可见矿物包裹体,负晶,气液包裹体,两相包裹体,三相包裹体,两种或两种以上互不混溶液体包裹体,平行 C 轴排列的管状气液包裹体。
特殊光学效应:猫眼效应(稀少)。

(6)橄榄石(Peridot)

矿物名称:橄榄石。
化学成分:$(Mg,Fe)_2SiO_4$。
晶　　系:斜方晶系。
常见颜色:多为绿黄色、黄绿色。
光　　泽:玻璃光泽,断口为玻璃光泽至亚玻璃光泽。
解　　理:{010}解理中等不完全。
摩氏硬度:$6.5\sim7$。
密　　度:$3.34(+0.14,-0.07)$ g/cm³。
光性特征:非均质体,二轴晶,正光性或负光性。

多 色 性:三色性,弱。
折 射 率:1.654~1.690(±0.020)。
双折射率:0.035~0.038,常为0.036。
吸收光谱:在蓝区、蓝绿区有三个近等距的铁的吸收窄带,位于 453 nm、477 nm、497 nm 处。
放大检查:矿物包裹体,气液包裹体,负晶,睡莲叶状包裹体,棱线双影。

(7)石榴石(Garnet)

矿物名称:石榴石。

化学成分:$x_3 y_2 [SiO_4]_3$。x 为 Mg^{2+}、Fe^{2+}、Mn^{2+}、Ca^{2+};y 为 Al^{3+}、Fe^{3+}、Cr^{3+} 等。

晶　　系:等轴晶系。

光　　泽:玻璃光泽至亚金属光泽。

摩氏硬度:7~8。

光性特征:均质体,常见有异常消光。

* 镁铝榴石(Pyrope)

化学成分:$Mg_3 Al_2 (SiO_4)_3$。

常见颜色:橙红、红色。

密　　度:3.78(+0.09,-0.16) g/cm³。

多 色 性:无。

折 射 率:1.714~1.742,常为1.74。

紫外荧光:无。

吸收光谱:564 nm 宽吸收带,505 nm 吸收线,含铁者可有 440 nm、445 nm 吸收线,含 Cr 者红区可有 Cr 吸收线(带)。

放大观察:针状矿物包裹体,浑圆状矿物包裹体等。

* 红榴石(Rhodonite,为镁铝榴石与铁铝榴石之间的过渡种属)

化学成分:$(Mg, Fe)_3 Al_2 (SiO_4)_3$。

常见颜色:红色。

密　　度:3.84(±0.10) g/cm³。

多 色 性:无。

折 射 率:1.76(+0.010,-0.020)。

紫外荧光:无。

吸收光谱:类似铁铝榴石。

放大检查:同镁铝榴石与铁铝榴石。

* 铁铝榴石(Almandine)

化学成分:$Fe_3Al_2(SiO_4)_3$。
常见颜色:橙色—红、紫红,色调较暗。
密　　度:$4.05(+0.25,-0.12)\ g/cm^3$。
多 色 性:无。
折 射 率:$1.790(\pm 0.03)$。
紫外荧光:无。
吸收光谱:504 nm、520 nm、573 nm强吸收带(铁铝榴石窗)。
放大检查:针状矿物,锆石晕及浑圆状矿物包裹体。

* 钙铝榴石(Grossularite)
化学成分:$Ca_3Al_2(SiO_4)_3$。
常见颜色:浅至深绿,浅至深黄,橙红,无色(少见)。
密　　度:$3.61(+0.12,-0.04)g/cm^3$。
多 色 性:无。
折 射 率:$1.740(+0.020,-0.010)$。
紫外荧光:弱橙黄色。
吸收光谱:不特征。含铁铝榴石端员组分可有铁铝榴石弱吸收谱,桂榴石可有 407 nm、430 nm 吸收带。
放大检查:短柱状或浑圆状矿物包裹体,热浪效应(也称热波效应,即桂榴石变种中,有一种特有的特征,有类似把铺路材料加热而产生的漩涡状热波效应——不可能用显微镜在宝石内部准确地聚焦)。

* 锰铝榴石(Spessarite)
化学成分:$Mn_3Al_2(SiO_4)_3$。
常见颜色:橙-橙红。
密　　度:$4.15(+0.05,-0.03)\ g/cm^3$。
多 色 性:无。
折 射 率:$1.810(+0.004,-0.020)$。
紫外荧光:无。
吸收光谱:410 nm、420 nm、430 nm 吸收线,460 nm、480 nm、520 nm 吸收带,有时可有 504 nm、573 nm 吸收线。
放大检查:波浪状、浑圆状、不规则状晶体或液态包裹体,针状矿物包裹体等。

* 钙铁榴石,翠榴石(Andradite,Demantoid)
化学成分:$Ca_3Fe_2(SiO_4)_3$。
常见颜色:黄、绿、褐、黑等色。

密　　度:3.84(±0.03) g/cm³。
多 色 性:无。
折 射 率:1.888(+0.007,-0.033)。
紫外荧光:无。
吸收光谱:翠榴石 440 nm 吸收带,也可有 618 nm、634 nm、685 nm、690 nm
　　　　 吸收线。
查尔斯滤色镜观察:翠榴石在查尔斯滤色镜下变红色。
放大检查:翠榴石常见马尾丝状石棉包裹体。
＊钙铬榴石(Uarovite)
化学成分:$Ca_3Cr_2(SiO_4)_3$。
颜　　色:鲜艳绿色,蓝绿色。
密　　度:3.75(±0.03) g/cm³。
多 色 性:无。
折 射 率:1.850(±0.030)。
吸收光谱:未知。
放大检查:未知。
石榴石的特殊光学效应:星光效应(稀少),变色效应。
(8)石英(水晶,紫晶,黄晶,烟晶,绿水晶,芙蓉石)[Quartz(Rock Crystal, Amethyst,Citrine,Smoky Quartz,Green Quartz,Rose Quartz)]
矿物名称:水晶、紫晶、黄晶、烟晶、绿水晶、芙蓉石等。宝石的矿物学名称为
　　　　 石英。
化学成分:SiO_2。
晶　　系:三方晶系
光性特征:非均质体,一轴晶,正光性,可有"牛眼"干涉图。
常见颜色:无色,紫色,黄色,褐至黑色,绿色,粉红色。
光　　泽:玻璃光泽。
解　　理:无。
摩氏硬度:7。
密　　度:2.66(+0.03,-0.02) g/cm³。
多 色 性:二色性,弱。
　　　　　紫晶,浅褐紫/浅紫,红紫/紫,蓝紫/紫等;
　　　　　黄晶,浅黄/黄,黄/橙黄,黄/褐黄;
　　　　　烟晶,浅褐/烟褐,褐/棕。
折 射 率:1.544~1.553。

双折射率:0.009。
紫外荧光:无。
吸收光谱:不特征。
放大检查:色带,液体及气液两相包裹体,气、液、固三相包裹体,矿物包裹
体,针状矿物包裹体,负晶,紫晶中可有"虎纹"状包裹体。
特殊光学效应:猫眼效应,星光效应。

(9)长石(月光石,天河石,日光石,拉长石)[Feldspar(Moonstone,Amazonite,Sunstone,Labradorite)]

矿物名称:长石。
化学成分:碱性长石,$(K,Na)[AlSi_3O_8]$。
　　　　　斜长石,$NaAlSi_3O_8 - CaAl_2Si_2O_8$。
晶　　系:月光石、天河石,单斜或三斜晶系。
　　　　　日光石、拉长石,三斜晶系。
常见颜色:无色至浅黄色、绿色、蓝色、橙色、褐色、灰色、黑色等。
解　　理:两组中等到完全的解理(90°或近90°相交)。
密　　度:$2.55 \sim 2.75 \text{ g/cm}^3$。
光性特征:非均质体,二轴晶,正光性或负光性。
多 色 性:三色性,不明显。
折 射 率:碱性长石,1.518~1.553。
　　　　　斜长石,1.529~1.588。
双折射率:碱性长石,0.005~0.007。
　　　　　斜长石,0.007~0.013。
紫外荧光:无至弱,白、黄绿、紫红、黄色等色。
吸收光谱:不特征,黄色正长石具 420 nm、448 nm 宽吸收带。
放大检查:矿物包裹体,指纹状包裹体,针状包裹体,解理,"蜈蚣状"包裹体
(尺寸大的钠长石贡片及它两侧伸出的长短不齐或有折捌的裂
纹)等。
　　　　　月光石,指纹状包裹体,针状包裹体,"蜈蚣状"包裹体。
　　　　　天河石,常见网格状色斑或绿白相间的条纹状、斑块状。
　　　　　日光石,金属矿物,赤铁矿、针铁矿或自然铜微晶等。
　　　　　拉长石,双晶纹、片状金属矿物,常见晕彩效应。
特殊光学效应:月光效应,日光效应,猫眼效应,晕彩效应,星光效应(稀少)。
长石质宝石主要种属的性质见表 4-1。

表 4-1 长石的主要性质

品种 (罕见品种)	颜色	折射率	双折射率	密度(g/cm³)	特殊光学效应 (常见/少见)
正长石 Orthoclase	无色、白、橙、黄、绿、褐、灰(烟)、黑	1.518~1.533	0.005~0.008	2.55~2.63	月光、日光、猫眼、星光、晕色
(透长石) Sanidine	无色、粉红	1.518~1.531	0.005~0.008	2.56~2.62	月光、猫眼
(冰长石) Adularia	无色、乳白	1.518~1.531		2.55~2.63	月光、晕色
微斜长石 Microcline	白、蓝到绿、粉红到褐、灰	1.518~1.530	0.005~0.008	2.55~2.63	晕色、月光
钠长石 Albite	无色、白、绿、灰、淡蓝、淡红	1.527~1.542	0.005~0.010	2.60~2.63	月光、晕色
歪长石 Anorthoclase	白、无色、灰、淡黄、淡绿	1.522~1.536	0.005~0.007	2.55~2.62	月光、猫眼、晕色
更(奥)长石 Oligoclase	红、橙、黄、褐、灰	1.537~1.547	0.010	2.65	日光、月光、晕色
拉长石 Labradorite	无色、灰、红橙、黄、绿、褐	1.559~1.568	0.009	2.70	变彩、月光、日光、猫眼

(10)方解石(冰洲石)[Calcite(Iceland Spar)]

矿物名称:方解石(冰洲石)。

化学成分:$CaCO_3$。

晶　　系:三方晶系。

常见颜色:无色透明者为冰洲石,方解石可有各种颜色。

光　　泽:玻璃光泽。

解　　理:三组完全解理(菱面体解理)。

摩氏硬度:3。

密　　度:2.70(±0.05) g/cm³。

光性特征:非均质体,一轴晶,负光性。

折 射 率:1.486~1.658。

双折射率:0.172。

放大检查:三组完全解理,双影等。

2. 少见宝石的主要鉴定特征

(1)榍石(Sphene,Titanite)

矿物名称:榍石。

化学成分:$CaTiSiO_5$。

晶　　系:单斜晶系。

常见颜色:黄、绿、褐、橙、无色,少见红色。

光　　泽:金刚光泽。

解　　理:两组中等解理。

摩氏硬度:5～5.5。

密　　度:3.52(±0.02) g/cm^3。

光性特征:非均质体,二轴晶,正光性。

多 色 性:三色性,黄至褐色者,中至强,浅黄/褐橙/褐黄。

折 射 率:1.900～2.034(±0.020)。

双折射率:0.100～0.135。

紫外荧光:惰性。

吸收光谱:有时见 580 nm 双线。

色　　散:0.051。

放大检查:指纹状包裹体,矿物包裹体,双晶,棱线双影。

(2)符山石(Idocrase,Vesuvianite)

矿物名称:符山石。

化学成分:$Ca_{10}Mg_2Al_4(SiO_4)_5(Si_2O_7)_2(OH)_4$。

晶　　系:四方晶系。

常见颜色:丰富,绿、红、紫红、蓝、黄或棕、白色。

光　　泽:玻璃光泽。

摩氏硬度:6～7。

密　　度:3.40(+0.10,−0.15) g/cm^3。

光性特征:非均质体,一轴晶负光性(较少为一轴晶正光性,有时光性异常呈二轴晶正光性)。

多 色 性:二色性,无至弱,因颜色而异。

折 射 率:1.713～1.718(+0.003,−0.013)。

双折射率:0.001～0.012。

吸收光谱:464 nm 吸收线,528.5 nm 弱吸收线。

放大检查:气液包裹体,矿物包裹体。

(3)方柱石(Scapolite)

矿物名称:方柱石。

化学成分:$Na_4Al_3Si_9O_{24}Cl-Ca_4Al_6Si_6O_{24}(CO_3,SO_4)$。方柱石矿物的组成成分,类如斜长石,也有两个端员组分,其一为钠柱石(Ma),另一为钙柱石(Me)。依据 Ma 和 Me 质量分数的不同,方柱石分为五个不同的矿物种(表 4-2)。方柱石中,随着钙柱石(Me)的增加,折射率、双折射率、密度随之增加。

表 4-2 方柱石的五个矿物种

矿物种	Ma(%)	Me(%)
钠柱石	100～90	0～10
韦柱石	90～60	10～40
中柱石	60～40	40～60
针柱石	40～10	60～90
钙柱石	10～0	90～100

晶　　系:四方晶系。
常见颜色:紫色、紫红、粉红、橙、黄、绿、蓝、无色等色。
解　　理:一组中等解理,一组不完全解理。
光　　泽:玻璃光泽。
摩氏硬度:6～6.5。
密　　度:2.60～2.74 g/cm³。
　　　　　紫色者常为 2.60 g/cm³。
光性特征:非均质体,一轴晶,负光性。
多 色 性:二色性。
　　　　　粉红、紫红、紫色者,中至强,蓝/蓝紫红。
　　　　　黄色者,弱至中,不同黄色色调。
折 射 率:1.550～1.564(+0.015,-0.014)。
　　　　　紫色者为 1.536～1.541。
双折射率:0.004～0.037。
　　　　　紫色者为 0.005。
　　　　　黄色者为 0.037 或更大。
紫外荧光:无色、黄色者可有粉色至橙色荧光。
放大检查:常见平行管状包裹体,针状包裹体,矿物包裹体,气液包裹体,负晶。

特殊光学效应:猫眼效应。

(4)锡石(Cassiterite)

矿物名称:锡石。

化学成分:SnO_2。

晶　　　系:四方晶系。

常见颜色:暗褐至黑色、黄褐、黄、无色。

光　　　泽:金刚光泽至亚金刚光泽。

解　　　理:两组不完全解理。

摩氏硬度:6～7。

密　　　度:$6.95(\pm0.08)$ g/cm^3。

光性特征:非均质体,一轴晶,正光性。

多　色　性:二色性,弱至中,浅至暗褐。

折　射　率:1.997～2.093(+0.009,－0.006)。含石英可测得1.544～1.553。

双折射率:0.096～0.098。

放大检查:矿物包裹体,色带,棱线双影。

色　　　散:强,0.071。

(5)红柱石(Andalusite)

矿物名称:红柱石。

化学成分:Al_2SiO_5,可含有V、Mn、Ti、Fe等元素。

晶　　　系:斜方晶系。

常见颜色:多为褐绿、黄绿色,也有绿、褐、粉紫等色。

光　　　泽:玻璃光泽。

解　　　理:一组中等解理。

摩氏硬度:7～7.5。

密　　　度:$3.17(\pm0.04)$ g/cm^3。

光性特征:非均质体,二轴晶,负光性。

多　色　性:三色性,强,褐黄绿/褐橙/褐红色。

折　射　率:1.634～1.643($\pm$0.005)。

双折射率:0.007～0.013。

紫外荧光:无至中,绿至黄绿色或褐色(SW)。

放大检查:矿物包裹体,针状矿物包裹体,色带,解理,双晶纹等。空晶石中有黑色碳质包裹体呈"十"字形分布。

(6) 矽线石(Sillimanite)

矿物名称：矽线石。
化学成分：Al_2SiO_5。
晶　　系：斜方晶系。
常见颜色：白色至灰色、褐色、绿色，偶见紫蓝色至灰蓝色。
光　　泽：玻璃光泽至丝绢光泽。
解　　理：一组完全解理。
摩氏硬度：6～7.5。
密　　度：$3.25(+0.02,-0.11)$ g/cm³。
光性特征：非均质体，二轴晶，正光性，或是非均质集合体。
多 色 性：三色性。
　　　　　蓝色者，强，无色/浅黄/蓝。
折 射 率：1.659～1.680($+0.004,-0.006$)。
双折射率：0.015～0.021。
紫外荧光：蓝色者，弱红色荧光。
　　　　　其他颜色者，无。
吸收光谱：可有 410 nm、441 nm、462 nm 弱吸收带。
放大检查：矿物包裹体，纤维状包裹体，一组完全解理。
特殊光学效应：常见猫眼效应。

(7) 蓝晶石(Kyanite)

矿物名称：蓝晶石。
化学成分：Al_2SiO_5。
晶　　系：三斜晶系。
常见颜色：浅至深蓝色，还可有绿、黄、灰、褐、无色等色。
光　　泽：玻璃光泽，断口可具玻璃光泽至珍珠光泽。
解　　理：有一组完全轴面解理。
摩氏硬度：平行 C 轴方向 4～5；垂直 C 轴方向 6～7。
密　　度：$3.68(+0.01,-0.12)$ g/cm³。
光性特征：非均质体，二轴晶，负光性。
多 色 性：三色性。
　　　　　蓝色者，中等，无色/深蓝/紫蓝。
折 射 率：1.716～1.731(± 0.04)。
双折射率：0.012～0.017。
紫外荧光：长波，弱红；短波，无。

吸收光谱:可见 435 nm、445 nm 吸收带。
放大检查:矿物包裹体,解理,色带等。
特殊光学效应:猫眼效应(稀少)。

(8)堇青石(Cordierite 或 Iolite,Dichroite)

矿物名称:堇青石。
化学成分:$(Mg,Fe)Al_3[AlSi_5O_{18}]$。
晶　　系:斜方晶系。
常见颜色:用作宝石者为带紫色调的蓝色或带蓝色调的紫色,也可有微黄白、绿、褐和灰色。
光　　泽:玻璃光泽。
解　　理:一组完全解理。
摩氏硬度:7~7.5。
密　　度:2.61(±0.05) g/cm³。
光性特征:非均质体,二轴晶,负光性。
多 色 性:三色性,强。
　　　　　蓝色者,淡黄/蓝灰/深紫。
　　　　　紫色者,浅紫/深紫/黄褐。
折 射 率:1.542~1.551(+0.045,-0.011)。
双折射率:0.008~0.012。
吸收光谱:可见 426 nm、645 nm 弱吸收带。
放大检查:矿物包裹体,气液包裹体,色带等。
特殊光学效应:星光效应、猫眼效应和砂金效应(稀少)。

(9)辉石(透辉石,顽火辉石,普通辉石,锂辉石)[Pyroxene(Diopside,Enstatite,Augite,Spodumene)]

矿物名称:辉石(透辉石,顽火辉石,普通辉石,锂辉石)。
化学成分:透辉石,$CaMgSi_2O_6$。
　　　　　顽火辉石,$(Mg,Fe)_2Si_2O_6$。
　　　　　普通辉石,$(Ca,Mg,Fe)_2(Si,Al)_2O_6$。
　　　　　锂辉石,$LiAlSi_2O_6$。
晶　　系:透辉石,单斜晶系。
　　　　　顽火辉石,斜方晶系。
　　　　　普通辉石,单斜晶系。
　　　　　锂辉石,单斜晶系。
常见颜色:透辉石,蓝绿至黄绿、褐、黑、紫、无色至白色。

顽火辉石,红褐、褐绿、黄绿、无色(稀少)。
普通辉石,灰褐、褐、紫褐、绿黑色。
锂辉石,粉红至蓝紫红、绿、黄、蓝、无色,通常色调较浅。

光　　泽:玻璃光泽。
解　　理:辉石式解理,两组近正交的完全解理(交角87°,93°)。
摩氏硬度:5～6;锂辉石6.5～7。
密　　度:3.10～3.52 g/cm³。
透辉石,3.29(+0.11,-0.07) g/cm³。
顽火辉石,3.25(+0.15,-0.02) g/cm³。
普通辉石,3.23～3.52 g/cm³。
锂辉石,3.18(±0.03) g/cm³。
多 色 性:三色性,弱至强,因颜色不同而异。
折 射 率:1.660～1.772。
透辉石,1.675～1.701(+0.029,-0.010)点测1.68左右。
顽火辉石,1.663～1.673(±0.010)。
普通辉石,1.670～1.772。
锂辉石,1.660～1.676(±0.005)。
双折射率:0.008～0.033。
透辉石,0.024～0.030。
顽火辉石,0.008～0.011。
普通辉石,0.018～0.033。
锂辉石,0.014～0.016。
紫外荧光:通常无。
绿色透辉石,LW绿;SW无。
粉红～蓝紫色锂辉石,LW中-强,粉红-橙色;SW弱,粉红-橙色。
吸收光谱:透辉石,505 nm吸收线,铬透辉石635 nm、655 nm、670 nm吸收线,690 nm双吸收线。
顽火辉石,505 nm、550 nm吸收线。
普通辉石,不特征。
锂辉石,粉红至紫蓝色者,不特征。
黄绿色者,433 nm、438 nm吸收线。
绿色者,646 nm、669 nm、686 nm吸收线,620 nm附近宽带。
放大检查:矿物包裹体,纤维状包裹体,气液包裹体,两组近正交的完全解理。

特殊光学效应:星光效应,猫眼效应。
(10)磷灰石(Apatite)
矿物名称:磷灰石。
化学成分:$Ca_3(PO_4)_3(F,OH,Cl)$。
晶　　系:六方晶系。
常见颜色:黄至浅黄、蓝色、绿色、浅绿色、紫色、紫红色、粉红色、无色等。
光　　泽:玻璃光泽。
摩氏硬度:5～5.5。
密　　度:3.18($\pm$0.05) g/cm³。
光性特征:非均质体,一轴晶,负光性。
多 色 性:二色性。
　　　　　蓝色者,强,蓝色/黄色。
　　　　　其他颜色者,弱至极弱。
折 射 率:1.634～1.638(+0.012,-0.006)。
双折射率:0.002～0.008,多为0.003。
紫外荧光:黄色者,紫粉红色,长波较短波强。
　　　　　蓝色者,蓝至浅蓝。
　　　　　紫色者,长波绿黄,短波浅紫红。
　　　　　绿色者,带绿色调的深黄色,长波强于短波。
吸收光谱:黄色,无色及具猫眼效应的磷灰石有特征的580 nm双吸收线;
　　　　　蓝色和绿色磷灰石主要为512 nm、491 nm、464 nm处的吸收带。
放大检查:矿物包裹体,气液包裹体,负晶,平行管状包裹体,针状矿物包裹体等。
特殊光学效应:猫眼效应。
(11)黝帘石坦桑石(Zoisite,Tanzanite)
矿物名称:黝帘石。
化学成分:$Ca_2Al_3(SiO_4)_3(OH)$。
晶　　系:斜方晶系。
常见颜色:坦桑石,蓝、紫蓝至蓝紫色;其他呈褐、黄绿、粉色。
光　　泽:玻璃光泽。
解　　理:一组完全解理。
摩氏硬度:8。
密　　度:3.35(+0.10,-0.25) g/cm³。
光性特征:非均质体,二轴晶,正光性。

多 色 性:坦桑石,三色性,强,蓝/紫红/绿黄。
折 射 率:1.691～1.700(±0.005)。
双折射率:0.008～0.013。
吸收光谱:蓝色者,595 nm 吸收带,528 nm 弱吸收带。
放大检查:气液包裹体,矿物包裹体。
特殊光学效应:猫眼效应(稀少)。

(12) 绿帘石(Epidote)

矿物名称:绿帘石。
化学成分:$Ca_2(Al,Fe)_3(SiO_4)_3(OH)$。
晶　　系:单斜晶系
常见颜色:黄绿色至绿色,棕色至绿黑色。
光　　泽:玻璃光泽至油脂光泽。
解　　理:一组完全解理。
摩氏硬度:6～7。
光性特征:非均质体,二轴晶,负光性。
多 色 性:三色性,强。
　　　　　绿色者,蓝/紫红/绿黄。
　　　　　褐色者,绿/紫/浅蓝。
　　　　　黄绿色者,暗蓝/黄绿/紫。
折 射 率:1.729～1.768(+0.012,-0.035)。
双折射率:0.019～0.045。
吸收光谱:445 nm 强吸收带,有时具 475 nm 弱线,但不特征。
放大检查:气液包裹体,矿物包裹体。

(二)一般宝石及少见宝石的鉴定

1. 易混淆的一般宝石及少见宝石的鉴别

(1)紫晶与方柱石、堇青石的鉴别(表4-3)

表4-3　紫晶与方柱石、堇青石的鉴别

鉴别特征	紫晶	方柱石	堇青石
颜色	紫色	紫色、淡紫色	带蓝色调的紫色
光性特征	U^+	U^-	B^-
解理	无解理	一组中等解理,一组不完全解理	一组完全解理

续表4-3

鉴别特征	紫晶	方柱石	堇青石
折射率	1.544~1.553	1.536~1.541(紫色者)	1.542~1.551
双折射率	0.009	0.005(紫色者)	0.008~0.012
密度(g/cm³)	2.66 较恒定	紫色者常为2.60	2.61(±0.05) 常为2.56~2.60
放大检查	色带,色块,负晶(可呈雾状、絮状)及流体包裹体,矿物包裹体	常见平行管状包裹体,针状包裹体,矿物包裹体,气液包裹体,负晶	赤铁矿,针铁矿,磷灰石,锆石及气液包裹体

(2)黄水晶与黄色方柱石的鉴别(表4-4)

表4-4 黄水晶与黄色方柱石的鉴别

鉴别特征	黄色水晶	黄色方柱石
紫外荧光	无或极弱	SW 红色荧光
双折射率	0.009	0.037 或更大,可见双影
光性特征	U⁺	U⁻
解理	无	一组中等解理,一组不完全解理

(3)月光石与水晶、岫玉、玛瑙(玉髓)的鉴别

月光石具有月光效应。水晶、近于无色的岫玉、无色或白色的玛瑙切磨成素面,也可以具有月光效应,易与月光石混淆。鉴别特征见表4-5。

表4-5 月光石与水晶、岫玉、玛瑙(玉髓)的鉴别

鉴别特征	月光石	石英	岫玉	玛瑙(玉髓)
光性特征	B	U⁺	非均质集合体	隐晶质集合体
折射率	钠长石:1.527-1.542 奥长石:1.537~1.547 拉长石:1.559~1.568	1.544~1.553	1.560~1.570 (+0.004,-0.070)	1.54 或 1.53(点)
密度(g/cm³)	钠长石:2.60~2.63 奥长石:2.65 拉长石:2.70	2.66	2.57(+0.23,-0.13)	2.60(+0.10,-0.05)
放大观察	解理,蜈蚣纹,双晶纹,气液包裹体,针状包裹体等	矿物包裹体,气液包裹体,负晶等,无解理	絮状物,黑色矿物等	隐晶质结构

(4) 透辉石与矽线石的鉴别

透辉石与矽线石的密度、折射率相近,极易混淆,可以依据表4-6的特征鉴别。

表4-6 透辉石与矽线石的鉴别

鉴别特征	透辉石	矽线石
解理	两组近正交的解理	一组完全解理
吸收光谱	505 nm 吸收线;铬透辉石具 635 nm、655 nm、670 nm 吸收线,690 nm 双吸收线	410 nm、441 nm、462 nm 弱吸收带

以上特征若无法鉴别,可做电子探针成分分析鉴别之。

(5) 电气石、磷灰石、赛黄晶的鉴别

电气石、磷灰石、赛黄晶三种宝石的折射率、密度相近,易混淆。主要鉴别特征见表4-7。

表4-7 电气石、磷灰石和赛黄晶的鉴别

鉴别特征	电气石	磷灰石	赛黄晶
密度(g/cm³)	3.06(+0.20,-0.06)	3.18(±0.05)	3.00(±0.03)
双折射率	0.018～0.040 通常0.020	0.002～0.008 多为0.003	0.006
光性特征	U⁻	U⁻	B
吸收光谱	粉红色碧玺绿区宽吸收带,有时见525 nm窄带,451 nm、458 nm 吸收线;黄绿碧玺红区普遍吸收,498 nm强吸收带	黄色、无色以及具猫眼效应者见580 nm双线	某些可见580 nm双线

上述三种宝石若双折射率为 0.020 左右,即可确定为电气石;若双折射率为 0.003～0.006,即为磷灰石或赛黄晶。二者可根据光性和密度鉴别。此外,吸收光谱特征也是三者鉴别的有效手段。

与上述三种宝石易混淆的还有红柱石。不过,红柱石的强三色性与它们明显不同,完全可以鉴别开来。

(6) 黄色托帕石与碧玺及磷灰石的鉴别

黄色到黄褐色黄玉的特点是:其折射率比无色或蓝色的黄玉要高些。黄色托帕石的常见折射率为 1.629 和 1.637，易与碧玺及磷灰石混淆。鉴别要点如下：

首先，光性特征不同。托帕石为二轴晶，而碧玺、磷灰石均为一轴晶。托帕石虽然为二轴晶，但一般只能观察到二色性，只有黄色托帕石可以观察到三色性——褐黄/黄/橙黄；碧玺、磷灰石为一轴晶，具有二色性。此外，亦可以尝试利用偏光镜在正交偏光下观察干涉图鉴别之。

其次，测双折射率是鉴别托帕石与碧玺及磷灰石的有效方法。托帕石的双折射率为 0.008；而碧玺双折射率通常为 0.020，磷灰石双折射率为 0.003。

最后，密度测定完全可以把托帕石与碧玺及磷灰石区别开来。托帕石的密度为 3.53 g/cm^3，碧玺密度为 3.06 g/cm^3，磷灰石密度为 3.18 g/cm^3。简便的方法是利用二碘甲烷重液（密度为 3.33 g/cm^3）。在二碘甲烷重液中，托帕石下沉；碧玺和磷灰石均为漂浮。

(7) 月光石与无色绿柱石的鉴别

具有月光效应的长石，尤其是基性斜长石的宝石品种，易与无色绿柱石混淆。

无色绿柱石的折射率、密度略高于月光石；月光石为二轴晶，而无色绿柱石为一轴晶，有条件时，可以用折射仪测轴性，或者利用偏光镜观察干涉图鉴别之；无色绿柱石常有平行管状包裹体，而月光石含有针状包裹体、双晶纹、解理、蜈蚣纹等。

(8) 锆石与石榴石的鉴别

锆石以其高折射率、大的双折射率与高密度、高色散和特征的吸收光谱区别于石榴石。只要细心些，观察一下多色性、吸收光谱，以及是否有棱线重影，准确测定密度，锆石与石榴石不难鉴别。

(9) 橄榄石与铬透辉石的鉴别

二者颜色可有差异：橄榄石一般为绿黄色或黄绿色，而铬透石可以呈绿色、蓝绿色。

吸收光谱不同：橄榄石有 453 nm、477 nm、497 nm 三条铁的吸收窄带，而铬透辉石红区有铬吸收线。

折射率与双折射率虽然相近，但不同：橄榄石折射率为 1.654～1.690，双折射率为 0.036；而透辉石折射率为 1.675～1.701（可为 1.670～1.700），双折射率为 0.026～0.030。

放大检查：橄榄石有铬尖晶石等矿物包裹体，睡莲叶状包裹体；透辉石可有气液包裹体，矿物包裹体，粗短针状矿物包裹体，两组近正交的完全解理等。

(10) 红色尖晶石与红色石榴石的鉴别

红色尖晶与红色石榴石尤其是红色镁铝榴石有时易混淆。鉴别要点如下：

①折射率值：红色镁铝榴石折射率一般为 1.74 或 1.75，但可低到 1.73，而很少低于 1.725；红尖晶石折射率通常为 1.718，但有记载的数据可达到 1.744。如果是素面型宝石，则红色尖晶石有可能与一部分铁铝榴石（贵榴石）的折射率相混淆（误差影响）。

②紫外荧光：红色石榴石如镁铝榴石、红榴石、铁铝榴石等，因其中均含有铁铝榴石端员组分，因此，红色石榴石无荧光（Fe 是荧光的猝灭剂）；而红色尖晶石一般有红色荧光。

③包裹体特征：红色石榴石常见针状矿物包裹体、晶体包裹体及不清晰的浑圆状矿物包裹体；而红色尖晶石常见八面体矿物包裹体或负晶。

④吸收光谱：分光镜检测是区分红色石榴石和暗红色尖晶石的极好手段。宽吸收带镁铝榴石集中在 575 nm 的黄绿区，尖晶石集中在 540 nm 的绿区，贵榴石集中在 505 nm 附近。

(11) 绿色钙铝榴石与绿色铬透辉石的鉴别

绿色钙铝榴石与绿色铬透辉石外观相近，但前者是均质体，后者是非均质体。从光性特征、多色性、双折射率、有无棱线重影等方面不难鉴别。有时把素面的绿色钙铝榴石和绿色铬透辉石混淆，往往是因为粗心大意所致。

(12) 尖晶石与蓝晶石、符山石的鉴别

尖晶石与蓝晶石、符山石折射率相近，易混淆。

尖晶石与蓝晶石光性特征不同，尖晶石是均质体（等轴晶系）；蓝晶石是非均质体（三斜晶系，二轴晶，负光性）。尖晶石无多色性；蓝晶石具有三色性，蓝色的蓝晶石中等三色性为无色/深蓝/蓝紫。此外，蓝晶石的解理、吸收光谱、紫外荧光亦可参考。

尖晶石与符山石折射率几乎相同。虽然符山石是非均质体，但双折射率有时可小到 0.001，不易察觉。二者可从多色性与密度两方面鉴别。尖晶石无多色性，而符山石具有弱二色性；尖晶石密度为 3.60 g/cm^3，而符山石密度为 3.40 g/cm^3。

2. 一般宝石的天然石与合成石的鉴别

(1) 尖晶石与合成尖晶石的鉴别

合成尖晶石有焰熔法和助熔剂法。

尖晶石与焰熔法合成尖晶石的鉴别主要依据折射率值及包裹体特征。此外可参考发光性、吸收光谱及查尔斯滤色镜下特征。

尖晶石与助熔剂法合成尖晶石的折射率、密度等物理性质相近。主要鉴别特征为紫外荧光、吸收光谱及包裹体特征。

尖晶石与合成尖晶石的鉴别见表4-8、表4-9。

表4-8 尖晶石与焰熔法合成尖晶石的鉴别

鉴别特征	尖晶石	焰熔法合成尖晶石
折射率	1.718	1.728
偏光镜	全暗	常具异常消光、斑状纹等
紫外荧光	红、橙粉色者:LW 弱至强,红、橙红;SW 无至弱,红、橙红。 绿色者:无至中,橙至橙红。 黄色者:LW 弱至中,褐黄色;SW 无至褐色。 蓝色者:Fe 致色的无荧光;Co 致色的弱至中;LW 红、紫红;SW 无 无色者:无荧光	红色者:LW 强,红、紫红至橙红;SW 弱至强,红至橙红。 变色者:长短波,中,暗红。 绿色、黄绿色者:LW 强,黄绿或紫红;SW 中至强,黄绿、绿白。 蓝色者:LW 弱至强,红、橙红、红紫;SW 弱至强,蓝白或斑杂蓝色、红至红紫。 无色者:LW 无至弱,绿
吸收光谱	红色者:685 nm、684 nm 强吸收线,656 nm 弱带,595~490 nm 强吸收带。 蓝色、紫色者:460 nm 强带,430~435 nm、480 nm、550 nm、565~575 nm、590 nm、625 nm 吸收带	红色者:688 nm 吸收线,695 nm 吸收带,680~690 nm 吸收带。 变色者:525~660 nm 吸收带,690 nm 吸收带。 粉色者:640~700 nm 强吸收带。 深蓝色者:550 nm 强带,570~600 nm 强带,625~650 nm 吸收带
查尔斯滤色镜下	蓝色者:不变色	蓝色者:粉红到红
内含物	八面体晶体,负晶及气液包裹体等	气泡及弧形生长纹

表4-9 尖晶石与助熔剂法合成尖晶石的鉴别

鉴别特征	尖晶石	助熔剂法合成尖晶石
紫外荧光	红色者:LW 弱至强,红至橙;SW 无至弱,红至橙。 蓝色者:Fe 致色的无荧光;Co 致色的,LW 弱至中,红;SW 无	红色者:LW 强,紫红至浅橙红;SW 中至强,浅橙红。 Co 蓝色者:LW 弱至中,红至紫红,白垩状;SW 强于长波
吸收光谱	蓝色者:460 nm 强吸收带,480 nm 等几条弱带	蓝色者(Co 致色):500~650 nm 强吸收,无低于 500 nm 的铁吸收带
内含物	八面体晶体包裹体,负晶,气液包裹体	棕橙色至黑色助熔剂残余,单独或呈指纹状分布,铂金片

(2) 水晶类与合成水晶类的鉴别

天然水晶类与合成水晶类的鉴别困难。主要鉴别依据为放大观察包裹体特征。也可使用红外光谱仪,通过测定水晶中 OH^{-1} 和 H_2O 的吸收峰来准确鉴别天然水晶与合成水晶。

合成水晶类的鉴别特征如下所述。

①颜色。合成水晶类的颜色均匀、统一,可有过深或过浅的现象,彩色水晶仅出现一组色带。

②籽晶片。籽晶片与合成水晶之间有明显的界线和颜色差异。籽晶片附近常出现十分微细的应力裂纹和密集平行排列的钉状包裹体。

③"桌面灰尘"。面包渣状包裹体(锥辉石或石英的微晶核或未溶原料)呈一至数层状平行于籽晶片方向,贯穿于整个晶体,恰似一层层的"桌面灰尘"(当水晶生长条件稳定时,面包渣则非常稀少)。

④红外吸收光谱。天然无色水晶以 $3\,595\ cm^{-1}$ 和 $3\,484\ cm^{-1}$ 吸收峰为特征,而无色合成水晶则以 $3\,585\ cm^{-1}$ 和 $5\,200\ cm^{-1}$ 吸收峰为特征。天然紫晶在 $3\,545\ cm^{-1}$ 有明显吸收峰,而合成紫晶这一谱带的强度则明显减弱。

合成水晶仿发晶的鉴别:天然发晶所含针状包裹体为矿物,两头粗细一致,颜色均一,具一定形态和一定形状的横截面;而合成水晶仿发晶是其籽晶片两侧出现"麦苗"状的生长空管,这些"发丝"一头大、一头小,抛光粉进入空管或人工染色处理,其颜色分布往往不均匀。

(3) 合成绿柱石的鉴别

合成绿柱石有化学气相沉淀法、助熔剂法和水热法三种。水热法合成绿柱石有红色、蓝色、紫色、黄色等绿柱石品种。

化学气相沉淀法合成绿柱石的折射率值为:Ne $1.562\sim1.563$,No $1.566\sim1.570$,双折射率为 $0.003\sim0.005$。

助熔剂法合成绿柱石有助熔剂残余物、铂金片等。

水热法合成的红色绿柱石的折射率值为:Ne $1.571\sim1.574$,No $1.576\sim1.583$,双折射率在 $0.006\sim0.008$ 之间。水热法合成绿柱石有特征的飘纱状、钉状、针状等包裹体。

(4) 合成碧玺的鉴别

合成碧玺已经出现于国外市场,是采用水热法生产的,用作压电材料等,从成本计一般不用它做宝石材料。

合成碧玺颜色均匀、质地纯净、外观完美,以绿色为多。合成碧玺的密度值较低,为 $2.90\sim3.00\ g/cm^3$,而天然碧玺的密度一般多为 $3.06\sim3.10\ g/cm^3$;合成碧玺具有水热法包裹体特征,可有籽晶片等,无 CO_2 气相包裹体与液相包裹体共存。

3. 一般宝石的优化处理的鉴别

(1)镀膜碧玺的鉴别

镀膜碧玺可有各种颜色,颜色艳丽,可达亚金刚光泽。其特征包裹体为无色透明晶体,针点状包裹体,指纹状包裹体及裂隙。大部分镀膜碧玺只有一个折射率,并且变化范围较大,甚至超过1.70。

(2)水晶染色处理的鉴别

把无色水晶加热、淬火后浸于配好颜色的溶液中,使淬火裂隙可以染上各种颜色。放大观察可见染色水晶的颜色集中在裂隙处,或者可见在裂隙处产生五颜六色的晕彩。

(3)水晶覆膜(涂层)的鉴别

将水晶表面喷涂一层非常薄的纯金膜或铂膜、银膜、钛膜等。水晶覆膜可使其表面呈蓝到蓝绿色,并伴有似铜的表面晕彩。

(4)辐照托帕石的鉴别

天然红色托帕石极罕见,辐照改色的红色托帕石有"砖红"色彩时有很强的暗樱红-密黄多色性;辐照改色的褐色黄玉折射率为1.61~1.62,而天然褐色黄玉折射率为1.63~1.64;蓝黄玉的鉴别标志主要在热发光光谱上。不同辐射源改色的蓝黄玉热发光峰位及强度有所不同。但由于热发光试验常会损伤宝石或改变其色彩、色调,故一般不做此测试。有实际意义的是残留放射性检测,上市的商品应保证残留放射性低于70Bq。

目前市场上大多蓝黄玉为辐照改色而成。国家标准(GB/T 16552—2003)中规定:在目前一般鉴定技术条件下,如不能确定是否经处理时,在珠宝玉石名称中可不予表示,但必须加以附注说明且采用下列描述方式,如"未能确定是否经过×××处理"或"可能经过×××处理",如"托帕石,备注:未能确定是否经过辐照处理"或"托帕石,备注:可能经过辐照处理"。

三、实习要求

①定名到种,对长石、石榴石、辉石类宝石矿物定名到族即可。
②尖晶石、水晶类要求区分天然石与合成石。
③锆石、钴蓝色合成尖晶石(焰熔法)要求分光镜检测并画图。
④注意易混淆宝石、天然石与合成石、优化处理石的鉴别。
⑤全面系统测试,综合分析定名。
⑥巩固与提高如下技能:折射率与双折射率的测定,轴性及一轴晶光性正负

的测定,密度测定,多色性观察,分光镜测试,放大观察。

四、实习报告

1. 实习报告内容

紫晶、方柱石、碧玺、磷灰石、尖晶石、钴蓝色合成尖晶石(焰熔法)、蓝晶石、锆石(黄褐色)、月光石。

2. 实习报告要求

①全面系统测试,综合分析定名。
②锆石、钴蓝色合成尖晶石(焰熔法)要求进行分光镜检测并画图。

第五章 玉石鉴定实习

一、实习目的

①掌握玉石常见品种的特征和鉴定方法。
②重点掌握翡翠与优化处理翡翠的鉴别。
③掌握易混淆玉石的鉴别要点。
④掌握某些天然玉石与合成玉石的鉴别方法以及优化处理玉石的鉴别方法。

二、实习内容

常见玉石包括：翡翠、软玉、蛇纹石玉、绿松石、青金石、欧泊、孔雀石和硅孔雀石、玉髓（玛瑙、碧玉、澳玉、蓝玉髓等）、石英岩玉（东陵石、密玉、京白玉、贵翠等）、木变石（虎睛石、鹰眼石）、天然玻璃（玻璃陨石、火山玻璃）、蔷薇辉石、大理岩、白云石、乌刚石。

少见玉石包括：葡萄石、菱锌矿、菱锰矿、萤石、水钙铝榴石、滑石、异极矿、查罗石（紫硅碱钙石）、方钠石和赤铁矿。

（一）玉石的主要鉴定特征

1. 常见玉石的主要鉴定特征

（1）翡翠（Jadeite）

矿物名称：主要为辉石族矿物硬玉、绿辉石和钠铬辉石等；其次为闪石族矿物和长石族矿物。

化学成分：硬玉 $NaAlSi_2O_6$。

绿辉石 $(Ca,Na)(Mg,Fe^{2+},Fe^{3+},Al)[Si_2O_6]$。

钠铬辉石 $NaCr[Si_2O_6]$。

颜　　色：白、无色、绿、紫、红、黄、褐、蓝、灰、黑等色。

光　　泽:玻璃光泽至油脂光泽。
解　　理:硬玉具两组完全解理,集合体可见微小的解理面闪光称为"翠性"。
摩氏硬度:6.5~7。
密　　度:3.34(+0.06,-0.09) g/cm³。
光性特征:非均质集合体。
折 射 率:1.666~1.680(±0.008),点测常为1.66。
紫外荧光:无至弱,白、绿黄,含长石(高岑石化)可有弱蓝色荧光。
吸收光谱:437 nm吸收线,铬致色的绿色翡翠具630 nm、660 nm、690 nm吸收线。
放大检查:粒状变晶结构,变斑晶交织结构等,矿物共生物,绺裂,翠性。

(2)软玉(Nephrite)
矿物名称:主要由透闪石-阳起石组成。
化学成分:$Ca_2(Mg,Fe)_5Si_8O_{22}(OH)_2$。
常见颜色:白、青、灰、浅至深绿、黄至褐、黑色等色。
光　　泽:玻璃光泽至油脂光泽。
摩氏硬度:6~6.5。
密　　度:2.95(+0.15,-0.05) g/cm³。
光性特征:非均质集合体。
折 射 率:1.606~1.632(+0.009,-0.006),点测1.60~1.61。
紫外荧光:惰性。
吸收光谱:极少见吸收线,可在500 nm、498 nm、460 nm有模糊的吸收线(带),在509 nm见一条吸收线,某些有689 nm双吸收线。
放大检查:纤维交织结构,黑色矿物共生物。

(3)蛇纹石玉(岫玉,Serpentine)
矿物名称:主要为蛇纹石。
化学成分:蛇纹石$(Mg,Fe,Ni)_3Si_2O_5(OH)_4$。
常见颜色:黄绿、深绿、绿、灰黄、棕、白、黑色等色。
光　　泽:蜡状光泽至玻璃光泽。
摩氏硬度:2.5~6。
密　　度:2.57(+0.23,-0.13) g/cm³。
光性特征:非均质集合体。
折 射 率:1.560~1.570(+0.004,-0.070)。
紫外荧光:惰性,有时LW无至弱,绿。

吸收光谱:不特征。
放大检查:白色絮状物,黑色矿物共生物,叶片状、纤维状交织结构。

(4)独山玉(dushan jade)
矿物名称:主要由斜长石、斜黝帘石等组成。
化学成分:随组成矿物比例而变化。
常见颜色:白、绿、紫、蓝绿、黄、黑等色,色杂。
光　　泽:玻璃光泽。
摩氏硬度:6~7。
密　　度:2.70~3.09 g/cm³,一般为 2.90 g/cm³。
光性特征:多晶非均质集合体。
折 射 率:1.560~1.700。
紫外荧光:无至弱,蓝白、褐黄、褐红。
吸收光谱:不特征。
放大检查:粒状结构或鳞片粒状结构等,色杂,可见蓝、蓝绿或紫色等色斑。

(5)绿松石(Turquoise)
矿物名称:主要为绿松石。
化学成分:绿松石 $CuAl_6PO_4(OH)_8 \cdot 4H_2O$。
常见颜色:以蓝色、绿色及其间的过渡色为主,常有白色斑点或褐黑色铁线,也有黄、土黄和灰白等杂色。
光　　泽:蜡状光泽至玻璃光泽。
摩氏硬度:5~6。
密　　度:2.76(+0.14,-0.36) g/cm³。
光性特征:非均质集合体。
折 射 率:1.610~1.650,点测通常为 1.61。
紫外荧光:LW 无至弱,绿黄色;SW 无。
吸收光谱:偶见 420 nm、432 nm、460 nm 中至弱吸收带。
放大检查:常见暗色基质,白色斑点及铁线等。

(6)青金石(Lapis Lazuli)
矿物名称:主要为青金石,尚可含少量方解石、黄铁矿等。
化学成分:青金石$(Na,Ca)_8(AlSiO_4)_6(SO_4,Cl,S)_2$。
常见颜色:紫蓝至佛青蓝色,常见铜黄色、白色、墨绿色色斑。
光　　泽:抛光面呈玻璃光泽至蜡状光泽。
摩氏硬度:5~6。
密　　度:2.75(±0.25) g/cm³。

光性特征:主要为均质矿物集合体。

折 射 率:1.50,含方解石可达1.67。

紫外荧光:LW共生物方解石可发粉红色荧光,SW弱至中等绿或黄绿色荧光。

吸收光谱:不特征。

放大检查:粒状结构,常含黄铁矿斑点,白色方解石团块。

(7)欧泊(Opal)

矿物名称:蛋白石,可有少量石英、黄铁矿等。

化学成分:$SiO_2 \cdot nH_2O$。

常见颜色:白、黑、深灰、蓝、绿、棕、橙、橙红、红色等色。

光　　泽:玻璃光泽至树脂光泽。

摩氏硬度:5～6。

折 射 率:1.450(+0.020,-0.080),火欧泊可低至1.37,通常为1.42～1.43。

密　　度:2.15(+0.08,-0.90) g/cm^3。

光性特征:均质体(非晶质体)。

紫外荧光:黑色或白色体色者,无至中,白到浅蓝,绿或黄绿色;可有磷光。

　　　　　一般欧泊,无至强,绿或黄绿色;可有磷光。

　　　　　火欧泊,无至中,绿褐色;可有磷光。

吸收光谱:绿色欧泊,660 nm、470 nm吸收线,其他不特征。

放大检查:变彩效应,彩片不规则片状,边界平坦且较模糊,表面呈丝绢状外观(具平行纹),可有两相、三相包裹体,气液包裹体,矿物包裹体等。

(8)孔雀石(Malachite)

矿物名称:孔雀石。

化学成分:$Cu_2CO_3(OH)_2$。

常见颜色:孔雀绿等不同色调的绿色,常有杂色条纹。

光　　泽:丝绢光泽至玻璃光泽。

摩氏硬度:3.5～4。

密　　度:3.95(+0.15,-0.70) g/cm^3。

光性特征:非均质集合体。

折 射 率:1.655～1.909。

紫外荧光:惰性。

吸收光谱:不特征。

放大检查:纹层状,放射状、同心环状构造。

(9)硅孔雀石(Chrysocolla)

矿物名称:硅孔雀石。

化学成分:$(Cu,Al)_2H_2Si_2O_5(OH)_4 \cdot nH_2O$。

常见颜色:绿色、浅蓝绿色,含杂质时可变成褐色、黑色。

光　　泽:蜡状光泽,具陶瓷状外观,玻璃光泽,土状者呈土状光泽。

摩氏硬度:2~4,有时可达6±。

密　　度:$2.00 \sim 2.40$ g/cm³。

光性特征:非均质集合体。

折 射 率:1.461~1.570,点测1.50左右。

紫外荧光:惰性。

吸收光谱:不特征。

放大检查:隐晶质结构。

(10)玉髓(玛瑙,碧玉,澳玉,蓝玉髓)[Chalcedony(Agate,Jasper,Australian Jade,Blue Chalcedony)]

矿物名称:玉髓。

化学成分:SiO_2。

常见颜色:各种颜色。

光　　泽:油脂光泽至玻璃光泽。

摩氏硬度:6.5~7。

密　　度:$2.60(+0.10, -0.05)$ g/cm³。

光性特征:隐晶质集合体。

折 射 率:1.535~1.539,点测1.53或1.54。

紫外荧光:通常无,有时可显弱至强的黄绿色荧光。

吸收光谱:不特征。

放大检查:隐晶质结构,玛瑙可有层纹、环带构造。

特殊光学效应:晕彩效应,猫眼效应。

(11)石英岩玉(东陵石,密玉,京白玉,贵翠等)[Quartzite Jade(Aventurine Quartz,Mi Jade,Jinbai Jade,Guizhou Jade)]

矿物名称:以石英为主,可含云母类矿物、赤铁矿、针铁矿等。

化学成分:石英 SiO_2。

常见颜色:绿、灰、黄、褐、橙红、白、蓝、紫等色。

光　　泽:玻璃光泽至油脂光泽。

摩氏硬度:7。

密　　　度：2.64～2.71 g/cm³。

光性特征：非均质集合体。

折　射　率：1.544～1.553,点测常为1.54。

紫外荧光：一般无,含铬云母石英岩者,无至弱,灰绿或红。

吸收光谱：不特征。含铬云母石英岩可具682 nm、649 nm吸收带。

放大检查：粒状结构或鳞片粒状结构等,可与云母、赤铁矿等矿物共生。

特殊光学效应：东陵石具砂金效应。

(12)木变石(虎睛石,鹰眼石)[Tiger's-eye(Tiger's-eye,Hawk's-eye)]

矿物名称：主要为石英,可含残余石棉。

化学成分：SiO_2。

常见颜色：虎睛石,棕黄、棕至红棕色。

　　　　　鹰眼石,灰蓝、暗灰蓝。

光　　　泽：抛光面,蜡状光泽。断口,玻璃至丝绢光泽。

摩氏硬度：7。

密　　　度：2.64～2.71 g/cm³。

光性特征：非均质集合体。

折　射　率：1.544～1.553,点测常为1.54。

紫外荧光：无。

吸收光谱：不特征。

放大检查：纤维状结构,波状纤维状结构。

特殊光学效应：猫眼效应。

(13)天然玻璃(玻璃陨石,火山玻璃)[Natural Glass(Tektites,Volcanic Glass)]

矿物名称：火山玻璃,可含长石、石英、辉石等。

化学成分：主要为SiO_2,此外有Al_2O_3、FeO、Fe_2O_3、Na_2O、K_2O等。

常见颜色：黑曜岩,黑、褐、灰、黄、绿褐和红等色。

　　　　　玄武岩玻璃,多为带绿色色调的黄褐色、蓝绿色;

　　　　　玻璃陨石,透明的绿色、绿棕色或棕色。

光　　　泽：玻璃光泽。

解　　　理：无;具贝壳状断口。

摩氏硬度：5～6。

密　　　度：黑曜岩,2.33～2.46 g/cm³。

　　　　　玄武岩玻璃,2.70～3.00 g/cm³。

玻璃陨石,2.38(±0.04) g/cm³。
光性特征:均质体(非晶质体)。
折 射 率:黑曜岩,1.48~1.52,多为1.49。
　　　　　玄武岩玻璃,1.58~1.65。
　　　　　玻璃陨石,1.49(+0.02,-0.01)。
紫外荧光:通常无。
吸收光谱:不特征。
放大检查:气泡,流动构造,矿物斑晶等。

(14)蔷薇辉石(Rhodonite)
矿物名称:蔷薇辉石,可含石英、黑色氧化锰。
化学成分:蔷薇辉石$(Mn,Fe,Mg,Ca)SiO_3$。
常见颜色:浅红、粉红、紫红、褐红色,常有黑色斑点或脉。
光　　泽:玻璃光泽。
摩氏硬度:5.5~6.5。
密　　度:3.50(+0.26,-0.20) g/cm³,随石英含量增加而降低。
光性特征:非均质集合体。
折 射 率:1.733~1.747(+0.010,-0.013),点测常为1.73,含石英可低
　　　　　至1.54。
紫外荧光:无。
吸收光谱:545 nm 宽吸收带,503 nm 吸收线。
放大检查:粒状结构,黑色脉状或点状氧化锰。

(15)大理岩(Marble)
矿物名称:主要为方解石,可含白云石、菱镁矿、蛇纹石、绿泥石等。
化学成分:方解石 $CaCO_3$。
常见颜色:白色、黑色及各种颜色、花纹。
光　　泽:玻璃光泽至油脂光泽。
摩氏硬度:3。
密　　度:2.70(±0.05) g/cm³。
光性特征:非均质集合体。
折 射 率:1.486~1.658。
紫外荧光:多变。
吸收光谱:因杂质而异。
放大检查:粒状结构等。

(16) 白云石(Dolomite)

矿物名称:白云石。

化学成分:$CaMg(CO_3)_2$。

常见颜色:无色,白,带黄色或褐色色调。

光　　泽:玻璃光泽至珍珠光泽。

摩氏硬度:3~4。

密　　度:2.86~3.20 g/cm^3。

光性特征:非均质集合体。

折 射 率:1.505~1.743。

紫外荧光:橙、蓝、绿、绿白色。

吸收光谱:不特征。

放大检查:单晶体可见三组完全解理,集合体粒状结构等。

(17) 乌刚石(Geothite)

矿物名称:针铁矿。

化学成分:$FeO·OH$。

常见颜色:黑色。

密　　度:4.28 g/cm^3。

光性特征:纤维状结构。

折 射 率:2.260~2.398。

紫外荧光:猫眼效应(稀少)。

2. 少见玉石的主要鉴定特征

(1) 葡萄石(Prehnite)

矿物名称:葡萄石。

化学成分:$Ca_2Al(AlSi_3O_{10})(OH)_2$。

常见颜色:常呈浅绿色,此外有白、浅黄、肉红、绿色。

光　　泽:玻璃光泽。

摩氏硬度:6~6.5。

密　　度:2.80~2.95 g/cm^3。

光性特征:非均质集合体。

折 射 率:1.616~1.649(+0.016,-0.031),点测常为1.63。

紫外荧光:惰性。

吸收光谱:不特征。

放大检查:纤维状结构,放射状排列。

(2) 菱锌矿(Smithsonite)

矿物名称:主要为菱锌矿。

化学成分:$Zn(CO_3)$。

常见颜色:绿、蓝、黄、棕、白至无色。

光　　泽:玻璃光泽至亚玻璃光泽。

摩氏硬度:4~5。

密　　度:$4.30(+0.15)$ g/cm^3。

光性特征:非均质集合体。

折 射 率:1.621~1.849。

紫外荧光:无—强,颜色各异。

吸收光谱:不特征。

放大检查:单晶体具三组完全解理,集合体常呈放射状结构。

(3) 菱锰矿(Rhodochrosite)

矿物名称:主要矿物为菱锰矿。

化学成分:$Mn[CO_3]$。

常见颜色:粉红色,通常在粉红底色上可有白色、灰色、褐色或黄色的条纹,透明晶体可呈深红色。

光　　泽:玻璃光泽至亚玻璃光泽。

摩氏硬度:3~5。

密　　度:$3.60(+0.10,-0.15)$ g/cm^3。

光性特征:非均质集合体。

折 射 率:$1.597~1.817(\pm 0.003)$。

紫外荧光:LW 无至中,粉;SW 无至弱,红。

吸收光谱:410 nm、450 nm、540 nm 弱吸收带。

放大检查:致密块状构造或条带状、层纹状构造,有的可具鲕粒结构。

(4) 萤石(Fluorite)

矿物名称:萤石。

晶　　系:等轴晶系。

化学成分:CaF_2。

常见颜色:无色、白色、黄色、绿色、蓝色、紫黑色及黑色。

光　　泽:玻璃光泽至亚玻璃光泽。

解　　理:四组完全解理。

摩氏硬度:4。

密　　度:$3.18(+0.07,-0.18)$ g/cm^3。

光性特征:均质体。

折 射 率:1.434(±0.001)。

紫外荧光:随不同品种而异,一般具很强荧光,可具磷光。

吸收光谱:不特征,变化大,一般强吸收。

放大检查:色带,两相或三相包裹体,可见解理呈三角形发育。

(5)水钙铝榴石(Hydrogrossular)

矿物名称:水钙铝榴石。

化学成分:$Ca_3Al_2(SiO_4)_{3-x}(OH)_{4x}$。

晶　　系:等轴晶系。

常见颜色:常见绿至蓝绿或绿白相间,也有粉色、白色、无色。

光　　泽:抛光面,玻璃光泽。
　　　　　断口,油脂光泽至玻璃光泽。

密　　度:$3.47(+0.08,-0.32)$ g/cm^3。

光性特征:均质体集合体。

折 射 率:$1.720(+0.010,-0.050)$。

紫外荧光:无。

吸收光谱:暗绿色,460 nm 以下全吸收;其他颜色,463 nm 附近吸收(因含符山石)。

放大检查:黑色点状共生物。

特殊性质:绿色者查尔斯滤色镜下呈粉红至红色。

(6)滑石(Talc)

矿物名称:滑石。

化学成分:$Mg_3Si_4O_{10}(OH)_2$。

晶　　系:单斜晶系。

常见颜色:浅至深绿、白、灰、褐色。

光　　泽:蜡状光泽至油脂光泽。

摩氏硬度:1~3。

密　　度:$2.75(+0.05,-0.55)$ g/cm^3。

光性特征:非均质集合体。

折 射 率:$1.540~1.590(+0.010,-0.002)$。

紫外荧光:LW 无至弱,粉。

吸收光谱:不特征。

放大检查:常含有脉状、斑块状掺杂物。

(7) 异极矿(Himimorphite)

矿物名称:异极矿。

化学成分:$Zn_4Si_2O_7(OH)_2 \cdot H_2O$。

常见颜色:通常无色或淡蓝色,也可呈白、灰、浅绿、浅黄、褐、棕等色。

密　　度:$3.40 \sim 3.50$ g/cm³。

光性特征:非均质集合体。

折 射 率:$1.616 \sim 1.634$。

放大检查:纤维状结构。

(8) 查罗石(紫硅碱钙石, Charoite)

矿物名称:主要为紫硅碱钙石。

化学成分:$(K,Na)_5(Ca,Ba,Sr)_8(Si_6O_{15})_2(Si_4O_9)(OH,F) \cdot 11H_2O$。

常见颜色:紫色、紫蓝色,可有黑色、灰色、白色或褐棕色色斑。

光　　泽:玻璃光泽至蜡状光泽。

摩氏硬度:$5 \sim 6$。

密　　度:$2.68(+0.10,-0.14)$ g/cm³。

光性特征:非均质集合体。

折 射 率:$1.550 \sim 1.559(\pm 0.002)$。

紫外荧光:LW 无至弱,斑块状红色;SW 无。

吸收光谱:不特征。

放大检查:纤维状结构,可见色斑。

(9) 方钠石(Sodalite)

矿物名称:主要为方钠石。

化学成分:$Na_8Al_6Si_6O_{24}Cl_2$。

晶　　系:等轴晶系。

常见颜色:深蓝至紫蓝,常含白色脉(或黄色、红色脉)。

光　　泽:琉璃光泽至油脂光泽。

摩氏硬度:$5 \sim 6$。

密　　度:$2.25(+0.15,-0.10)$ g/cm³。

光性特征:均质集合体。

折 射 率:$1.483(\pm 0.004)$。

紫外荧光:LW 无至弱,橙红色斑块状荧光。

吸收光谱:不特征。

放大检查:常含白色脉。

(10)赤铁矿(Hematite)

矿物名称:赤铁矿。
化学成分:Fe_2O_3。
常见颜色:深灰色至黑色。
光　　泽:金属光泽。
摩氏硬度:5～6。
密　　度:5.20(+0.08,-0.25) g/cm^3。
光性特征:集合体不透明。
折 射 率:2.940～3.220(-0.070)。
紫外荧光:惰性。
吸收光谱:不特征。
放大检查:外部可见断口(锯齿状)。
特殊性质:条痕及断口表面常呈红褐色。

(二)玉石的鉴定

1. 易混淆玉石的鉴定

易混淆的玉石包括颜色、感官相似的玉石和颜色、感官、物理特征相近的易混淆玉石两类。前者通过折射率、密度测定以及放大观察等手段不难鉴别;而后者不但颜色、感官相似,而且折射率、密度等特征相近,易于混淆,是玉石鉴定中的重点和难点之一。

(1)翡翠与钠长石玉的鉴别(表5-1)

表5-1　翡翠与钠长石玉的鉴别

鉴别特征	翡翠	钠长石玉(水沫子)
颜色	各种颜色	无色、白色,可带绿色(飘蓝花),可有白斑
折射率	1.66(点)	1.53±(点)
密度(g/cm^3)	3.33	2.60
手镯	击之声脆	击之声闷

(2)翡翠与水钙铝榴石的鉴别(表5-2)

表5-2　翡翠与水钙铝榴石的鉴别

鉴别特征	翡翠	水钙铝榴石
折射率	1.66(点)	1.72(点)
密度(g/cm^3)	3.33	3.47
查尔斯滤色镜观察	不变色	绿色部分变红

(3)翡翠与蛇纹石玉(岫玉)的鉴别(表5-3)

表5-3 翡翠与蛇纹石玉的鉴别

鉴别特征	翡翠	蛇纹石玉(岫玉)
颜色	各种颜色	不同的绿色、黄、棕、无色等
折射率	1.66(点)	1.56(点)
密度(g/cm^3)	3.33	2.57
放大检查	粒状变晶结构为主,可有翠性	隐晶质结构/叶片状、纤维状交织结构常有絮状物

(4)翡翠与独山玉的鉴别(表5-4)

表5-4 翡翠与独山玉的鉴别

鉴别特征	翡翠	独山玉
颜色	各种颜色	各种颜色,色杂不均匀
折射率	1.66(点)	1.56～1.70
密度(g/cm^3)	3.33	2.70～3.09,一般为2.90

(5)翡翠与其他宝玉石的鉴别

翡翠与其他宝玉石如软玉、钙铝榴石、葡萄石、东陵石、密玉、京白玉、染色大理岩以及玻璃等的鉴别,可以根据结构、折射率、密度、光性特征等,一般不难鉴别。

(6)软玉与相似玉石的鉴别

软玉与石英岩玉、岫玉、玉髓、大理石、玻璃仿软玉等相似的宝玉石,依据光泽、结构、折射率、密度等不难鉴别;与易混淆的葡萄石应予以特别注意(表5-5),二者折射率密度相近,容易混淆。

表5-5 软玉与葡萄石的鉴别

鉴别特征	软玉	葡萄石
颜色	白、青、绿、黄、红、黑等色	白、浅黄、肉红、绿色,常呈浅绿色
光泽	玻璃-油脂光泽	玻璃光泽
结构	隐晶质结构/纤维交织结构	纤维状结构,放射状排列

(7)欧泊与仿欧泊及易混淆宝石的鉴别

欧泊与塑料仿欧泊、玻璃仿欧泊(斯洛卡姆石)、拉长石、火玛瑙等,从变彩特征、折射率、密度等方面不难鉴别。其中应注意欧泊与塑料仿欧泊以及玻璃仿欧泊的鉴别(表5-6)。

表5-6 欧泊与塑料仿欧泊及玻璃仿欧泊的鉴别

鉴别特征	欧泊	塑料仿欧泊	玻璃仿欧泊(斯洛卡姆石)
折射率	1.45±	1.46～1.70	1.47～1.70
密度(g/cm³)	2.15	1.05～1.55	2.30～4.50
变彩	彩片不规则片状,边界平坦且较模糊,丝绢状外观(彩片有平行纹)	变彩具镶嵌状图案	
内含物	可有两相、三相、气液包裹体,矿物包裹体	可有气泡	可有气泡

(8)绿松石与相似宝玉石的鉴别

①绿松石与蓝铁染骨化石(齿胶磷矿)的鉴别。将史前猛犸象的骨头、牙齿染成天蓝色,易与绿松石相混淆。蓝铁染骨化石的密度为 3.00 g/cm³,折射率为 1.57～1.63,摩氏硬度为5,有神经和血管的管道残余,具染色特征。

②染色羟硅硼钙石。染色羟硅硼钙石的颜色、外观与绿松石相似,摩氏硬度为 3～4,折射率为 1.59(点),密度为 2.50～2.57 g/cm³,粒状结构,颜色集中于裂隙及颗粒间隙,绿区有一宽吸收带。

③染色菱镁矿。染色菱镁矿摩氏硬度为4,折射率 N_o 为 1.700～1.717,N_e 为 1.509～1.515,密度为 3.00～3.12 g/cm³,绿色浓集于粒间,用黑色沥青等充填裂隙以仿铁线。

④玻璃。玻璃的折射率、密度与绿松石不同。玻璃可有气泡。

(9)青金石与相似宝玉石的鉴别

①青金石与方钠石的鉴别(表5-7)。

表5-7 青金石与方钠石的鉴别

鉴别特征	青金石	方钠石
透明度	微透明至不透明	微透明至半透明
折射率	1.50±	1.48±
密度(g/cm³)	2.50～3.00	2.25±
内含物	常见黄铁矿	一般不含黄铁矿

②青金石与蓝铜矿和天蓝石的鉴别。蓝铜矿的折射率为 1.73～1.84,密度为 3.80 g/cm³。天蓝石的折射率为 1.612～1.643,密度为 3.09 g/cm³。二者的折射率与密度都比青金石大得多,一般不难鉴别。

③青金石与蓝色东陵石的鉴别。含蓝线石的蓝色石英岩呈半透明,纤维粒状结构,折射率为1.53(点),放大检查蓝色东陵石中含有纤维状蓝线石,可区别于青金石。

④青金石与染色碧玉的鉴别。染色碧玉在商业上被称为"瑞士青金石"。其颜色在条纹和斑块中富集,无黄铁矿。

⑤青金石与蓝色木变石的鉴别。蓝色木变石在鉴定过程中常被误认为是青金石,应引起注意。蓝色木变石的密度、折射率都高于青金石;另外,蓝色木变石常具有波状纤维状结构,不含黄铁矿,不同于青金石。

⑥青金石与熔结的合成尖晶石的鉴别。熔结的合成尖晶石呈亮蓝色,颜色分布均匀,粒状结构,可含有细小的黄色斑点以模仿黄铁矿,光泽比青金石强,并且通常抛光良好,查尔斯滤色镜下呈明亮的红色,完全不同于青金石在查尔斯滤色镜下的赭红色,折射率为1.72,密度为 3.52 g/cm^3,均高出青金石很多,并且分光镜检测有钴的吸收光谱。

⑦青金石与染色大理岩的鉴别。染色大理岩的颜色集中在裂隙和晶粒边缘,染料可被丙酮擦掉,硬度较小,可被小刀刻划(此为破坏性鉴定,慎用)。

⑧青金石与蓝色玻璃的鉴别。用于仿青金石的蓝色玻璃不具有青金石的粒状结构,常有气泡和漩涡纹理。

(10)孔雀石与硅孔雀石的鉴别(表5-8)

表5-8 孔雀石与硅孔雀石的鉴别

鉴别特征	孔雀石	硅孔雀石
成分	碳酸盐矿物	硅酸盐矿物
折射率	1.655～1.909	1.50±(点)
密度(g/cm³)	3.95	2.00～2.40
构造	条纹、环带构造	隐晶质结构,块状构造

(11)SiO_2质玉石与相似宝玉石的鉴别

①玛瑙与玻璃的鉴别。玻璃仿玛瑙的外观酷似玛瑙,也可以有与玛瑙近似的花纹、条带。但玛瑙的条纹、环带均为平行的,即平行的条纹或弯曲的平行条带;而玻璃仿玛瑙的花纹、条纹,既有平行的,也有交叉的。二者的折射率、密度可有不同。另外,玻璃含有气泡。

②石英岩玉与钠长石玉的鉴别(表5-9)。

表 5-9 石英岩玉与钠长石玉的鉴别

鉴别特征	石英岩玉	钠长石玉
折射率	1.54（点）	1.52~1.53（点）
密度（g/cm³）	2.64~2.71	2.60~2.63
放大观察	粒状结构，鳞片粒状结构，纤维粒状结构等	粒状结构，可见板柱状矿物，横切面近正方形，纵切面长方形，可有"白花"等，绿色飘蓝花

③石英岩玉与大理岩玉的鉴别。石英岩玉的折射率值点测 1.54±；而大理岩玉的折射率为 1.486~1.658，点测值变化较大。另外可参考荧光，纯净的石英岩玉无荧光，而大理岩玉有荧光。

(12) 天然玻璃与玻璃的鉴别

天然玻璃的折射率为 1.48~1.52，密度为 2.33~2.46 g/cm³，其折射率、密度基本稳定在上述范围之内（基性火山玻璃折射率为 1.58~1.65，密度为 2.70~3.00 g/cm³）；而玻璃的折射率、密度变化范围很大。关键鉴别为天然玻璃可有长石、石英等矿物斑晶。

(13) 蔷薇辉石与菱锰矿的鉴别（表 5-10）

表 5-10 蔷薇辉石与菱锰矿的鉴别

鉴别特征	蔷薇辉石	菱锰矿
组构	块状构造，细粒结构，黑色氧化锰色斑	块状构造，条带或层纹状构造，可有鲕粒结构
折射率	1.73（点） 含石英可为 1.54	1.597~1.817
密度（g/cm³）	3.50	3.60
紫外荧光	无	LW，无至中，粉色；SW，无至弱，红色
吸收光谱	545 nm 宽吸收带，503 nm 吸收线	410 nm、450 nm、540 nm 弱带

(14) 赤铁矿与针铁矿的鉴别

赤铁矿（Fe_2O_3）和针铁矿（$FeO·OH$）均为金属光泽，高折射率（超出折射仪测试范围）。关键鉴别特征为密度。赤铁矿密度为 5.20（+0.08，-0.25）g/cm³，而针铁矿密度为 4.28 g/cm³。此外，赤铁矿条痕及断口表面通常呈红褐色。

2. 优化处理玉石的鉴定

(1)翡翠优化处理的鉴定

①翡翠与B货翡翠的鉴别(表5-11)。

表5-11 翡翠与B货翡翠的鉴别

鉴别特征	翡翠	B货翡翠
颜色	各种颜色，颜色自然、协调	若为豆地翠绿、暗绿和半透明的苹果绿色，应引起注意；无灰、黄、红色者应注意，颜色与地不协调，绿色漂浮，色形遭受破坏
光泽	玻璃至油脂光泽	玻璃至蜡状光泽/树脂光泽
密度(g/cm³)	3.33	3.25±
质地	较细腻或较粗	多为结构较粗者
表面特征	多较光滑	具龟裂纹，再次抛光者也可较光滑，但局部小网裂纹集中或裂隙中见点状(气泡)闪光
荧光	无或较弱	某些有强蓝白、黄绿色荧光
红外光谱		2 700~3 200 cm^{-1}树脂吸收峰

②翡翠与C货翡翠的鉴别(表5-12)。

a. 紫色染色翡翠的鉴别：紫色染色翡翠一般为锰盐染色。颜色在缝隙中及晶粒边缘，具较强的荧光，天然者荧光无至弱。

b. 红、棕、黄色翡翠是否经优化处理的鉴别：天然、染色或热处理的红、棕、黄翡的颜色均集中在缝隙和晶粒边缘，鉴别起来难度很大。

表5-12 绿色翡翠与染色的绿色翡翠的鉴别

鉴别特征	绿色翡翠	染色的绿色翡翠
颜色	有色根、色形	丝网状绿
吸收光谱	铬致色者，630 nm、660 nm、690 nm吸收线	某些可有650 nm附近宽吸收带
查尔斯滤色镜观察	不变色	某些可变红

天然者：天然红、棕、黄翡翠多为玻璃光泽，颜色分布不均匀，色调略有不同，会有颜色富集的现象，内部颜色与表面一致。

染色者：光泽弱或蜡状光泽，颜色分布较均匀，整体一个色调，且外部颜色深，内部渐变浅，可发黄绿色或橙红色荧光。

热处理者:经加热处理而成的红、棕、黄色翡翠水干,矿物颗粒表面多出现较大的解理或裂隙,颜色较脏,红外光谱测试无水的吸收峰。

③覆膜翡翠的鉴别。翡翠成品表面覆一层绿色的有机膜。覆膜翡翠颜色均匀,折射率点测1.56±(膜的折射率值),多为树脂光泽,无颗粒感,局部可见气泡,可有薄膜脱落现象,手感较涩。

(2)软玉优化处理的鉴别

①浸蜡——属优化。软玉浸蜡属优化。可有蜡状光泽,污染包装物,所浸入的蜡热针可熔,红外光谱可见有机物吸收峰。

②染色。将软玉染成黄、褐黄、红、褐红、黑绿等色,用以掩盖瑕疵或仿仔料。染色软玉颜色鲜艳,不自然,颜色多存于表皮及裂隙中。

③拼合。将糖玉薄片贴于白玉表面,用来仿俏色浮雕。俏色部分颜色与基底颜色截然不同,无过渡,可见拼合缝。

④磨圆。山料磨圆仿仔料。磨圆较差者隐约可见棱面;磨圆较好者表面光洁度高于天然仔料,有时可见新鲜裂痕。

⑤做旧处理。玉石的做旧处理主要从颜色、所仿朝代的加工工艺及纹饰等方面进行鉴别,已属文物鉴定范畴,从略。

(3)欧泊优化处理及拼合石的鉴别

①糖酸处理。用于仿黑欧泊。放大观察可见色斑呈破碎的小块并局限在欧泊的表面,结构为粒状,可见小黑点状炭质染剂在彩片或球粒的空隙中聚集。

②烟处理。也是用于仿黑欧泊。用烟处理的欧泊黑色仅限于表面,多孔,密度较低,仅为 $1.38\sim1.39$ g/cm^3,用针头触碰,可有黑色物质剥落,有黏感。

③注塑处理。用以掩盖裂隙或使其呈现暗色的背景。注塑欧泊密度较低,约为 1.90 g/cm^3,可见黑色集中的小块,比天然欧泊透明度高,用热针触及,可有塑料的异味,红外光谱检测显示有机质引起的吸收峰。

④注油处理。注油以掩盖裂隙。可能呈现蜡状光泽,用热针检查时有油渗出。

⑤拼合。为利用太薄的欧泊原料,常有欧泊二层石、三层石的拼合欧泊。注意拼合欧泊有拼合缝,拼合面上放大观察可见气泡。鉴别时,应注意拼合欧泊与带围岩的欧泊(砾背欧泊)相区别,后者欧泊与围岩界线呈自然过渡状态,结合缝不平直。

(4)蛇纹石玉优化处理的鉴别

①染色。颜色集中在裂隙中,放大检查很容易发现染料的存在,铬盐染绿色者可具650 nm宽吸收带。

②蜡充填。将蜡充填于裂隙或缺口中,以改善样品外观。

充填蜡的地方可有蜡状光泽,热针试验裂隙处有"出汗"现象,有蜡的气味。

(5)绿松石优化处理的鉴别

①浸蜡。浸蜡可填隙,增色。绿松石的浸蜡属处理。浸蜡的绿松石时间长后会褪色,经太阳暴晒或受热后褪色更快,热针试验有"出汗"现象。

②染色。颜色不自然,过于均匀,但在裂隙处颜色变深;颜色仅限于表面,一般1 mm左右;在样品表面的剥落处或样品背部的坑凹处,有可能露出内部浅色的部分。

③注塑。注塑绿松石折射率一般会低于1.61;密度较低,通常为2.00~2.48 g/cm^3,这种低密度与其漂亮的颜色是相互矛盾的;硬度较低,一般仅为3~4,易出现刮痕;放大检查有时可见气泡;热针试验有塑料的异味,而且会有烧痕。红外光谱检测可出现一些由塑料引起的吸收谱线。早期处理的绿松石可见到1 450 cm^{-1}和1 500 cm^{-1}间的强吸收,而在较新的注塑处理品种中,则出现1 275 cm^{-1}的强吸收带,显示塑料的存在。

(6)大理岩优化处理的鉴别

①染色。染色大理岩的颜色集中在裂隙中和晶粒边缘,若为铬盐染绿色者,可有650 nm吸收带,有些绿色染料在查尔斯滤色镜下变红。

②充填处理。充胶或塑料是为了盖隙、增透。热针试验可有胶或塑料的异味,在红外光谱检测中,可有有机物的特征吸收峰出现,乙醚擦拭,有机物可溶解。

③辐照。白色的大理岩经辐照可产生蓝色、黄色和浅紫色,但很不稳定,遇光会褪色,遇热颜色也会变浅。

④覆膜。大理岩表面可以涂以各种颜色的有机薄膜,用来改变颜色和光泽,以仿其他各类宝石。覆膜后无粒状感,膜可脱落。

3. 合成玉石的鉴定

(1)绿松石与合成绿松石的鉴别(表5-13)

表5-13 绿松石和合成绿松石的鉴别

鉴别特征	绿松石	合成绿松石
颜色	蓝色、绿色,颜色不均匀,可有蛛网、铁线	颜色均一,放大40×可见麦乳效应,蛛网铁线生硬,不内凹
吸收光谱	420 nm不清晰吸收带,432 nm吸收带,460 nm模糊吸收带	缺失
X射线分析	晶质绿松石衍射线	有多种晶质附加衍射线

(2) 青金石与合成青金石的鉴别(表 5-14)

表 5-14　青金石与合成青金石的鉴别

鉴别特征	青金石	合成青金石
透明度	微透明至不透明	完全不透明
颜色	不均匀	较均匀
黄铁矿	轮廓不规则,斑块状、条纹状出现	分布均匀,颗粒边缘平直
密度(g/cm³)	2.75 左右	一般<2.45
查尔斯滤色镜观察	红褐色	一般不变色

(3) 欧泊与合成欧泊的鉴别(表 5-15)

表 5-15　欧泊与合成欧泊的鉴别

鉴别特征	欧泊	合成欧泊
彩片	具平行纹,丝绢状外观,彩片(色斑)呈不规则片状边界平坦且较模糊	变彩彩片(色斑)呈镶嵌状结构,边缘呈锯齿状,彩片内具有蜥蜴皮结构
密度(g/cm³)	2.15	2.06
荧光	无至强,可有磷光	无至强,无磷光
红外光谱	5 000 cm⁻¹吸收峰	3 700 cm⁻¹吸收峰

(4) 合成翡翠的鉴别

1984 年 12 月美国通用电器公司,首次人工合成了翡翠。

合成翡翠的成分、硬度、密度等与天然翡翠基本一致。其物质组成主要是晶体粗大、具有方向性的硬玉矿物和玻璃质。

合成翡翠透明度差(水干),颜色不正、呆板,无翠性。

(5) 合成孔雀石的鉴别

1982 年,前苏联试制成功合成孔雀石。合成孔雀石按纹理可分为带状合成孔雀石、丝状合成孔雀石及胞状合成孔雀石。

合成孔雀石的化学成分、颜色、密度、硬度、光学性质及 X 射线衍射谱线等方面与天然孔雀石相似,仅在热谱图中与天然孔雀石出现较大差异。

差热分析是鉴别天然孔雀石与合成孔雀石唯一有效的方法。差热分析属破坏性鉴定,应慎用。

三、实习要求

掌握上述玉石的特征和鉴定方法,重点掌握翡翠、充填翡翠、染色翡翠的鉴别要点,掌握欧泊与合成欧泊、青金石与合成青金石、绿松石与合成绿松石的鉴别方法以及石英岩玉与钠长石玉、菱锰矿与蔷薇辉石、青金石与方钠石等的鉴别方法。

四、实习报告

1. 实习报告内容

翡翠、充填翡翠、染色翡翠、欧泊、合成欧泊、绿松石、青金石、玛瑙、石英岩玉、菱锰矿。

2. 实习报告要求

①要有三项或三项以上有效证据。
②抓住主要鉴定特征,综合分析、判断,正确定名。

第六章 有机宝石鉴定实习

一、实习目的

①掌握有机宝石鉴定特征及鉴定方法。

②重点掌握珍珠与仿珍珠、珊瑚与仿珊瑚及染色珊瑚、琥珀与仿琥珀及再造琥珀、象牙与骨料的鉴别以及龟甲与塑料的鉴别。

二、实习内容

天然珍珠、养殖珍珠、仿珍珠、珊瑚、染色珊瑚、仿珊瑚、琥珀、再造琥珀、仿琥珀(塑料)、象牙、骨料、硅化木、煤精、贝壳、龟甲等。

(一)有机宝石的主要鉴定特征

(1)天然珍珠(Natural Pearl)

化学成分:无机成分为 $CaCO_3$,有机成分为 C、H 化合物。

结晶状态:无机成分为文石(斜方晶系)、方解石(三方晶系),放射状集合体,有机成分为硬蛋白质(非晶态),核心为微生物或生物碎屑、砂粒、病灶等。

常见颜色:白色至浅黄色、粉红、浅绿、浅蓝、黑色等。

光　　泽:珍珠光泽。

解　　理:集合体无。

摩氏硬度:2.5~4.5。

密　　度:海水珍珠为 2.61~2.85 g/cm^3。

淡水珍珠为 2.66~2.78 g/cm^3,很少超过 2.74 g/cm^3。

光性特征:主要为非均质集合体。

多 色 性:集合体不可测。

双折射率:集合体不可测。

紫外荧光:黑色者,LW 弱至中,红色、橙红色。

其他颜色,无至强,浅蓝、黄、绿、粉红色等。

吸收光谱:不特征。
放大检查:同心放射层状结构,表面生长纹理(砂丘纹)。
特殊性质:遇酸起泡,过热燃烧变褐色,表面摩擦有砂感。

(2) 养殖珍珠(Cultured Pearl)

化学成分:无机成分为 $CaCO_3$,有机成分为 C、H 化合物。
结晶状态:无机成分以文石为主,方解石、少量球文石。
　　　　　有机成分为硬蛋白质(非晶态)。
　　　　　核心为贝壳小球或贝、蚌的外套膜。
常见颜色:白色至浅黄色、粉红色、绿色、蓝、紫色等。
光　　泽:珍珠光泽。
解　　理:集合体无。
摩氏硬度:2.5～4。
密　　度:海水养殖珍珠为 2.72～2.78 g/cm^3。
　　　　　淡水养殖珍珠低于大多数天然淡水珍珠。
光性特征:主要为非均质集合体。
多 色 性:集合体不可测。
折 射 率:1.500～1.685,多为 1.53～1.56。
双折射率:集合体不可测。
紫外荧光:无至强,浅蓝、黄、绿、粉红色。
吸收光谱:不特征。
放大检查:表面微细纹层("砂丘纹"),无核珠可有勒腰等,有核珠珠核可有
　　　　　条带状(层状)构造。
特殊性质:遇酸起泡,过热燃烧变褐色,表面摩擦有砂感。

(3) 珊瑚(Coral)

化学成分:无机成分主要为 $CaCO_3$。
　　　　　有机成分为硬蛋白质。
结晶状态:无机成分由方解石、文石等组成,隐晶质集合体。
　　　　　有机成分为硬蛋白质(非晶质)。
常见颜色:浅粉红至深红色、橙、白及奶油色;偶见蓝色和紫色。
光　　泽:蜡状光泽,抛光面呈玻璃光泽。
解　　理:无。
摩氏硬度:3～4。
密　　度:2.60～2.70 g/cm^3。
多 色 性:无。

折 射 率：1.486～1.658。
双折射率：不可测。
光性特征：集合体。
紫外荧光：长、短波，无至弱，白色。
吸收光谱：不特征。
放大检查：横切面有同心纹、放射纹，纵切面有平行波状纹。
特殊性质：遇盐酸起泡。

* 角质珊瑚

化学成分：几乎全部由有机质组成。
颜　　色：黑色、金色。
密　　度：1.30～1.50 g/cm^3。
折 射 率：1.56。
放大检查：横切面有同心环状结构，表面有独特的小丘疹状外观。

(4) 琥珀(Amber)

化学成分：$C_{10}H_{16}O$，可含 H_2S。
结晶状态：非晶质体。
常见颜色：浅黄，黄至深褐色，橙、红、白色；蓝、浅绿、淡紫色少见。
光　　泽：树脂光泽。
解　　理：无。
摩氏硬度：2～2.5。
密　　度：1.08(+0.02，−0.08) g/cm^3。
光性特征：均质体，常见异常消光。
多 色 性：无。
折 射 率：1.540(+0.005，−0.001)。
双折射率：无。
紫外荧光：弱至强，黄绿色至橙黄色、白色、蓝白或蓝色。
吸收光谱：无。
放大检查：圆形或椭圆形气泡，气液两相包裹体，动植物、漩涡纹、"太阳光芒"、裂纹、黏土、砂粒等。
其他性质：琥珀是良绝缘体；与绒布摩擦产生静电，吸起小纸片等；热导性差，温感；加热至150℃时变软，250～300℃时融熔，产生白色蒸气并发出松香味。

(5) 象牙(Ivory)

化学成分：主要组成为磷酸钙，胶质蛋白和弹性蛋白。

结晶状态:非晶质。
常见颜色:白色至淡黄、浅黄,史前象牙常呈蓝色,偶尔呈绿色。
光　　泽:油脂光泽至蜡状光泽。
解　　理:断口。
摩氏硬度:2～3。
密　　度:1.70～2.00 g/cm³,通常为 1.85 g/cm³。
光性特征:集合体。
多 色 性:无。
折 射 率:1.54(点测)。
双折射率:无。
紫外荧光:长、短波下呈弱至强蓝白色荧光或紫蓝色荧光,长波稍强些。
吸收光谱:不特征。
放大检查:横切面勒兹纹,纵切面平行波状纹。
其他性质:酸中短时浸泡可变软,遇热收缩。

(6)硅化木(Pertrified Wood)
化学成分:无机成分为 SiO_2、$SiO_2 \cdot nH_2O$。
结晶状态:隐晶质集合体至非晶质体,常呈纤维状集合体。
　　　　有机质为 C、H 化合物。
常见颜色:浅黄至黄色,褐、红、棕、黑、灰、白色。
光　　泽:抛光面呈玻璃光泽。
解　　理:无。
摩氏硬度:7。
密　　度:2.50～2.91 g/cm³。
光性特征:非均质集合体或均质集合体。
多 色 性:无。
折 射 率:1.544～1.553。
双折射率:0～0.009,集合体不可测。
紫外荧光:一般无。
吸收光谱:不特征。
放大检查:隐晶质-粒状结构,木纹。

(7)煤精(Jet)
化学成分:以 C 为主,含有一些 H、O。
结晶状态:非晶质体(褐煤)。
常见颜色:黑、褐黑色。

光　　　泽:树脂光泽至玻璃光泽。
解　　　理:无。
摩氏硬度:2～4。
密　　　度:1.32(±0.02) g/cm³。
光性特征:均质体(非晶质体)。
多　色　性:无。
折　射　率:1.66(±0.02)。
双折射率:无。
紫外荧光:无。
吸收光谱:不特征。
放大检查:条纹构造。
其他性质:摩擦可带电,具可燃性,烧后有煤烟味,加热到100～200℃时变软,可弯曲,酸可使表面光泽变暗。

(8)贝壳(Shell)
化学成分:无机成分为$CaCO_3$。
　　　　　有机成分为C、H化合物、壳角蛋白。
结晶状态:无机成分主要为文石(斜方晶系)、次为方解石(三方晶系)。
　　　　　有机成分为非晶质。
常见颜色:可呈各种颜色,一般为白、灰、棕、黄、粉色等。
光　　　泽:油脂光泽至珍珠光泽。
解　　　理:无。
摩氏硬度:3～4。
密　　　度:2.86(+0.03,-0.16) g/cm³。
光性特征:集合体。
多　色　性:无。
折　射　率:1.530～1.685。
双折射率:0.155,集合体不可测。
紫外荧光:因贝壳种类而异。
吸收光谱:不特征。
放大检查:层状结构,表面叠复层结构,"火焰状"结构等。
其他性质:可具晕彩效应,珍珠光泽。

(9)龟甲(Tortoise Shell)
化学成分:有机质。
结晶状态:非晶质。

常见颜色:黄底褐斑或白底黑斑。
光　　泽:暗淡,油脂光泽至蜡状光泽。
解　　理:无。
摩氏硬度:2～3。
密　　度:1.29(+0.06,-0.03) g/cm³。
光性特征:均质体(非晶质体)。
多 色 性:无。
折 射 率:1.550(-0.010)。
双折射率:无。
紫外荧光:无色、黄色部分呈蓝白色荧光。
吸收光谱:不特征。
放大检查:球状颗粒(色素小点)组成斑纹结构。
其他性质:硝酸能溶,不与盐酸反应;热针能熔,燃烧时发出头发烧焦气味;沸水中变软。

(二)有机宝石的鉴定

1. 珍珠的鉴定

(1)天然珍珠与养殖珍珠的鉴别(表6-1)

表6-1 天然珍珠与养殖珍珠的鉴别

鉴别特征	天然珍珠	养殖珍珠
外观	质地细腻,结构均一,珠层厚,珍珠光泽强,形状多不规则,直径较小	多呈圆形,粒径较大,表面常有凹坑,珍珠光泽比天然珍珠差
强光源照射		可见珠核闪光,一般360°闪两次,珠核中可见明暗相间的平行条纹
密度	2.71 g/cm³ 重液中,80%天然珍珠漂浮	2.71 g/cm³ 重液中,90%有核养殖珍珠下沉
X射线荧光	不发荧光(澳大利亚的银光珠有弱黄色荧光)	有核养珠多呈强的浅绿色荧光和磷光

续表 6-1

鉴别特征	天然珍珠	养殖珍珠
X 射线照相	在 X 射线照片上显示出明暗相间的环状图形或近中心的弧形,当曝光不当或壳角蛋白分布不规律时,则不会出现明显环形层	在底片上呈现明显的珠核和边缘较暗的珍珠层,在少数情况下,核的水平结构也可显现出来
X 射线衍射	在 X 射线劳埃图上产生假六方对称式分布	有核养殖珍珠的劳埃图均呈模糊的假四方对称形式,仅有一个方向显示假六方对称式分布
内窥镜法	当内窥镜的针插入珍珠孔中,针处于珍珠中心时,另一端可观察到反射光	内窥镜法观察有核养殖珍珠时无法在另一端观察到亮的闪光现象
磁场反应法（适用于正圆珠）	在珍珠罗盘中不转动	有核养殖珍珠在珍珠罗盘中转动,只有当珠核的层理平行磁力线时转动才会停止

(2)海水养殖珍珠与淡水养殖珍珠的鉴别(表 6-2)

表 6-2 海水养殖珍珠与淡水养殖珍珠的鉴别

鉴别特征	海水养殖珍珠	淡水养殖珍珠
外观	圆度好,白色、黄色多,珠层较透明,光泽强,光滑度好	常为椭圆,不规则状,表面常见勒腰等
观察珠孔	有珠核,分层界线明显	多数无珠核,无分层线
微量元素	Na、K、Ba、Sr 的含量较高	Mn、Fe 的含量较高

注:淡水插核养殖珍珠已上市,圆度好,颜色、光泽与海水养殖珍珠无异,价格相差无几,此时无须区别。

(3)养殖珍珠有核与无核的鉴别

①形态法。圆形、正圆形珍珠一般有核,而椭圆、扁圆、畸形珠一般无核。

②强光透射法。转动养殖珍珠,强光透射观察,可见珠核呈圆球状,有时可见平行条带。

③密度法。无核养殖珍珠密度一般小于 2.70 g/cm³,而有核养殖珍珠密度一般大于 2.70 g/cm³。

④X 射线照相。无核者仅见同心层状结构,而有核者有明显的珠核和珍珠

层分界线。

⑤磁场反应。无核者磁场中珠体无旋转现象,而有核者珠体旋转至珠体C轴的磁场两极垂直时静止。

(4)黑珍珠与辐照改色黑珍珠和染色黑珍珠的鉴别(表6-3)

表6-3 黑珍珠与辐照改色黑珍珠和染色黑珍珠的鉴别

鉴别特征	黑珍珠	辐照改色黑珍珠	染色黑珍珠
外观	略带虹彩闪光的深蓝黑或带青铜色调的黑色,颜色不均匀,珠光强	纯黑或带灰色调的黑色,光谱色浓,晕彩有金属光泽	带灰白、绿、蓝绿色调的黑色,颜色均一,珠光较差
放大检查	表面光滑	孔洞部位颜色加深	病灶、裂纹及珠孔,层与层之间残留黑色染料
紫外荧光	常出现黄绿、蓝白、粉红色荧光		无荧光或灰白色荧光
X射线照相	在珠母质、壳角蛋白和珠核之间有一明显的连接带		照片上出现白色条纹
红外照相	底片显示青色像		底片显示青绿至黄色像
刮取粉末	粉末为白色	粉末为黑色	粉末为黑色
2%稀硝酸擦拭	棉球无黑迹		棉球有黑迹

(5)珍珠与仿珍珠的鉴别(表6-4)

表6-4 珍珠与仿珍珠的鉴别

鉴别特征	珍珠	仿珍珠
外观	形态多样,圆、椭圆,不规则状等,珠光泽,颜色自然	多为圆形,缺乏珍珠光泽,颜色单调,呆板
光滑度	发"涩",有"砂丘纹"	打滑(个别有发涩者),无"砂丘纹"
导热性	珠串凉感	珠串温感
密度(g/cm³)	2.73左右	>2.85(实心玻璃,大理岩) 2.30~2.50(空心玻璃) <1.50(塑料珠)

2. 珊瑚的鉴定

(1) 珊瑚与仿珊瑚的鉴别

① 吉尔森"合成"珊瑚。吉尔森"合成"珊瑚是用方解石粉末加染料在高温高压下粘制而成,不是合成珊瑚,是一种仿珊瑚。吉尔森"合成"珊瑚具粒状结构,不具有珊瑚的构造(横切面同心纹、放射纹,纵切面平行波状纹)。其密度为 2.45 g/cm³,比珊瑚密度(2.65 g/cm³)小。

② 染色骨料。骨料疏松,有骨髓、鬃眼,所染颜色表理不一,密度为 1.90 g/cm³,折射率为 1.54,断口呈参差不齐的锯齿状;珊瑚断口平坦,珊瑚扣之声脆悦耳,骨类沉闷浑浊。

③ 染色大理岩。染色大理岩仿珊瑚不具珊瑚的构造,具粒状结构,颜色集中于晶粒边缘,丙酮棉签擦拭会被染色,密度为 2.70 g/cm³ 左右,折射率为 1.486～1.658。

④ 染色贝壳。表面呈珍珠光泽,有层状结构,颜色在层间聚集,丙酮棉球擦拭被染红,密度为 2.85 g/cm³。

⑤ 海螺珍珠。光泽具有一定方向性,火焰状,具有明显的成层的粉红色和白色图案,密度 2.85 g/cm³。

⑥ 红玻璃。不具珊瑚的构造,有气泡、漩涡纹、贝壳状断口。

⑦ 红塑料。常留有模具痕迹,表面不平整,硬度低,密度为 1.05～1.55 g/cm³,比珊瑚小,可有气泡。

(2) 珊瑚优化处理的鉴别

① 染色珊瑚的鉴别。丙酮棉签擦拭被染色,颜色表里不一,颜色集中在疏松部位及裂隙、孔洞中,局部有褪色现象。

② 充填处理的珊瑚。用环氧树脂等充填多孔的劣质珊瑚,其密度低于珊瑚;热针试验,可有树脂析出。

③ 覆膜处理。覆膜黑珊瑚光泽较强,丘疹状突起较平缓,用丙酮棉球擦拭有掉色现象。

3. 琥珀的鉴定

(1) 琥珀与相似品的鉴别

① 硬树脂。硬树脂是地质年代新的半石化树脂,不含琥珀酸且挥发分比琥珀含量高。

a. 乙醚试验:硬树脂软化发黏(挥发分含量高),琥珀可耐受。

b. 紫外荧光:SW 强白色荧光,琥珀弱。

c. 热针试验:比琥珀更易熔。

  d. 脆性：比琥珀强，表面更易裂。

  e. 包裹体：可包裹天然或人为的动、植物。

  ②松香。松香是未经地质作用的树脂。松香呈淡黄色，密度为 1.05 g/cm³，树脂光泽，硬度小，用手可捏碎成粉末，表面有许多油滴状气泡，SW 强黄绿色荧光，燃烧时有芳香味。

  ③柯巴树脂。地质年代很近的树脂(<200 万年)，产于新西兰和非洲，与琥珀性质相近。

  柯巴树脂比琥珀易裂，发育表面裂纹，易溶于酒精、乙醚，也可含昆虫等，摩擦有松香味，SW 白色荧光比琥珀亮，红外光谱与琥珀有较大差异，150℃时熔化。

  (2) 琥珀与塑料仿琥珀的鉴别

  塑料仿琥珀中没有"太阳光芒"和动植物，但可有单一形态的内含物以及气泡等，并且在饱和盐水中下沉，琥珀漂浮。塑料中只有聚苯乙烯，密度为 1.05 g/cm³，在饱和盐水中漂浮，塑料的折射率为 1.50～1.66，琥珀为 1.54。很少有与琥珀接近的折射率值。塑料具可切性，会成片剥落，而琥珀却产生小缺口。热针试验，塑料有辛辣、苹果等异味，而琥珀发出松香味。燃烧时塑料会熔化，而琥珀只留下烧斑。

  (3) 琥珀优化处理的鉴别

  ①热处理琥珀的鉴别。琥珀在菜籽油、亚麻油中加热，150～250℃时瞬间、短时，把气泡炸裂，增加透度，去除气液杂质；也可以把琥珀埋在沙盘中加热，温度小于 230℃，一般 180～220℃，1 小时即可。

  琥珀热处理可产生圆盘形分布的放射状裂纹，俗称"太阳光芒"。

  ②染色琥珀。琥珀染红，模仿老货，也可染成绿色等。放大观察，染色琥珀的颜色集中在裂隙中。

  (4) 琥珀与再造琥珀的鉴别

  琥珀与再造琥珀的鉴别见表 6-5。

表 6-5　琥珀与再造琥珀的鉴别

鉴别特征	琥珀	再造琥珀
颜色	黄、橙、棕红色	橙黄、橙红色
断口	贝壳状，有垂直于贝壳纹的沟纹	贝壳状
密度(g/cm³)	1.05～1.09	1.03～1.05
紫外荧光	浅白、浅蓝、浅黄色	SW 中至强，白垩蓝，荧光比天然琥珀强

续表 6-5

鉴别特征	琥珀	再造琥珀
放大观察	植物、小昆虫及其碎片,圆形或椭圆形气泡,两相气液包裹体,石英、黄铁矿等,"太阳光芒",漩涡纹,流动构造	早期产品常含定向排列的扁平拉长状气泡及明显的流动构造,有清澈的与云雾状相间的条带。后期产品无流动构造和云雾区,而表现为具糖浆状搅动构造,有粒状结构,抛光面上可见因相邻碎屑硬度不同而表现出来的凹凸不平的现象
可溶性	乙醚中无反应	放在乙醚中几分钟后变软
热针试验	松香味	松香味和樟脑味(再造琥珀时加入的粘结剂散发樟脑味)

4. 象牙的鉴定

(1) 象牙与相似牙类的鉴别

①河马牙。河马牙纯白、细腻,横切面具密集排列的略呈波纹状的同心线,折射率为 1.545,密度为 $1.80 \sim 1.95$ g/cm³。

②一角鲸牙。一角鲸牙横切面呈带棱角的同心环,中空;纵切面粗糙,波状纹理比象牙有更多分枝,折射率为 1.56,密度为 $1.90 \sim 2.00$ g/cm³。

③抹香鲸牙。抹香鲸牙横切面明显地分为内部和外部两个部分,每个部分均可见到同心环构造;纵切面外层部分可见随牙齿形状而弯曲的平行线,其内部有两组相交的平行线,交汇处呈"V"字形,有时出现瘤状区,折射率为 1.560,密度为 1.95 g/cm³。

④海象牙。海象牙的结构明显地分为内、外两部分,内部有独特的大理岩状或瘤状外观,结构粗糙,纵纹理呈波状起伏,但波幅较低,分枝明显,折射率为 $1.55 \sim 1.57$,密度为 1.95 g/cm³。

⑤疣猪牙。疣猪牙波纹线较平缓,且波长较短,横切面呈三角形,部分中空,折射率为 1.560,密度为 1.95 g/cm³,紫外荧光为强的均匀的紫色-蓝色荧光(象牙荧光为弱至强蓝白色-蓝紫色)。

⑥猛犸象牙。猛犸象牙是一种石化牙,外观与象牙相似,但常有指向外表的裂纹,折射率为 1.54,密度为 1.80 g/cm³。

(2) 象牙与骨料的鉴别(表 6-6)

骨料制品外观与象牙相似,其折射率为 1.54,密度为 2.00 g/cm³,也近似于象牙。

表 6-6　象牙与骨料的鉴别

鉴别特征	象牙	骨料
构造	横切面具勒兹纹（两组纹理斜交，交角大于115°），纵切面为近平行的波纹	横切面为哈弗纹（同心圆状纹）；纵切面为近平行的纵纹）
颜色	乳白、瓷白色	黄白色
光泽	油脂或蜡状光泽	干涩无光
质地	质地细腻、致密	质地粗糙，常见骨髓、絮眼
做工	做工细	做工粗

（3）象牙与棕榈坚果的鉴别

棕榈坚果又称为植物象牙。其颜色、光泽、质地与象牙相近。棕榈坚果横切面呈蜂巢状构造；纵切面则为平行粗直线，线条中还有细胞结构。其密度为1.40~1.43 g/cm³，低于象牙的密度。棕榈坚果韧性比象牙好，可用刀片切削，易于加工。在硫酸中浸泡，象牙不会褪色，而棕榈坚果表面则呈现玫瑰色调，很容易染色。

（4）象牙与塑料及胶制品的鉴别

赛璐珞是最常见的仿象牙材料。其被压制成薄片用来模仿象牙。纵切面上的条纹，过于规则，并且没有勒兹纹。折射率为1.50~1.52，低于象牙，密度与象牙相近。韧性好，具可切性。

胶制品是用胶和骨粉压制而成，密度小，为1.25~1.50 g/cm³，且无象牙的勒兹纹或平行波状纹。

5. 其他有机宝石的鉴定

（1）贝壳

①贝壳具有层状或叠复层构造，如车磲贝，用强光透射观察，车磲贝除了层状构造之外，还可以见到叠复层构造，这有别于大理岩的条带（层状）构造。

②有的贝壳具强珍珠光泽，可根据其折射率为1.530~1.685，密度为2.86（+0.03，-0.16）g/cm³，具层状构造，表面叠复层构造鉴别之。

③有的贝壳具有晕彩，如鲍鱼壳，市场上的鲍鱼壳戒面，为覆膜处理，具蓝绿晕彩，表面光滑，覆膜下可见气泡，内部呈层状构造，常可见薄膜脱落。

（2）龟甲

①龟甲与塑料仿龟甲的鉴别（表 6-7）。

表 6-7 龟甲与塑料仿龟甲的鉴别

鉴别特征	龟甲	塑料仿龟甲
斑纹	斑纹由球状颗粒组成	不见球状颗粒,可有气泡
折射率	1.55	1.50~1.55
密度(g/cm³)	1.29	1.49
热针试验	头发烧焦味	辛辣等异味
与酸反应	被硝酸侵蚀	不与酸反应

②拼合龟甲的鉴别。拼合龟甲是将一片薄的龟甲黏合在塑料底座上,或把两片龟甲分别以底或面粘在颜色相近的塑料上,使之变厚。鉴别特征:有接合缝,接合面处有气泡。

③压制龟甲。用龟甲的碎片或粉末,加热、加压黏合而成。鉴别特征:颜色变深,无通透的斑纹,缺少天然图案美感。

三、实习要求

①重点掌握珍珠与仿珍珠的鉴别。珍珠须判断有核、无核。

②掌握珊瑚、染色珊瑚、仿珊瑚的鉴别,琥珀与仿琥珀(塑料)的鉴别,象牙与骨料的鉴别,贝壳重点掌握车磲贝与大理岩的鉴别以及鲍鱼贝的鉴别。

③煤精、龟甲、硅化木等鉴别一般掌握即可。

四、实习报告

1. 实习报告内容

珍珠、仿珍珠、珊瑚、染色珊瑚、仿珊瑚、琥珀、仿琥珀(塑料)、象牙、骨料、车磲贝、鲍鱼壳。

2. 实习报告要求

①抓住主要特征鉴别之。

②至少有三项或三项以上有效鉴定证据。

③遇有珍珠,必须进行有核、无核判断。

第七章 人工宝石鉴定实习

人工宝石中的某些合成宝石,如合成红、蓝宝石,合成祖母绿,合成水晶类,合成尖晶石,合成绿松石,合成青金石,合成欧泊等已经在各个相应章节中介绍并实习过;人工宝石中的拼合石,再造宝石也已经学习过。因此,人工宝石鉴定实习主要为合成碳硅石、合成立方氧化锆、合成金红石、人造钇铝榴石、人造钆镓榴石、人造钛酸锶、玻璃和塑料等。

一、实习目的

①掌握珠宝市场常见的人造宝石、合成宝石的特征和鉴别方法。
②掌握拼合宝石、再造宝石的鉴别方法。

二、实习内容

合成碳硅石(α - sic)、合成立方氧化锆(CZ)、合成金红石、人造钇铝榴石(YAG)、人造钆镓榴石(GGG)、人造钛酸锶、玻璃和塑料。

(一)部分人造宝石、合成宝石的主要鉴定特征

(1)合成碳硅石(Synthetic Moissanite)
化学成分:SiC。
结晶状态:晶质体,六方晶系。
常见颜色:无色或略带浅黄、浅绿色调。
光　　泽:亚金刚光泽。
解　　理:无。
摩氏硬度:9.25。
密　　度:3.22($\perp$0.02) g/cm^3。
光性特征:非均质体,一轴晶,正光性。
多 色 性:不特征。
折 射 率:2.648~2.691。

双折射率:0.043。

紫外荧光:经常惰性,个别弱橙红。

吸收光谱:未见特征吸收光谱或低于425 nm弱吸收。

导 电 性:具导电性。

导 热 性:导热性强,热导仪测试可发出蜂鸣声。

放大检查:金属球状、白点状线状包裹体,可见棱线重影。

其他性质:色散强,0.104,吸收紫外线。

(2)合成立方氧化锆(Synthetic Cubic Zirconia)

化学成分:ZrO_2。

结晶状态:晶质体,等轴晶系。

常见颜色:无色、粉、红、黄、绿、橙、蓝、黑等色。

光　　泽:亚金刚光泽。

解　　理:无。

摩氏硬度:8.5。

密　　度:$5.80(\pm 0.20)$ g/cm^3。

光性特征:均质体。

多 色 性:无。

折 射 率:$2.15(+0.030)$。

双折射率:无。

紫外荧光:因颜色各异。无色者,SW呈弱至中,橙黄色;LW呈中至强,绿黄或橙黄色。

吸收光谱:因致色元素不同而异。

放大检查:通常洁净,可见气泡,料渣。

其他性质:色散强,0.060。

(3)合成金红石(Synthetic Rutile)

化学成分:TiO_2。

结晶状态:晶质体,四方晶系。

常见颜色:浅黄色,也可有蓝、蓝绿、橙色。

光　　泽:亚金刚光泽至亚金属光泽。

解　　理:不完全。

摩氏硬度:6～7。

密　　度:$4.26(+0.03,-0.03)$ g/cm^3。

光性特征:非均质体,一轴晶,正光性。

多 色 性:二色性,很弱,浅黄/无色。

折 射 率:2.616～2.903。
双折射率:0.287。
紫外荧光:无。
吸收光谱:黄色和蓝色者在430 nm以下全吸收。
放大检查:一般洁净,偶见气泡,强重影。
其他性质:色散强,0.330。

(4)人造钇铝榴石(Yttrium Aluminium Garnet)
化学成分:$Y_3Al_5O_{12}$。
结晶状态:晶质体,等轴晶系。
常见颜色:无色、绿色(可具变色)、蓝色、粉红色、红色、橙色、黄色、紫红色。
光　　泽:玻璃光泽至亚金刚光泽。
解　　理:无。
摩氏硬度:8。
密　　度:4.50～4.60 g/cm³。
光性特征:均质体。
多 色 性:无。
折 射 率:1.833(±0.010)。
双折射率:无。
紫外荧光:无色者,LW无至中,橙色;SW无至红橙色。
　　　　　粉红、蓝色:无。
　　　　　黄绿色:强黄色,可具磷光。
　　　　　绿色:LW强红色;SW弱红色。
吸收光谱:浅粉色及浅蓝色者,600～700 nm多条吸收线。
放大检查:洁净,偶见气泡。
其他性质:色散,0.028。
特殊光学效应:变色效应。

(5)人造钆镓榴石(Gadolinium Gallium Garnet)
化学成分:$Gd_3Ga_5O_{12}$。
结晶状态:晶质体,等轴晶系。
常见颜色:通常无色或浅褐或黄色。
光　　泽:玻璃光泽至亚金刚光泽。
解　　理:无。
摩氏硬度:6～7。
密　　度:7.05(+0.04,-0.10) g/cm³。

光性特征:均质体。

多 色 性:无。

折 射 率:1.970(+0.060)。

双折射率:无。

紫外荧光:SW 中至强,粉橙色。

吸收光谱:不特征。

放大检查:熔体提拉法,内部洁净,偶见拉长气泡及细密的弯曲生长纹;熔体导模法,内部洁净,一般无裂隙,可含气泡。

其他性质:色散强,0.045。

(6)人造钛酸锶(Strontium Titanate)

化学成分:$SrTiO_3$。

结晶状态:晶质体,等轴晶系。

常见颜色:无色,绿色。

光　　泽:玻璃光泽至亚金刚光泽。

解　　理:无。

摩氏硬度:5～6。

密　　度:5.13(±0.02) g/cm^3。

光性特征:均质体。

多 色 性:无。

折 射 率:2.409。

双折射率:无。

紫外荧光:一般无。

吸收光谱:不特征。

放大检查:气泡(少见),抛光差(硬度低)。

其他性质:色散强,0.190。

(7)玻璃(Glass)

化学成分:SiO_2。

结晶状态:非晶质体。

常见颜色:各种颜色。

光　　泽:玻璃光泽。

解　　理:无。

断　　口:贝壳状断口。

摩氏硬度:5～6。

密　　度:2.20～6.30 g/cm^3。

光性特征:均质体,常见异常消光。
多 色 性:无。
折 射 率:1.47～1.70,最高可达1.95。
双折射率:无。
紫外荧光:弱至强,因颜色各异,一般短波强于长波。
吸收光谱:不特征。
放大检查:含有气泡,气泡大多呈球形,但也可呈椭圆形,拉长形,甚至管状,流动线构造或不规则的交错色带,浑圆状刻面棱线,易被刻划磨损。
其他性质:导热性差,触摸温感。
特殊光学效应:砂金效应、猫眼效应、变色效应、星光效应、晕彩效应和变彩效应。

(8) 塑料(Plastic)
化学成分:主要成分为C、H、O。
结晶状态:非晶质体。
常见颜色:红、橙、黄等各种颜色。
光　　泽:蜡状光泽,玻璃光泽。
透 明 度:透明至不透明。
解　　理:无。
摩氏硬度:1～3。
密　　度:一般为1.05～1.55 g/cm³。
光性特征:均质体。
多 色 性:无。
折 射 率:1.46～1.70。
双折射率:无。
紫外荧光:无至强,各种颜色。
放大检查:气泡,流动线,橘皮效应,浑圆状刻面棱线,易被刻划、磨损。
其他性质:热针熔化,并有辛辣等异味,摩擦带电,触摸温感。

(二)人工宝石的鉴定

人工宝石的大多数品种在前面各章中已介绍过,所以在人工宝石的鉴定中只论述玻璃和塑料的鉴定。

1. 玻璃的鉴定

玻璃可用于仿多种宝玉石,如仿玛瑙、仿岫玉、仿翡翠、仿软玉、仿绿松石、仿托帕石、仿祖母绿、仿欧泊和仿珊瑚等。

仿宝石玻璃有冕牌玻璃、燧石玻璃、稀土玻璃、铅玻璃等。

现仅将一些常见的主要玻璃仿宝石品种叙述如下。

(1) 脱玻化玻璃(马来玉,Malaysian jade)

脱玻化玻璃(马来玉)是人工制造的"埃莫利石"(Imori Stone)或"里莫利石"(Limori Stone),又称"梅塔玉"(Mete Jade,为日本玉的玻璃仿制品的误称)或准玉等,也有人称其为"染色石英岩"。

脱玻化玻璃(马来玉)的主要鉴定特征如下:

①浓艳的翠绿、深绿色,颜色均匀或不均匀。

②半透明至微透明。

③折射率:1.50~1.55。

④密度:2.50~2.68 g/cm^3。

⑤摩氏硬度:5~6。

⑥可具贝壳状断口、气泡、收缩凹坑等。

⑦正交偏光镜下全亮。

⑧具"似蕨"状结构或"丝瓜瓤"状结构(由于脱玻化形成微晶,并导致内部结构变化所致)。

(2) 玻璃猫眼

玻璃猫眼由平行的玻璃纤维熔结而成,如卡谢猫眼(Cathay Stone);或由平行排列的拉长气泡而形成猫眼效应,如"火眼"(Fire Eye)。

卡谢猫眼,折射率高,为1.80,密度为4.58 g/cm^3,摩氏硬度为5;其他玻璃猫眼密度、折射率不定,但共同特点是具有蜂巢构造或可见密集的点状物(玻璃丝的横断面),可见气泡等。

(3) "变彩"玻璃——斯洛坎姆石(仿欧泊)

①由于金属箔片或珍珠贝碎屑掺入到玻璃中,而使其具有"变彩"。

②体色有白色、绿色、黑色、近无色和橙色。

③折射率为1.49~1.50。

④密度为2.40~2.50 g/cm^3。

⑤可见气泡,漩涡纹。

(4) 砂金玻璃("金星石"或"砂金石")

无色玻璃中含金属铜的小晶体,整体棕褐色。

铜的粉屑呈三角形或六边形小晶体,产生闪砾的砂金效应。

(5) 玻璃仿珍珠

玻璃球涂上珍珠母液仿珍珠。实心玻璃密度为2.85~3.18 g/cm^3;空心玻璃密度小于 1.55 g/cm³,无"砂丘纹"。

2. 塑料的鉴定

塑料作为宝石的仿制品主要用于不透明到微透明的宝石材料有绿松石、翡翠、软玉、象牙、珊瑚;半透明到微透明的有龟甲、珍珠、贝壳;透明到半透明的有琥珀及其他有色宝石。

(1)塑料仿欧泊

①密度为 1.20 g/cm³。

②折射率为 1.48~1.53。

③具变彩,有的可见蜂巢构造。

(2)塑料仿珍珠

塑料珠涂上鱼鳞精或合成珍珠精,用于仿珍珠。

鉴别特征:密度小于 1.55 g/cm³,无珍珠的生长回旋结构"砂丘纹"。

(3)塑料仿琥珀

无琥珀的小动、植物内含物,饱和盐水(密度为 1.13 g/cm³)中下沉。

三、实习要求

①重点掌握合成红、蓝宝石,合成祖母绿,合成水晶类,合成绿松石,合成青金石,合成欧泊与天然石的鉴别(已在前述各章中学习过)。

②掌握市场上常见的仿钻石材料合成碳硅石、合成立方氧化锆的鉴别(已在前述各章中学习过)。

③掌握拼合红宝石、拼合蓝宝石、拼合欧泊的鉴别(已经学习过)。

④对于玻璃、塑料,重点掌握脱玻化玻璃、玻璃猫眼、砂金玻璃、玻璃仿珍珠、玻璃仿欧泊、塑料仿欧泊、塑料仿珍珠、塑料仿琥珀的鉴别。

四、实习报告

1. 实习报告内容

玻璃猫眼、砂金玻璃、塑料仿欧泊。

2. 实习报告要求

至少有三项或三项以上有效证据。

第八章 珠宝玉石综合鉴定实习

一、实习目的

①掌握迅速、准确鉴定各类珠宝玉石的技能。
②钻石肉眼 4C 评价。
③初步掌握戒指、耳钉等镶宝首饰工艺质量检测方法。
④进一步熟练掌握各种常规宝石鉴定仪器的原理、构造、操作步骤、使用方法以及使用时的注意事项。

二、实习内容

(一)各类珠宝玉石及其综合鉴定

每袋样品为 20 粒裸石或小雕件:

钻石或仿钻或少见宝玉石	1 粒
贵重宝石或其合成石、优化处理石	4~5 粒
一般宝石或其合成石、优化处理石	6~7 粒
玉石或其合成石、优化处理石	5~6 粒
有机宝石	1~2 粒
玻璃、塑料及其他人工宝石	1~2 粒

各类珠宝玉石的综合鉴定:

珠宝玉石鉴定应从总体观察(肉眼鉴定或经验鉴别)做起。从宝石的颜色、光泽、透明度、色散、琢型、是否有特殊光学效应等方面,初步判断该宝石是某种宝石或可能是某几种宝石。总体观察是缩小样品品种范围并选择进一步测试方法的基础,也是确定品质、加工质量的检验方法。

首先按照颜色系列划分不失为珠宝玉石鉴定的一个适用方法。例如,无色-白色系列的样品,珠宝市场上经常见到的有钻石、合成碳硅石、合成立方氧化锆、水晶、玻璃、玛瑙、翡翠、京白玉、阿富汗玉(大理岩玉)、钠长石玉、珍珠、贝壳等。

其中具有金刚光泽、亚金刚光泽的有钻石、合成碳硅石、合成立方氧化锆等；具有玻璃光泽的有水晶、玻璃等；玉石有玛瑙、翡翠、京白玉、阿富汗玉（大理岩玉）、钠长石玉；有机宝石具有珍珠光泽的有珍珠、贝壳等。绿色系列的有祖母绿、人造钇铝榴石、钙铝榴石、绿色蓝宝石、绿色碧玺、铬透辉石、绿色玻璃、翡翠、绿玉髓、水钙铝榴石、鲍鱼壳等。以绿色单晶宝石为例，样品可以是祖母绿，或绿色人造钇铝榴石，还可以是绿玻璃等。有了初步的判断之后，可以进一步利用珠宝鉴定仪器进行检测。对于单晶质宝石，最好先测一下折射率。一般情况下，有了折射率或双折射率的数据，该宝石的品种即基本可以确定（有时有折射率相近的宝石，容易混淆的，尚需进一步鉴别；有天然、合成的品种，优化处理的品种，可采用放大观察及其他手段鉴别）。对于玉石，可以点测折射率，也可以先放大观察一下玉石的结构、构造，这有助于确定玉石的种类。如京白玉为粒状结构，而羊脂白玉为隐晶质结构（纤维交织结构），白色大理岩虽然也是粒状结构，但其粒状结构是由结晶颗粒组成，不同于京白玉的粒状结构，而钠长石玉的粒状结构中可见到板柱状的矿物颗粒。

经过折射率或双折射率的测定，放大观察之后，珠宝玉石的品种一般来说即可确定。当然，还应进一步进行密度测定、分光镜检测、多色性观察、紫外荧光灯观察等。

对于每一种宝石，应该抓住它的关键特征，对所观察到的现象，测试到的数据进行综合分析、准确判断、正确定名。

1. 无色-白色系列珠宝玉石的鉴定

在无色-白色系列珠宝玉石的鉴定中，对于市场上经常遇到的问题应该重点掌握，诸如钻石与仿钻石的鉴定（其中钻石与合成碳硅石的鉴定要给予高度的关注），水晶与玻璃的鉴别，水晶与合成水晶的鉴别，月光石与水晶、玉髓、玛瑙以及近无色岫玉的鉴别，玉石中翡翠与钠长石玉的鉴别，软玉与石英岩玉和汉白玉的鉴别，珍珠与仿珍珠的鉴别，象牙与骨料的鉴别，贝壳与大理岩的鉴别等。

其次，对于一些天然石与合成石的鉴别以及易混淆的宝石也应该充分注意。如无色蓝宝石与无色合成蓝宝石、无色尖晶石与无色合成尖晶石、无色碧玺与赛黄晶、无色绿柱石与无色长石的鉴别等。

无色-白色系列珠宝玉石主要特征见表8-1。

2. 红色系列珠宝玉石的鉴定

在红色系列珠宝玉石的鉴定中，重点为红宝石。红宝石的鉴定主要掌握红宝石与合成红宝石（焰熔法、助熔剂法、水热法）的鉴别，其中重点掌握红宝石与焰熔法合成红宝石的鉴别；红宝石优化处理的鉴别，掌握染色红宝石和镀膜红宝

表8-1 无色-白色系列珠宝玉石特征表

名称	光泽	光性特征与晶系	折射率	双折射率	色散	密度 (g/cm³)	摩氏硬度	荧光	放大检查及其他
合成碳硅石	亚金刚光泽	非均质体 六方晶系 U+	2.648~2.691	0.043	0.104	3.22 (±0.02)	9.25	LW无至橙	线状包裹体,重影明显,强色散,热导仪测试可发出蜂鸣声
钻石	金刚光泽	均质体 等轴晶系	2.417	无	0.044	3.52 (±0.01)	10	无至强,蓝、黄、橙、粉色等; SW较LW弱	矿物包裹体,云状物,点状物,生长纹,解理,原始晶面等;棱线锋利,火彩柔和,热导仪测试发出蜂鸣声,415 nm,453 nm,478 nm 吸收线
合成钻石	金刚光泽	均质体 等轴晶系	2.417	无	0.044	3.52 (±0.01)	10	LW无; SW无至中,淡黄、橙黄、绿黄,不均匀,可局部有磷光	尘埃状微粒,金属包裹体,黑色包裹体,四边形生长纹;热导仪测试发出蜂鸣声,无415 nm吸收线
人造钛酸锶	玻璃光泽至亚金刚光泽	均质体 等轴晶系	2.409	无	0.190	5.13 (±0.02)	5~6	一般无	气泡(少见),抛光差,强色散
闪锌矿	金刚光泽或树脂光泽至亚金属光泽	均质体 等轴晶系	2.37~2.43	无	0.156	3.90~4.10	3.5~4	惰性,有时呈桔红色荧光	完全解理,色散强,具651 nm,667 nm,690 nm吸收线
合成立方氧化锆	亚金刚光泽	均质体 等轴晶系	2.15 (+0.030)	无	0.060	5.80 (±0.20)	8.5	SW弱至中,橙黄; LW中至强,黄或橙黄	洁净,偶见气泡、面包渣状物

续表 8-1

名称	光泽	光性特征与晶系	折射率	双折射率	色散	密度 (g/cm³)	摩氏硬度	荧光	放大检查及其他
锡石	金刚光泽至亚金刚光泽	非均质体 四方晶系 U⁺	1.997~2.093 (+0.009, −0.006)	0.096~0.098	0.071	6.95 (±0.08)	6~7	无	矿物包裹体,强重影
人造钇铝榴石	玻璃光泽至亚金刚光泽	均质体 等轴晶系	1.970 (+0.060)	无	0.045	7.05 (+0.04, −0.10)	6~7	SW 中至强,粉橙色	熔体提拉法:洁净,偶见气泡,弯曲生长纹;熔体导模法:洁净,可含气泡
高型锆石	玻璃光泽至亚金刚光泽	非均质体 四方晶系 U⁺	1.925~1.984 (±0.040)	0.059	0.039	4.60~4.80	7~7.5	因颜色而异	愈合裂隙,矿物包裹体,强重影,两条至几十条吸收线,特征吸收谱为 653.5 nm 吸收线
白钨矿	油脂光泽至金刚光泽	非均质体 四方晶系 U⁺	1.920~1.937 (±0.020)	0.017	0.038	5.80~6.20	4.5~5	SW 蓝色、黄色荧光	强色散,在黄区、绿区特别在 584 nm 处有弱纹线
榍石	金刚光泽	非均质体 单斜晶系 B⁺	1.900~2.034 (±0.020)	0.100~0.135	0.051	3.52 (±0.02)	5~5.5	无	指纹状矿物包裹体,矿物包裹体,双晶,重影清晰
人造钇铝榴石	玻璃光泽至亚金刚光泽	均质体 等轴晶系	1.833 (±0.010)	无	0.028	4.50~4.60	8	LW 无至中,橙色;SW 无至红橙色	洁净,偶见气泡
蓝宝石	玻璃光泽至亚金刚光泽	非均质体 三方晶系 U⁻	1.762~1.770 (+0.009, −0.005)	0.008~0.010	0.018	4.00 (+0.10, −0.05)	9	LW 无至中;SW 红至橙	矿物包裹体,丝状、针状矿物包裹体,指纹状包裹体,气液两相包裹体,双晶纹、裂理

续表 8-1

名称	光泽	光性特征与晶系	折射率	双折射率	色散	密度 (g/cm³)	摩氏硬度	荧光	放大检查及其他
合成蓝宝石	玻璃光泽	非均质体 三方晶系 U−	1.762~1.770 (+0.009,−0.005)	0.008~0.010	0.018	4.00 (+0.10,−0.05)	9	无至弱;蓝白色	焰熔法:弧形生长纹、气泡、面包渣;助熔剂法:助熔剂残余、铂金片
蓝锥矿	玻璃光泽至亚金刚光泽	非均质体 六方晶系 U+	1.575~1.804	0.047	0.044	3.68 (+0.01,−0.07)	6~7	LW 无;SW 强蓝白	色带、重影、钠沸石、青铝闪石矿物包裹体,偶见两相气液包裹体
钙铝榴石	玻璃光泽	均质体 等轴晶系	1.73	无	0.028	3.61	7~8	LW 弱橙色;SW 弱绿色	针状矿物包裹体
合成尖晶石	玻璃光泽至亚金刚光泽	均质体 等轴晶系	1.728 (+0.012,−0.008)	无		3.64 (+0.02,−0.12)	8	LW 无至弱、绿;SW 弱至强、绿、蓝、蓝白	焰熔法:洁净、偶见弧形生长纹、气泡;助熔剂法:助熔剂残余、铂金片
水钙铝榴石	玻璃光泽	均质集合体、等轴晶系	1.720 (+0.08,−0.32)	无		3.47 (+0.08,−0.32)	7	无	黑色点状包裹体
塔菲石	玻璃光泽	非均质体 六方晶系 U−	1.719~1.723 (±0.002)	0.004~0.005		3.61 (±0.01)	8~9	无至弱、绿色	矿物包裹体、气液包裹体
尖晶石	玻璃光泽至亚金刚光泽	均质体 等轴晶系	1.718 (+0.017,−0.008)	无	0.020	3.60 (+0.10,−0.03)	8	无	八面体负晶、矿物包裹体

续表 8-1

名称	光泽	光性特征与晶系	折射率	双折射率	色散	密度 (g/cm³)	摩氏硬度	荧光	放大检查及其他
蓝晶石	玻璃光泽断口玻璃至珍珠光泽	非均质体三斜晶系 B⁻	1.716~1.731 (±0.004)	0.012~0.017	0.011	3.68 (+0.01, -0.12)	平行C轴:4~5 垂直C轴:6~7	LW弱红;SW无	矿物包裹体、色带、解理等
符山石	玻璃光泽	非均质体四方晶系 U±	1.713~1.718 (+0.003, -0.013)	0.001~0.012	0.019	3.40 (+0.10, -0.15)	6~7	无	气液包裹体、矿物包裹体
透辉石	玻璃光泽	非均质体单斜晶系 B⁺	1.675~1.701 (+0.029, -0.010)	0.024~0.030		3.29 (+0.11, -0.07)	5~6	无	矿物包裹体、纤维状包裹体、气液包裹体、两组近正交的完全解理
柱晶石	玻璃光泽	非均质体斜方晶系 B⁻	1.667~1.680 (±0.003)	0.012~0.017		3.30 (+0.05, -0.03)	6~7	无至强 黄色	矿物包裹体、针状包裹体、气液包裹体、503 nm吸收带
翡翠	玻璃光泽	非均质集合体	1.666~1.680 (±0.008)1.66(点)	不可测		3.34 (+0.06, -0.09)	6.5~7	无至弱	蜡裂、粒状变晶结构等
顽火辉石	玻璃光泽	非均质体斜方晶系 B⁺	1.663~1.673 (±0.010)	0.008~0.011		3.25 (+0.15, -0.02)	5~6	无	气液包裹体、矿物包裹体、两组近正交的解理
锂辉石	玻璃光泽	非均质体单斜晶系 B⁺	1.660~1.676 (±0.005)	0.014~0.016	0.017	3.18 (±0.03)	6.5~7		气液包裹体、两组近正交的完全解理

续表 8-1

名称	光泽	光性特征与晶系	折射率	双折射率	色散	密度 (g/cm³)	摩氏硬度	荧光	放大检查及其他
矽线石	玻璃光泽至丝绢光泽	非均质体 斜方晶系 B⁺	1.659~1.680 (+0.004, −0.006)	0.015~0.021	0.015	3.25 (+0.02, −0.11)	6~7.5		矿物包裹体、纤维状包裹体，一组完全解理
硅铍石	玻璃光泽	非均质体 三方晶系 U⁺	1.654~1.670 (+0.026, −0.004)	0.016		2.95 (±0.05)	7~8	无至弱，粉、浅蓝或绿	可含各种包裹体
蓝柱石	玻璃光泽	非均质体 单斜晶系 B⁺	1.652~1.671 (+0.006, −0.002)	0.019~0.020		3.08 (+0.04, −0.08)	7~8	无至弱	板状矿物包裹体
重晶石	玻璃光泽至树脂光泽，解理面珍珠光泽	非均质体 斜方晶系 B⁺	1.636~1.648 (+0.001, −0.002)	0.012		4.50 (+0.10, −0.20)	3~4	偶有荧光，常有磷光，弱蓝或浅绿	气液两相包裹体、矿物包裹体，两组完全解理
磷灰石	玻璃光泽	非均质体 六方晶系 U⁻	1.634~1.638 (+0.012, −0.006)	0.002~0.008 多为 0.003	0.013	3.18 (±0.05)	5		矿物包裹体、气液两相包裹体，580 nm 双吸收线
赛黄晶	玻璃光泽至油脂光泽	非均质体 斜方晶系 B⁻	1.630~1.636 (±0.003)	0.006	0.016	3.00 (±0.03)	7	浅蓝至蓝绿	矿物包裹体、气液包裹体，某些可见 580 nm 双吸收线
硅硼钙石	玻璃光泽	非均质体 单斜晶系 B⁻ 或非均质集合体	1.626~1.670 (−0.004)	0.044~0.046 集合体不可测		2.95 (±0.05)	5~6	LW 无至中；SW 蓝色	气液两相包裹体、重影

续表 8-1

名称	光泽	光性特征与晶系	折射率	双折射率	色散	密度 (g/cm³)	摩氏硬度	荧光	放大检查及其他
碧玺	玻璃光泽	非均质体 三方晶系 U-	1.624~1.644 (+0.011, -0.009)	0.018~0.040 通常 0.020	0.017	3.06 (+0.20, -0.06)	7~8		气液包裹体、矿物包裹体、管状、纤维状包裹体、重影
菱锌矿	玻璃光泽至亚玻璃光泽	非均质体 三方晶系 非均质集合体 U- 或	1.621~1.849	0.225~0.228 集合体不可测		4.30 (+0.15)	4~5	无至强	单晶具三组完全解理，集合体常呈放射状结构
天青石	玻璃光泽	非均质体 斜方晶系 B+	1.619~1.637	0.018		3.87~4.30	3~4	通常无，有时可显弱荧光	矿物包裹体、气液包裹体，两组完全解理
托帕石 (黄玉)	玻璃光泽	非均质体 斜方晶系 B+	1.619~1.627 (±0.010)	0.008~0.010		3.53(±0.04)	8	无至中	气液包裹体、两相三相包裹体，互不混溶液体包裹体、矿物包裹体、负晶、猫眼效应(稀少)
葡萄石	玻璃光泽	非均质集合体	1.616~1.649 (+0.016, -0.031) 1.63(点)	0.020~0.035 集合体不可测		2.80~2.95	6~6.5	无	纤维状结构，放射状排列，438 nm 弱吸收带
异极矿	玻璃光泽，解理面具珍珠光泽	非均质体 斜方晶系 B+ 或非均质集合体	1.616~1.634	0.022 集合体不可测		3.40~3.50	4.5~5		纤维状结构，葡萄状，肾状，放射状集合体
磷铝锂石	玻璃光泽	非均质体 三斜晶系 B±	1.612~1.636 (-0.034)	0.020~0.027		3.02 (±0.04)	5~6	LW弱绿色及浅蓝色磷光(长、短波)	似脉状液体包裹体，平行解理方向的云状物

续表 8-1

名称	光泽	光性特征与晶系	折射率	双折射率	色散	密度 (g/cm^3)	摩氏硬度	荧光	放大检查及其他
软玉	玻璃光泽、油脂光泽	非均质集合体	1.606~1.632 (+0.009, -0.006) 1.60~1.61(点)	不可测（偶尔可测得）		2.95 (+0.15, -0.05)	6~6.5	无	纤维交织结构，黑色固体包裹体、矿包裹体
磷铝钠石	玻璃光泽	非均质体 单斜晶系 B^+	1.602~1.621 (±0.003)	0.019~0.021		2.97 (±0.03)	5~6	无	气液包裹体、矿包裹体
羟硅硼钙石	玻璃光泽	非均质集合体	1.586~1.605 (±0.003)1.59(点)	0.019 集合体不可测		2.58 (-0.13)	3~4	LW褐黄; SW弱至中橙	深灰色或黑色蛛网状脉
绿柱石	玻璃光泽	非均质体 六方晶系 U^-	1.577~1.583 (±0.017)	0.005~0.009	0.014	2.72 (+0.18, -0.05)	7.5~8	无至弱、黄或粉色	矿物包裹体、气液两相包裹体、管状包裹体
独山玉	玻璃光泽	非均质集合体	1.560~1.700	不可测		2.70~3.09 一般为2.90	6~7		粒状结构
蛇纹石玉	蜡状光泽至玻璃光泽	非均质集合体	1.560~1.570 (+0.004, -0.070)	不可测		2.57 (+0.23, -0.13)	2.5~6	无，有时微弱绿色	叶片状、纤维状交织结构，黑色矿物、白色絮状物
拉长石	玻璃光泽	非均质体 三斜晶系 B^+	1.559~1.568 (±0.005)	0.009	0.012	2.70 (±0.05)	6~6.5	无至弱	矿物包裹体、双晶纹、解理、黑色矿物、月光效应、日光效应、猫眼效应等
方柱石	玻璃光泽	非均质体 四方晶系 U^-	1.550~1.564 (+0.015, -0.014)	0.004~0.037	0.017	2.60~2.74	6~6.5	可有粉色到橙色荧光	平行管状包裹体、气液两相包裹体、矿物包裹体，负低突起

续表 8-1

名称	光泽	光性特征与晶系	折射率	双折射率	色散	密度 (g/cm³)	摩氏硬度	荧光	放大检查及其他
水晶	玻璃光泽	非均质体 三方晶系 U+	1.544~1.553	0.009	0.013	2.66 (+0.03,-0.02)	7	无	矿物包裹体、气液包裹体，两相包裹体、三相包裹体等
石英岩玉	玻璃光泽	非均质集合体	1.544~1.553 1.54(点)	不可测		2.64~2.71	7	无	粒状结构
骨料	蜡状光泽	无机成分：隐晶质集合体；有机成分：非晶质	1.54±			2.00	2.75	弱至强，蓝白或紫蓝	空心管状构眼，有骨髓、鬓眼，横切面哈弗纹；纵切面近平行的直线纹理
象牙	油脂光泽至蜡光泽	无机成分：隐晶质集合体；有机成分：非晶质	1.535~1.540 1.54(点)			1.70~2.00	2~3	弱至强，蓝白或紫蓝	细腻、致密，横切面勒兹纹；纵切面近平行的直线纹理
玉髓	油脂至玻璃光泽	隐晶质集合体	1.535~1.539 1.53或1.54(点)	0.002		2.60 (+0.10,-0.05)	6.5~7	通常无	隐晶质结构
鱼眼石	玻璃光泽至珍珠光泽	非均质体 四方晶系 U⁻	1.535~1.537			2.40 (±0.10)	4~5	LW 无至弱、浅黄色	气液包裹体
贝壳	油脂光泽至珍珠光泽	无机成分：非晶质集合体；有机成分：非晶质	1.530~1.685	不可测		2.86 (+0.03,-0.16)	3~4	因种类而异	层状结构，叠复层结构

续表 8-1

名称	光泽	光性特征与晶系	折射率	双折射率	色散	密度 (g/cm³)	摩氏硬度	荧光	放大检查及其他
天然珍珠	珍珠光泽	有机成分：非均质集合体；无机成分：非均质	1.530~1.685	不可测		海水珠：2.61~2.85 淡水珠：2.66~2.78	2.5~4.5	无至强	同心放射层状结构，表面"砂丘纹"
钠长石	玻璃光泽	非均质体 三斜晶系	1.527~1.542	0.005~0.010	0.12	2.60~2.63	6~6.5	无至弱	矿物包裹体，双晶纹，解理，月光，晕色
歪长石	玻璃光泽	非均质体 三斜晶系	1.522~1.536	0.005~0.007	0.12	2.55~2.62	6~6.5	无至弱	矿物包裹体，双晶纹，解理，月光，晕色，猫眼效应
微斜长石	玻璃光泽	非均质体 三斜晶系	1.518~1.530	0.005~0.008	0.12	2.55~2.63	6~6.5	无至弱	矿物包裹体，格子状双晶，月光，猫眼效应
冰长石	玻璃光泽	非均质体 单斜晶系	1.518~1.531		0.12	2.55~2.63	6~6.5	无至弱	矿物包裹体，月光，晕色
透长石	玻璃光泽	非均质体 单斜晶系	1.518~1.531	0.005~0.008	0.12	2.56~2.62	6~6.5	无至弱	矿物包裹体，气液包裹体，月光，猫眼效应
正长石	玻璃光泽	非均质体 单斜晶系	1.518~1.533	0.005~0.008	0.12	2.55~2.63	6~6.5	无至弱	矿物包裹体，双晶纹，解理，月光，星光，日光，猫眼，晕色
白云石	玻璃光泽至珍珠光泽	非均质体或集合体	1.505~1.743	0.179~0.184 集合体不可测		2.86~3.20	3~4	橙、蓝、绿、绿白	单晶体可见三组完全解理；集合体粒状结构
养殖珍珠	珍珠光泽	无机成分：非均质集合体；有机成分：非均质	1.500~1.685 多为1.53~1.56	不可测		海水珠：2.72~2.78 淡水珠多低于淡水天然珍珠	2.5~4	无至强	珠核可呈平行层状，无核珠可有韧腰等，表面具"砂丘纹"

续表 8-1

名称	光泽	光性特征与晶系	折射率	双折射率	色散	密度 (g/cm³)	摩氏硬度	荧光	放大检查及其他
仿珍珠	似珍珠光泽					1.50~3.18	2~5		无"砂丘纹",有温感
方解石(冰州石)或大理石	玻璃光泽至油脂光泽	非均质体或非均质集合体	1.486~1.658	0.172 集合体不可测		2.70(±0.05)	3	多变	三组完全解理;集合体粒状结构等
珊瑚	蜡状光泽至玻璃光泽	无机成分:隐晶质集合体;有机成分:非晶质	1.486~1.658	不可测		2.65 (±0.05)	3~4	无至弱	横切面:同心纹、放射纹;纵切面:平行波状纹
玻璃	玻璃光泽	均质体非晶质体	1.47~1.700 最高可达 1.95		0.01~0.40	2.20~6.30	5~6	弱至强,一般短波比长波强	含有气泡,多呈球形,也可呈圆形、拉长形,甚至管状、流动线构造,易刻划、磨损
塑料	蜡状光泽玻璃光泽	均质体非晶质体	1.460~1.700			1.05~1.55	1~3	无至强	气泡,流动线,易刻划,磨损,热针熔化有异味
欧泊	玻璃光泽树脂光泽	均质体非晶质体	1.450 (+0.020,-0.080)			2.15 (+0.08,-0.90)	5~6	弱到中,可有磷光	变彩效应,色斑边界平且目致模糊,彩片具平行纹(丝绢状外观)
合成欧泊	玻璃光泽至树脂光泽	均质体非晶质体	1.43~1.47			1.97~2.20	4.5~6	弱至强无磷光	变彩效应,色斑呈镶嵌状结构,边缘呈锯齿状,彩片(色斑)内有蜥蜴皮(蜂巢)结构
萤石	玻璃光泽至亚玻璃光泽	均质体等轴晶系	1.434 (±0.001)		0.007	3.18 (+0.07,-0.18)	4	一般具强荧光,可具磷光	四组完全解理,两相或三相包裹体

石的鉴别;红宝石与其他红色宝石鉴别中,最易与红宝石混淆的是红色石榴石。红色尖晶石与红色石榴石的鉴别也经常出现问题,应充分注意。

在红色玉石中,应该注意,红色翡翠与红色软玉(糖玉)、红色独山玉、红色东陵石、红色岫玉的鉴别,粉红色的菱锰矿与粉红色的蔷薇辉石的鉴别。

有机宝石中,应该注意,红珊瑚与染色珊瑚的鉴别以及红珊瑚与仿珊瑚的鉴别。

红色系列珠宝玉石特征见表8-2。

3. 蓝色系列珠宝玉石的鉴定

在蓝色系列珠宝玉石鉴定中,单晶质(可含双晶)宝石重点是蓝宝石。蓝宝石与其他蓝色珠宝玉石,依据折射率、密度、光性特征等一般不难鉴别。需要注意的是蓝宝石与合成蓝宝石(焰熔法和助熔剂法)的鉴别,其中重点掌握蓝宝石与焰熔法合成蓝宝石的鉴别。珠宝市场中的蓝宝石品种还有拼合蓝宝石、扩散蓝宝石,均须注意鉴别。此外,容易出现问题的有蓝色尖晶石与蓝色合成尖晶石、蓝晶石与蓝色尖晶石、蓝黄玉与海蓝宝石等。

在蓝色玉石中,青金石与方钠石、青金石与合成青金石、绿松石与合成绿松石的鉴别应重点掌握。另外,蓝木变石有时会与青金石混淆,应予以注意。

蓝色系列珠宝玉石特征见表8-3。

4. 绿色系列珠宝玉石的鉴定

祖母绿的鉴定和翡翠的鉴定是绿色系列珠宝玉石鉴定中应该重点掌握的问题。

祖母绿与其他绿色珠宝玉石,依据折射率、双折射率、密度、光性特征等不难鉴别。在祖母绿的鉴定中,天然祖母绿与合成祖母绿的鉴定,重点掌握祖母绿与水热法祖母绿的鉴别(珠宝市场上目前合成祖母绿主要是水热法生产的)。祖母绿的优化处理的鉴别需注意,注无色油属优化;浸有色油属处理。注绿色油的祖母绿放大观察可见到裂隙中残存有油的颜色,应定名为祖母绿(处理)。

在翡翠的鉴定中,翡翠与其他绿色珠宝玉石的鉴别一般不会存在问题。易与翡翠混淆的是绿色水钙铝榴石。后者折射率、密度大多数情况下均大于翡翠,并且在查尔斯滤色镜下变红,而绿色翡翠不变色(染色的绿色翡翠有的可能在查尔斯滤色镜下变红,但是具丝网状绿)。翡翠鉴定中的重点问题是优化处理翡翠的鉴别。染色翡翠一般较易鉴别,但是充填翡翠(包括强酸碱浸泡而未充胶的B货翡翠)鉴别起来难度很大,有些特征明显,有些不易鉴别。镀膜翡翠一般也较容易鉴别。

此外,容易出现问题的有:橄榄石与铬透辉石,黄绿、绿色的蓝宝石与金绿宝

表8-2 红色系列珠宝玉石特征表

名称	颜色	光性特征与晶系	折射率	双折射率	密度 (g/cm³)	多色性	摩氏硬度	紫外荧光	放大观察及其他特征
合成金红石	橙红色	非均质体 四方晶系 U+	2.616~2.903	0.287	4.26 (+0.03,-0.03)	二色性很弱	6~7	无	强重影,洁净,偶见气泡
钻石	多为粉红色,也有紫红色等	均质体 等轴晶系	2.417	无	3.52 (±0.01)	无	10	无至强	矿物包裹体,云状物,点状物,生长纹,解理,原始晶面,棱线锋利,热导仪测试发出蜂鸣声
合成钻石	粉红色	均质体 等轴晶系	2.417	无	3.52 (±0.01)	无	10	LW无; SW无至中	色带,尘埃状微粒,金属包裹体,黑色包裹体,四边形生长纹,热导仪测试发出蜂鸣声
闪锌矿	红色	均质体 等轴晶系	2.37~2.43	无	3.90~4.10	无	3.5~4	惰性,有时桔红色荧光	完全解理,具651 nm强,667 nm弱,690 nm吸收线
合成立方氧化锆	粉红色,橙红色	均质体 等轴晶系	2.15 (+0.030)	无	5.80 (±0.20)	无	8.5		洁净,可含气泡,面包渣状物
锆石	浅红色、橙红色	非均质体 四方晶系 U+	高型1.925~1.984 (±0.040) 中型1.875~1.905 (±0.030)	高型,0.040~0.060; 中型,0.010~0.040	高型,4.60~4.80; 中型,4.10~4.60	二色性中,紫红/紫褐	6~7.5	无至强,黄,橙	重影,矿物包裹体,絮状包裹体,红色锆石在吸收光谱中经常设有可见谱线
白钨矿	红色、橙红色	非均质体 四方晶系 U+	1.920~1.937	0.017	5.80~6.20	弱二色性	4.5~5	SW蓝或黄色荧光	在黄区、绿区,特别在584 nm处设有弱纹线

续表 8-2

名称	颜色	光性特征与晶系	折射率	双折射率	密度 (g/cm³)	多色性	摩氏硬度	紫外荧光	放大观察及其他特征
榍石	红色（少见）	非均质体 单斜晶系 B+	1.900~2.034 (±0.020)	0.100~0.135	3.52 (±0.02)	二色性	5~5.5	无	指纹状包裹体，矿物包裹体，双晶，重影清晰，有时见580 nm双线
人造钇铝榴石	粉红色	均质体 等轴晶系	1.833 (±0.010)	无	4.50~4.60	无	8	无	洁净，偶见气泡
锰铝榴石	橙红色、橙色	均质体 等轴晶系	1.810 (+0.004,−0.020)	无	4.15 (+0.05)(−0.03)	无	7~8	无	波浪状、不规则状和浑圆状晶体包裹体，410 nm,420 nm,430 nm线,460 nm,480 nm,520 nm带,有时可有504 nm,573 nm线
铁铝榴石	橙红色、紫红色至褐红色、色调较暗	均质体 等轴晶系	1.790 (±0.030)	无	4.05 (+0.25)(−0.12)	无	7~8	，	针状矿物，浑圆状矿物包裹体，锆石放射晕圈，504 nm,520 nm,573 nm强带,423 nm,460 nm,610 nm,680~690 nm弱线
红宝石	红、橙红、褐红、紫红、粉红色等	非均质体 三方晶系 U−	1.762~1.770 (+0.009,−0.005)	0.008~0.010	4.00 (±0.05)	二色性 强,紫红/橙红等	9	LW弱至强，红、橙红；SW无至中,粉红、紫红,少数强红	晶体包裹体,负晶,气液包裹体,指纹状包裹体,针状矿物包裹体,双晶纹,六边形或平直生长色带。694 nm,692 nm,668 nm,659 nm带,620~540 nm带,476 nm,475 nm强线,468 nm弱线,紫光区吸收

续表 8-2

名称	颜色	光性特征与晶系	折射率	双折射率	密度 (g/cm³)	多色性	摩氏硬度	紫外荧光	放大观察及其他特征
合成红宝石	红、橙红、紫红、粉红色	非均质体 三方晶系 U⁻	1.762~1.770 (+0.009, −0.005)	0.008~0.010	4.00 (±0.05)	二色性 强，紫红/橙红等	9	LW 强，红、橙红；SW 中至强，红、粉红、粉白	焰熔法：气泡、弧形生长纹；助熔剂法：助熔剂包裹、铂金片等；水热法：树枝状生长纹、钉状包裹体、气液包裹体、铂金片等
扩散红宝石	红色	非均质体 三方晶系 U⁻	1.762~1.770 (+0.009, −0.005)	0.008~0.010	4.00 (±0.05)	模糊，有时黄/棕黄	9	SW 可有斑块状蓝白色磷光，扩散处理者无或极弱或液绿色荧光	具红宝石内含物特征；具热处理特征，红色多集中于腰围、面棱及开放裂隙中，铍扩散处理区无络谱，只显黄绿区宽吸收带，其他谱线不典型
染色红宝石	红色、紫红色	非均质体 三方晶系 U⁻	1.762~1.770 (+0.009, −0.005)	0.008~0.010	4.00 (±0.05)	无或弱	9	无至弱，染料引起特珠荧光，凹陷中可有异常，如黄-橙红	具红宝石中干列隙、裂理，染料集中干列隙、裂理、凹陷中，吸收光谱可有异常
充填红宝石	红色	非均质体 三方晶系 U⁻	1.762~1.770 (+0.009, −0.005)	0.008~0.010	4.00 (±0.05)	二色性	9	充填物荧光惰性或具灰色也可具蓝色荧光	具红宝石内含物；充填物光泽、颜色与红宝石有差异，裂隙中残留有气泡或空洞

续表 8-2

名称	颜色	光性特征与晶系	折射率	双折射率	密度(g/cm³)	多色性	摩氏硬度	紫外荧光	放大观察及其他特征
拼合红宝石	红色	非均质体 三方晶系 U⁻	1.762~1.770 (+0.009, -0.005)	0.008~0.010	4.00 (±0.05)	某些方向无法观察到二色性	9	红、橙红	顶部天然内含物；底部熔熔法合成内含物特征，可见拼合缝；拼合面残留有气泡
红榴石（铁镁铝榴石）	红色	均质体 等轴晶系	1.760 (+0.010, -0.020)	无	3.84 (±0.10)	无	7~8	无	针状矿物、浑圆状包裹体
变石	白炽灯下褐红、紫红色；日光下黄绿、灰绿至蓝绿色	非均质体 斜方晶系 B⁺	1.746~1.755 (+0.004, -0.006)	0.008~0.010	3.73 (±0.02)	三色性强，绿/橙黄/紫红	8~8.5	LW 无至中、红，SW 无至中、紫红	指纹状包裹体、丝状矿物包裹体
合成变石	白炽灯下褐红至紫，日光下绿色	非均质体 斜方晶系 B⁺	1.746~1.755 (+0.004, -0.006)	0.008~0.010	3.73 (±0.02)	三色性强，绿/橙/紫	8~8.5	红色荧光	助熔剂法：纱幔状熔剂、残余助熔剂、铂金片、平行生长纹；提拉法：针状包裹体、弯曲生长纹、区域熔炼法：气泡、漩涡结构
钙铝榴石	橙红色	均质体 等轴晶系	1.740 (+0.020, -0.010)	无	3.61 (+0.12, -0.04)	无	7~8	无	短柱状或浑圆状晶体包裹体
蔷薇辉石	粉红色、紫红色、褐红色	非均质集合体	1.733~1.747 (+0.010, -0.013) 1.73(点)含石英可低至1.54	不可测	3.50 (+0.26, -0.20)	集合体无	5.5~6.5	无	粒状结构，可见黑化锰或点状氧化锰，545 nm 吸收宽带，503 nm 吸收线

续表 8-2

名称	颜色	光性特征与晶系	折射率	双折射率	密度 (g/cm³)	多色性	摩氏硬度	紫外荧光	放大观察及其他特征
合成尖晶石	红色	均质体 等轴晶系	焰熔法 1.728 (+0.012,−0.008) 助熔剂法:1.718	无	3.64 (+0.02,−0.12)	无	8	焰熔法:红色;助熔剂法:LW强至紫红,浅橙红	焰熔法:气泡,弧形纹,料渣等,常为异常消光;助熔剂法:棕橙色至黑色助熔剂残余,单独或呈指纹状分布,铂金片
水钙铝榴石	粉红至红色	等轴晶系 均质集合体	1.720 (+0.010,−0.050)	无	3.47 (+0.08,−0.32)	无	7	无	含黑色点状物,463 nm 附近弱吸收(因含符山石)
塔菲石	粉红色,紫红	非均质体 六方晶系 U⁻	1.719~1.723 (±0.002)	0.004~0.005	3.61 (±0.01)	二色性	8~9	无至弱	矿物包裹体,气液包裹体,可有 458 nm 弱吸收带
尖晶石	红,橙红,粉红,紫红	均质体 等轴晶系	1.718 (+0.017,−0.008)	无	3.60 (+0.10,−0.03)	无	8	红,橙红	八面体负晶,矿物包裹体
镁铝榴石	橙红,红色	均质体 等轴晶系	1.714~1.742 常见:1.74	无	3.78 (+0.09,−0.16)	无	7~8	无	针状矿物,不规则和浑圆状晶体包裹体
黝帘石	粉红色	非均质体 斜方晶系 B⁺	1.691~1.700 (±0.005)	0.008~0.013	3.35 (+0.10,−0.25)	三色性	8	无	气液包裹体,矿物包裹体
翡翠	橙红,淡红,褐红,棕红色	非均质集合体	1.666~1.680 (±0.008) 1.66(点)	不可测	3.34 (+0.06,−0.09)	无	6.5~7	无	粒状变晶结构,风化作用形成褐铁矿、赤铁矿,进入粒间和裂隙中形成次生色

续表 8-2

名称	颜色	光性特征与晶系	折射率	双折射率	密度 (g/cm³)	多色性	摩氏硬度	紫外荧光	放大观察及其他特征
染色翡翠	橙红、褐红色等	非均质集合体	1.666~1.680 (±0.008) 1.66(点)	不可测	3.34 (+0.06, −0.09)	无	6.5~7	可有黄绿至橙红色荧光	粒状变晶结构,与天然红翡同样是颜色集中在晶粒边缘或裂隙中,但色泽均匀,外深内浅,光泽弱或蜡状发光泽,可有黄绿色或橙红色荧光
锂辉石	粉红色	非均质体 单斜晶系 B+	1.660~1.676 (±0.005)	0.014~0.016	3.18 (±0.03)	三色性	6.5~7	粉红至橙	气液包裹体,矿物包裹体,两组近正交的完全解理
硅铍石	浅红色	非均质体 三方晶系 U+	1.654~1.670 (+0.026, −0.004)	0.016	2.95 (±0.05)	二色性	7~8	无至弱,粉红、浅蓝或绿色荧光	矿物包裹体等
红柱石	红色	非均质体 斜方晶系 B+	1.636~1.648 (+0.001, −0.002)	0.012	4.50 (+0.10, −0.20)	三色性强	3~4	偶有荧光	气液两相包裹体,空晶石变晶呈碳质包裹物,两组完全解理
红柱石	粉红色	非均质体 斜方晶系 B−	1.634~1.643 (±0.005)	0.007~0.013	3.17 (±0.04)	三色性强	7~7.5	无至中	针状包裹体,空晶石变种为黑色碳质包裹物呈"十"字形分布
碳灰石	紫红、粉红色	非均质体 六方晶系 U−	1.634~1.638 (+0.012, −0.006)	0.002~0.008 多为0.003	3.18 (±0.05)	二色性弱	5~5.5		气液包裹体
赛黄晶	粉红色(偶见)	非均质体 斜方晶系 B−	1.630~1.636 (±0.003)	0.006	3.00 (±0.03)	三色性弱	7		气液包裹体,矿物包裹体

续表 8-2

名称	颜色	光性特征与晶系	折射率	双折射率	密度 (g/cm³)	多色性	摩氏硬度	紫外荧光	放大观察及其他特征
硅硼钙石	粉红色	非均质体 单斜晶系 或非均质集合体	1.626~1.670 (−0.004)	0.044~0.046 集合体不可测	2.95 (±0.05)	无	5~6	无至中	气液包裹体、重影
碧玺	玫瑰红、粉红色、红	非均质体 三方晶系 U−	1.624~1.644 (+0.011,−0.009) 通常 0.020	0.018~0.040	3.06 (+0.20,−0.060)	二色性中至强	7~8	弱红至紫	气液包裹体、管状包裹体、线状包裹体，矿物包裹体宽窄区宽带，有时可见 525 nm 窄带，451 nm 和 458 nm 线
菱锌矿	粉红色	非均质体 三方晶系 一轴晶负光性，常为非均质集合体	1.621~1.849	0.225~0.228 集合体不可测	4.30 (+0.15)	无	4~5	无至强	单晶具三组完全解理，强重影；集合体常呈放射状结构
黄玉	粉红、红色	非均质体 斜方晶系 B+	1.619~1.627 (±0.010)	0.008~0.010	3.53 (±0.04)	三色性，只能观测到二色性，浅红/橙红	8	无至中，橙－黄色荧光	气液包裹体、两相包裹体、两种或两种以上不混溶液体包裹体、矿物包裹体、负晶
软玉	红、橙红、褐红色	非均质集合体	1.606~1.632 (+0.009,−0.006) 1.60~1.61(点)	不可测	2.95 (+0.15,−0.05)	无	6~6.5	无	纤维交织结构或隐晶质结构，黑色矿物包裹体
菱锰矿	粉红色	非均质体 三方晶系 或非均质集合体	1.597~1.817 (±0.003)	0.220 集合体不可测	3.60 (+0.10,−0.15)	单晶中至强，二色性，橙黄色/橙红，集合体无	3~5	LW 无至中，粉红；SW 无至弱，红	可具层纹构造、块状构造、鲕粒结构，410 nm、450 nm、540 nm 弱吸收带

续表 8-2

名称	颜色	光性特征与晶系	折射率	双折射率	密度(g/cm³)	多色性	摩氏硬度	紫外荧光	放大观察及其他特征
绿柱石	粉红、红色	非均质体 六方晶系 U-	1.577~1.583 (±0.017)	0.005~0.009	2.72 (+0.18,-0.05)	二色性弱至中，浅红/紫红	7.5~8	无至弱，粉红或紫	矿物包裹体，气液两相包裹体或管状包裹体
合成绿柱石	红、粉红色	非均质体 六方晶系 U-	1.568~1.572 (助熔剂法) 或1.575~1.581 (水热法)	0.004~0.006	2.65~2.73	红色者具强二色性，橙红/紫红	7.5~8	惰性	助熔剂法：助熔剂残余、铂金片、硅铍石晶体、钒金片、种晶片、平行线状管状两相包裹体具585 nm, 560 nm线, 545 nm带, 530 nm, 500 nm弱带, 435~465 nm宽带 水热法：树枝状生长纹、钉状包裹体、硅铍石晶体、种晶片、平行生长面
独山玉	粉红色	非均质集合体	1.560~1.700	不可测	2.70~3.09 一般为2.90	不可测	6~7	无至弱	粒状结构，色杂，常见色斑
蛇纹石玉	褐红、棕红色	非均质集合体	1.560~1.570 (+0.004,-0.070)	不可测	2.57 (+0.23,-0.13)	不可测	2.5~6	惰性	含黑色矿物絮状物，隐晶质结构或叶片状、纤维交织结构
寿山石	红、粉红、紫红、大红、褐红色	非均质多种矿物集合体	1.56(点)	不可测	2.50~2.70	不可测	2~3	通常无	隐晶质结构、细晶结构、显微鳞片变晶结构，某些具"萝卜纹"构造
鸡血石	鲜红、朱红、暗红色	非均质多种矿物集合体	"地":1.56(点) "血":>1.81	不可测	2.53~2.68 平均为2.61	不可测	2~3	不特征	血呈微细粒状或呈细片成片状或呈零星分布于"地"中

续表 8-2

名称	颜色	光性特征与晶系	折射率	双折射率	密度 (g/cm³)	多色性	摩氏硬度	紫外荧光	放大观察及其他特征
方柱石	粉红、紫红色	非均质体 四方晶系 U⁻	1.550~1.564 (+0.015,−0.014)	0.004~0.037	2.60~2.74	二色性中至强,蓝/蓝紫红	6~6.5	无至强	矿物包裹体、气液包裹体、负晶、平行管状、针状包裹体等
芙蓉石	粉红色	非均质体 三方晶系 U⁺	1.544~1.553	0.009	2.66 (+0.03,−0.02)	弱	7	无	矿物包裹体、气液包裹体等
石英岩玉	褐红、橙红色	非均质集合体	1.544~1.553 1.54(点)	不可测	2.64~2.71	不可测	7	无	粒状结构,含褐铁矿、赤铁矿
硅化木	红色	无机物: 隐晶质集合体; 有机物: 非晶质体	1.544~1.553 1.54或1.53(点)	不可测	2.50~2.91	无	7	一般无	木质纤维状结构,木纹
金顶红(含辰砂的玉髓)	"血":红色 "地":米白色	"地":隐晶质集合体 "血":非晶质体	"地":1.54(点) "血":>1.81	不可测	2.70±	无	6~7	无	玉髓(地)隐晶质结构,辰砂(血)粒状、浸染状或斑片状分布
玉髓(玛瑙)	橙红、红色	隐晶质集合体	1.535~1.539 1.54(点)	不可测	2.60 (+0.10,−0.05)	无	6.5~7	无	隐晶质结构,玛瑙具条带构造
鱼眼石	粉红色	非均质体 四方晶系 U⁻	1.535~1.537	0.002	2.40 (±0.10)	二色性弱	4~5	无至弱	气液包裹体,一组完全解理

续表 8-2

名称	颜色	光性特征与晶系	折射率	双折射率	密度 (g/cm³)	多色性	摩氏硬度	紫外荧光	放大观察及其他特征
贝壳	粉红色	无机成分：非均质集合体；有机成分：非晶质	1.530～1.685	0.155 集合体不可测	2.86 (+0.03,−0.16)	无	3～4	因种类而异	层状结构，叠复层结构，"火焰状"结构
天然珍珠	粉红色	无机成分：非均质集合体；有机成分：非晶质	1.530～1.685	不可测	海水珠：2.61～2.85 淡水珠：2.66～2.78 很少超过 2.74	不可测	2.5～4.5	无至强	同心放射层状结构，表面具"砂丘纹"
青田石	粉红、橙红、红、褐红色	非均质集合体	1.53～1.60	不可测	2.65～2.90	不可测	1～1.5	不特征	致密块状，可含有蓝色、白色斑点等
养殖珍珠	粉红色	无机成分：非均质集合体；有机成分：非晶质	1.500～1.685 多为 1.53～1.56	不可测	海水养殖珍珠：2.72～2.78 淡水养殖珍珠低于天然淡水珠	不可测	2.5～4	无至强	有核珍珠具核层结构，珠核呈平行层状；无核珠具勒腰等，表面具"砂丘纹"
珊瑚	粉红色、深红色	无机成分：非均质集合体；有机成分：非晶质	1.486～1.658	不可测	2.65 (±0.05)	不可测	3～4	无至弱，白色	横切面、同心纹，放射状纹，纵切面平行波状丘纹

续表 8-2

名称	颜色	光性特征与晶系	折射率	双折射率	密度 (g/cm³)	多色性	摩氏硬度	紫外荧光	放大观察及其他特征
玻璃	粉红、红色等	均质体，非晶质，常有任意偏光反应	1.470~1.700 可达1.95	无	2.20~6.30	无	5~6	弱至强，一般短波强于长波	含有气泡，多呈球形、椭圆形、拉长形，也可呈管状，流动线构造，易被刻划磨损
塑料	红、橙红色等	均质体，非晶质	1.460~1.700	无	1.05~1.55	无	1~3	无至强	气泡，流动线，浑圆状刻面棱线
萤石	粉红色	均质体，等轴晶系	1.434 (±0.001)	无	3.18 (+0.07,-0.18)	无	4	强，可具磷光	色带，两相或三相包裹体，解理呈三角形发育
火欧泊	红、橙红色	均质体，非晶质	1.42~1.43 可低至1.37	无	2.15 (+0.08,-0.90)	无	5~6	无至中，绿色，可有磷光	无变彩或少量变彩

表 8-3 蓝色系列珠宝玉石特征表

名称	颜色	光性特征与晶系	折射率	双折射率	密度 (g/cm³)	多色性	摩氏硬度	紫外荧光	放大观察及其他特征
合成金红石	蓝色	非均质体 四方晶系 U+	2.616~2.903	0.287	4.26	二色性	6~7	无	强重影,一般洁净,偶见气泡,430 nm以下全吸收
钻石	浅至深的蓝色,灰蓝色	均质体 等轴晶系	2.417	无	3.52 (±0.01)	无	10	无至强	矿物包裹体,云状物,点状物,生长纹,解理,原始晶面等,棱线锋利,热导仪测试发出蜂鸣声,具导电性(灰蓝色者不含B,而含H,不导电)
合成钻石	蓝色	均质体 等轴晶系	2.417	无	3.52 (±0.01)	无	10	无至中	尘埃状微粒,金属包裹体,黑色包裹体,四边形生长纹,热导仪测试发出蜂鸣声
合成立方氧化锆	蓝色	均质体 等轴晶系	2.15 (+0.030)	无	5.80 (±0.20)	无	8.5		通常洁净,可有气泡,面包渣状物
锆石	蓝色	非均质体 四方晶系 U+	1.925~1.984 (±0.040)	0.059	4.60~4.80	二色性强,蓝/棕黄至无色	6~7.5	LW无至中,浅蓝;SW无	愈合裂隙,矿物包裹体,重影明显,可有653.5 nm吸收线,及655 nm弱线
人造钇铝榴石	浅蓝、蓝色	均质体 等轴晶系	1.833 (±0.010)	无	4.50~4.60	无	8		洁净,偶见气泡,浅蓝色600~700 nm多条吸收线

续表 8-3

名称	颜色	光性特征与晶系	折射率	双折射率	密度(g/cm³)	多色性	摩氏硬度	紫外荧光	放大观察及其他特征
蓝宝石	浅蓝、海蓝、蓝、灰蓝、深蓝、带黑紫色调的蓝色	非均质体 三方晶系 U⁻	1.762~1.770 (+0.009, −0.005)	0.008~0.010	4.00 (+0.10, −0.05)	二色性 蓝/蓝绿等	9	一般无	矿物包裹体、丝状、针状矿物包裹体、指纹状包裹体，气液包裹体，两相包裹体，色带，双晶纹，裂理，特征吸收线，还可附有 451.5 nm 铁线，470 nm 弱线，可有星光效应，变色效应
合成蓝宝石	蓝色	非均质体 三方晶系 U⁻	1.762~1.770 (+0.009, −0.005)	0.008~0.01	4.00 (+0.010, −0.05)	二色性 蓝/绿蓝	9	LW 无；SW 弱中，蓝白或黄绿色	焰熔法：弧形生长纹，气泡，面包渣状物，无铁线，有星光效应；助熔剂法：助熔剂残余物，铂金片等，仅有 450 nm 弱线
扩散蓝宝石	蓝、灰蓝、紫蓝色等	非均质体 三方晶系 U⁻	1.762~1.770 (+0.009, −0.005)	0.008~0.010	4.00 (+0.010, −0.05)	二色性 无至弱	9	SW 白至或绿色 LW 蓝或橙色	具天然蓝宝石内含物特征；具热处理特征；围岩坑，裂隙处颜色集中（Co扩散处理者具中 Co 吸收谱）
拼合蓝宝石	蓝-深蓝色	非均质体 三方晶系 U⁻	1.762~1.770 (+0.009, −0.005)	0.008~0.010	4.00 (+0.010, −0.05)	可无多色性	9	拼合石下部合成部分可有发光	具拼合缝，拼合面处残留气泡，上部具天然蓝宝石内含物特征，下部具合成蓝宝石特征
蓝锥矿	蓝色	非均质体 六方晶系 U⁺	1.757~1.804	0.047	3.68 (+0.01, −0.07)	强 二色性 蓝/无色	6~7	LW 无；SW 强蓝白	色带，重影

续表 8-3

名称	颜色	光性特征与晶系	折射率	双折射率	密度 (g/cm³)	多色性	摩氏硬度	紫外荧光	放大观察及其他特征
蓝铜矿	天蓝-深蓝、深蓝色	非均质体 单斜晶系	1.730~1.838	0.108	3.70~3.90	三色性	3.5~4	惰性	强双影,性脆
合成尖晶石	浅至深蓝色	均质体 等轴晶系	1.728 (+0.012,-0.008)	无	3.64 (+0.02,-0.12)	无	8	LW 弱至强,红、紫红橙红色;SW 弱至强,蓝白或斑杂蓝色、红至红紫色	熔融法:气泡、弧形生长纹,面包渣状物,深蓝色者:550 nm 强带,570~600 nm 强带,625~650nm带;助熔剂法:助熔剂残余,铂金片
塔菲石	蓝色	非均质体 六方晶系 U-	1.719~1.723 (±0.002)	0.004~0.005	3.61 (±0.01)	二色性	8~9	无至弱	矿物包裹体,气液包裹体,可有 458 nm 弱带
尖晶石	蓝色	均质体 等轴晶系	1.718 (+0.017,-0.008)	无	3.60 (+0.10,-0.03)	无	8		八面体负晶,矿物包裹体,460 nm 强带,430~435 nm,480 nm,550 nm,656~575 nm,590 nm,625 nm 带
蓝晶石	浅至深蓝色	非均质体 三斜晶系 B-	1.716~1.731 (±0.004)	0.012~0.017	3.68 (+0.01,-0.12)	三色性 中,无色/深蓝/紫蓝	平行C轴 4~5,垂直C轴 6~7	LW 弱红;SW 无	矿物包裹体,解理,色带 435 nm,445 nm 带
符山石	浅蓝至蓝绿色	非均质体 四方晶系 U±	1.713~1.718 (+0.003,-0.013) 1.71(点)	0.001~0.012	3.40 (+0.10,-0.15)	二色性 无至弱	6~7	无	气液包裹体,464 nm,528.5 nm 弱线

续表 8-3

名称	颜色	光性特征与晶系	折射率	双折射率	密度 (g/cm³)	多色性	摩氏硬度	紫外荧光	放大观察及其他特征
坦桑石	蓝、紫、蓝色	非均质体斜方晶系 B+	1.691~1.700 (±0.005)	0.008~0.013	3.35 (+0.10,-0.25)	三色性强,蓝/紫红/绿黄	8	无	气液包裹体,矿物包裹体,595 nm带,528 nm弱带
斧石	蓝色	非均质体三斜晶系 B+	1.678~1.688 (±0.005)	0.010~0.012	3.29 (+0.07,-0.03)	三色性	6~7	通常无	矿物包裹体,气液包裹体,412 nm,466 nm,512 nm吸收线
透辉石	浅绿-深绿、蓝绿	非均质体单斜晶系 B+	1.675~1.701 (+0.029,-0.010)	0.024~0.030	3.29 (+0.11,-0.07)	三色性	5~6	通常无	气液包裹体,纤维包裹体,矿物包裹体,两组近正交完全解理
翡翠	蓝色	非均质集合体	1.666~1.680 (±0.008) 1.66(点)	不可测	3.34 (+0.06,-0.09)	无	6.5~7	无至弱	粒状变晶结构等
锂辉石	蓝色,通常色调偏浅	非均质体单斜晶系 B+	1.660~1.676 (±0.005)	0.014~0.016	3.18 (±0.03)	三色性	6.5~7	惰性某些可有蓝色或白色荧光	气液包裹体,管状包裹体,矿物包裹体,两组近正交的完全解理
蓝线石	青蓝-绿蓝色	非均质体斜方晶系 B-	1.659~1.723	0.027~0.037	3.35	三色性强	7		双影,参差至贝壳状断口,偶见猫眼效应
矽线石	紫蓝至灰蓝色(稀少)	非均质体斜方晶系 B+	1.659~1.680 (+0.004,-0.006)	0.015~0.021	3.25 (+0.02,-0.11)	三色性强,无色/浅蓝/蓝	6~7.5	弱红色荧光	矿物包裹体,纤维状包裹体,一组完全解理

续表 8-3

名称	颜色	光性特征与晶系	折射率	双折射率	密度 (g/cm³)	多色性	摩氏硬度	紫外荧光	放大观察及其他特征
蓝柱石	蓝、绿蓝色	非均质体 单斜晶系 B+	1.652~1.671 (+0.006,-0.002)	0.019~0.020	3.08 (+0.04,-0.08)	三色性	7~8	无至弱	颜色环带,可见红色、蓝色板状包裹体 468 nm,455 nm 吸收带,红区、绿区有吸收
重晶石	蓝色	非均质体 斜方晶系 B+	1.636~1.648 (+0.001,-0.002)	0.012	4.50 (+0.10,-0.20)	无至弱	3~4	偶有荧光,弱和磷光,蓝或浅浅绿	气液两相包裹体,晶体包裹体,两组完全解理
磷灰石	蓝、浅蓝色	非均质体 六方晶系 U-	1.634~1.638 (+0.012,-0.006)	0.002~0.008 多为 0.003	3.18 (±0.05)	二色性强,蓝至黄至无色	5~5.5	蓝至浅蓝	气液包裹体,矿物包裹体,可有猫眼效应,有些见 580 nm 双线
电气石	蓝色	非均质体 三方晶系 U-	1.624~1.644 (+0.011,-0.009)	0.018~0.040 通常 0.020	3.06 (+0.20,-0.060)	二色性中至强	7~8	无	气液包裹体,管状,纤维状包裹体重影
菱锌矿	蓝色	非均质体 三方晶系或非均质集合体	1.621~1.849	0.225~0.228 集合体不可测	4.30 (+0.15)	二色性集合体不可测	4~5	无至强	单晶强双影,具组完全解理;集合体呈放射状结构
黄玉	浅蓝、蓝色	非均质体 斜方晶系 B+	1.619~1.627 (±0.010)	0.008~0.010	3.53 (±0.04)	三色性,除黄色者只观察到二色性	8	通常无	气液包裹体,矿物包裹体,负晶,两相、三相溶液体包裹体,不混溶液体包裹体

续表 8-3

名称	颜色	光性特征与晶系	折射率	双折射率	密度 (g/cm³)	多色性	摩氏硬度	紫外荧光	放大观察及其他特征
天蓝石	深蓝、紫蓝、蓝白、天蓝色	非均质体 单斜晶系 或非均质集合体	1.612~1.643 (±0.005)	0.031	3.09 (+0.08,−0.01)	三色性，暗紫蓝/浅蓝/无色，集合体不可测	5~6	无	块状集合体，可含有白色包裹体
磷铝锂石	蓝色	非均质体 三斜晶系 B±	1.612~1.636 (−0.034)	0.020~0.027	3.02 (±0.04)	三色性，弱	5~6	LW 弱绿磷光，蓝色	似脉状液体包裹体，两组完全解理，平行解理方向可见云状物
绿松石	中等蓝色、绿蓝色	非均质集合体	1.610~1.650 1.61(点)	不可测	2.76 (+0.14,−0.36)	无	5~6	LW 无至弱黄色，绿黄色，SW 无	常见暗色基质；黑色斑点或线状铁质或炭质物
合成绿松石	浅至中蓝色	非均质集合体	1.610~1.650 1.61(点)	不可测	2.76 (+0.14,−0.36)	无	5~6	LW 无至弱黄色，绿黄色，SW 无	麦乳效应（即浅色基底中见细小的蓝色微粒，蓝色丝绒状），人工加入的黑色网脉
海蓝宝石	浅（绿）蓝、浅蓝色	非均质体 六方晶系 U−	1.577~1.583 (±0.017)	0.005~0.009	2.72 (+0.18,−0.05)	二色性弱	7.5~8	无	气液包裹体、气液两相、三相包裹体，537、456 nm弱线，427 nm强线，可有猫眼效应
方柱石	蓝色	非均质体 四方晶系 U−	1.550~1.564 (+0.015,−0.014)	0.004~0.037	2.60~2.74	二色性弱至中	6~6.5	无至强	矿物包裹体、气液包裹体、负晶、平行管状包裹体、针状包裹体

续表 8-3

名称	颜色	光性特征与晶系	折射率	双折射率	密度 (g/cm³)	多色性	摩氏硬度	紫外荧光	放大观察及其他特征
石英岩玉	蓝色	非均质集合体	1.544~1.553 1.54(点)	不可测	2.64~2.71	无	7	无	粒状结构,含蓝线石
堇青石	带紫色调的蓝色	非均质体斜方晶系 B−	1.542~1.551 (+0.045,−0.011)	0.008~0.012	2.61 (±0.05)	二色性强,无至黄/蓝灰/深紫	7~7.5	无	气液包裹体、矿物包裹体、颜色分带,可有星光效应、猫眼效应、砂金效应(稀少)
玉髓(玛瑙)	蓝色	隐晶质集合体	1.535~1.539 或1.54(点)	不可测	2.60 (+0.10,−0.05)	无	6.5~7	无	隐晶质结构
青金石	深微绿蓝到紫蓝色	均质集合体	1.50± 因含方解石可达1.67	无	2.75 (±0.25)	无	5~6	LW 方解石发粉红色荧光; SW 弱中,绿或黄绿	粒状结构,常含方解石、黄铁矿
合成青金石	紫蓝色	均质集合体	1.50±	无	一般<2.45	无	5~6	无至弱	颜色均匀,含黄铁矿
火山玻璃	蓝色	均质体非晶质	1.490 (+0.020,−0.010)	无	2.40 (±0.10)	无	通常无	5~6	圆形同心纹,放射状构造,斑晶
蓝珊瑚	蓝、浅蓝色	无机成分:隐晶质集合体; 有机成分:非晶质	1.486~1.658	不可测	2.65 (±0.05)	无	无至弱	3~4	横切面同心纹,放射状纹,纵切面平行波状纹

续表 8-3

名称	颜色	光性特征与晶系	折射率	双折射率	密度 (g/cm³)	多色性	摩氏硬度	紫外荧光	放大观察及其他特征
玻璃	浅蓝、蓝色	均质体 非晶质	1.47～1.700 可大于1.81	无	2.30～4.50	无	弱至强，一般短波强于长波	5～6	气泡，表面洞穴，拉长的空管，流动线，浑圆状刻面，易被刻划磨损
塑料	蓝、浅蓝	均质体 非晶质	1.46～1.700	无	1.05～1.55	无	无至强	1～3	气泡，流动线，浑圆状刻面棱线
萤石	蓝色	均质体 等轴晶系	1.434 (±0.001)	无	3.18 (+0.07，−0.18)	无	一般具强荧光，可具磷光	4	色带，两相或三相包裹体，八面体解理

石,尖晶石与合成尖晶石、碧玺与磷灰石、矽线石与透辉石、马来玉(脱玻化玻璃)与染色石英岩、绿色钙铝榴石与铬透辉石、绿松石与合成绿松石等。

绿色珠宝玉石特征见表8-4。

5. 黄色、褐色系列珠宝玉石的鉴定

在黄色、褐色系列珠宝玉石的鉴定中,高折射率(RI>1.81)的宝石鉴别经常遇到的有锆石、榍石、锰铝榴石、钙铁榴石等。锆石与榍石的折射率值在折射仪上都无法读出(超出了折射仪的测试范围),但二者的光性特征不同,锆石为一轴晶,具有弱至中的二色性;而榍石为二轴晶,具有中至强的三色性(浅黄/褐橙/褐黄),此外,二者的密度不同,锆石密度一般为 4.70 g/cm^3 或 4.50 g/cm^3,而榍石密度为 3.52 g/cm^3,锆石具有 653.5 nm 特征吸收线(2～3 条或 8～9 条吸收线),榍石可具有 580 nm 双线(手持分光镜只见 580 nm 一条吸收线)。锰铝榴石与钙铁榴石为等轴晶系、均质体,无多色性可区别于锆石与榍石、锰铝榴石与钙铁榴石的折射率通常也无法用折射仪测得,锰铝榴石往往呈浅褐黄色,而钙铁榴石呈浅绿黄色,锰铝榴石密度为 4.15 g/cm^3,而钙铁榴石为 3.84 g/cm^3,锰铝榴石内含物为波浪状、不规则状和浑圆状晶体包裹体,而钙铁榴石常含"马尾状"包裹体,此外,还可参考吸收光谱加以鉴别。

珠宝市场中经常遇到的问题有黄色蓝宝石与黄色合成蓝宝石、黄水晶与黄色合成水晶的鉴别以及琥珀与仿琥珀及再造琥珀的鉴别。

此外,橄榄石与硼铝镁石,可依据双折射率、吸收光谱、密度进行鉴别;橄榄石与锂辉石以折射率、双折射率、吸收光谱、密度、解理进行鉴别;黄到黄褐色的黄玉,它的折射率值比无色或蓝色的黄玉要高些,黄色黄玉常见的折射率为 1.629 和 1.637,易与电气石混淆,但双折射率为 0.008,二轴晶正光性,密度为 3.53 g/cm^3,这些方面都不同于电气石。

黄色、褐色系列珠宝玉石特征见表8-5。

6. 常见紫色系列珠宝玉石的鉴定

常见紫色系列珠宝玉石中,重点掌握紫晶、紫色方柱石和紫色堇青石的鉴别。紫晶的折射率为1.544～1.553,双折射率 0.009,密度为 2.66 g/cm^3,较恒定;而紫色方柱石折射率为 1.536～1.541,双折射率 0.005,密度为 2.60 g/cm^3。此外,紫晶为一轴晶正光性;紫色方柱石为一轴晶负光性,并且紫色方柱石经常可以看到平行管状(针状)包裹体。堇青石的颜色为带蓝色调的紫色,二轴晶,具强三色性,浅紫/深紫/黄褐。

紫色的查罗石除密度、折射率等特征外,纤维状结构是其重要鉴定特征。

天然紫罗兰色的翡翠颜色多较浅淡、自然,注意与染成紫色的翡翠的鉴别。

表 8-4 绿色系列珠宝玉石特征表

名称	颜色	光性特征与晶系	折射率	双折射率	密度 (g/cm³)	多色性	摩氏硬度	紫外荧光	放大观察及其他特征
合成金红石	蓝绿	非均质体 四方晶系 U+	2.616~2.903	0.287	4.26 (+0.03,-0.03)	二色性	6~7	无	强重影,一般洁净,偶有气泡,430 nm以下全吸收
钻石	绿	均质体 等轴晶系	2.417	无	3.52 (±0.01)	无	10	无至强	矿物包裹体,云状物,点状物生长棱理,解理,原始晶面等棱线锋利,热导仪测试发出蜂鸣声,绿区504 nm吸收窄带
CZ	浅绿、深绿	均质体 等轴晶系	2.15 (+0.03)	无	5.80 (±0.20)	无	8.5	弱	通常洁净,可有气泡、面包渣状物
人造钇镓榴石	绿	均质体 等轴晶系	1.970 (+0.060)	无	7.05 (+0.04~-0.10)	无	6~7	弱	洁净,可含气泡或弯曲生长纹
绢石	绿	非均质体 单斜晶系 B+	1.900~2.034 (±0.020)	0.100~0.135	3.52 (±0.02)	三色性	5~5.5	无	强重影,指纹状包裹体,矿物包裹体,双晶
锆石（中、低型）	绿	非均质体 四方晶系 U+	中:1.875~1.905 (±0.030) 低:1.810~1.815 (±0.030)	中:0.010~0.040 低:0.010~0.001	中:4.10~4.60 低:3.90~4.10	很弱,绿/黄棕	6~7.5	一般无	平直分带现象,絮状包裹体,吸收线可多达40条,或653.5 nm宽吸收带
钙铬榴石	艳绿	均质体 等轴晶系	1.85 (±0.030)	无	3.75 (±0.03)	无	7~8	无	未知
人造钇铝榴石	绿色、黄绿色	均质体 等轴晶系	1.833 (+0.010)	无	4.50~4.60	无	8	黄绿色者:强黄光,可具磷光;绿色者:LW红,SW弱红	洁净,偶见气泡,可具变色效应

续表 8-4

名称	颜色	光性特征与晶系	折射率	双折射率	密度 (g/cm³)	多色性	摩氏硬度	紫外荧光	放大观察及其他特征
蓝宝石	蓝绿、绿、黄绿	非均质体 三方晶系 U−	1.762~1.770 (+0.009,−0.005)	0.008~0.010	4.00 (+0.10,−0.05)	二色性 黄绿/绿色	9	无或弱	矿物包裹体、气液包裹体、负晶、两相包裹体、指纹状包裹体、平直或六边形色带、双晶纹或450 nm 带或 450 nm, 460 nm, 470 nm 线
合成蓝宝石	绿	非均质体 三方晶系 U−	1.762~1.770 (+0.009,−0.005)	0.008~0.010	4.00 (+0.10,−0.05)	二色性 黄绿/绿色	9	LW 弱橙; SW 褐红	焰熔法:弧形生长纹、气泡、未熔残余物、助熔剂法:助熔剂残余、铂金片等
金绿宝石	黄绿、灰绿	非均质体 斜方晶系 B+	1.746~1.755 (+0.004,−0.006)	0.008~0.010	3.73 (±0.02)	三色性 弱至中 黄/绿/褐色	8~8.5	LW 无; SW 无至黄绿色	气液包裹体、矿物包裹体、平直纹等、双晶纹、445 nm 强强吸收带
合成金绿宝石	黄绿、灰绿	非均质体 斜方晶系 B+	1.746~1.755 (+0.004,−0.006)	0.008~0.010	3.73 (±0.02)	三色性 黄/绿/褐色	8~9	LW 无; SW 无至黄绿色	助熔剂残余、铂金片
变石	日光下:黄绿、褐绿、灰绿至蓝绿;灯光下:白至橙红、褐红至紫红	非均质体 斜方晶系 B+	1.746~1.755 (+0.004,−0.006)	0.008~0.010	3.73 (±0.02)	三色性 强,绿/橙黄/紫红	8~8.5	LW 无至中, 紫红色; SW 无至中, 紫红色	指纹状包裹体、丝状物, 680 nm, 678 nm 强线, 665 nm, 655 nm, 645 nm 弱线, 580 nm 和 630 nm 之间部分吸收带, 476 nm, 473 nm, 468 nm 三条弱线, 紫光区吸收,具变色效应

第八章 珠宝玉石综合鉴定实习

续表 8-4

名称	颜色	光性特征与晶系	折射率	双折射率	密度 (g/cm³)	多色性	摩氏硬度	紫外荧光	放大观察及其他特征
合成变石	日光下：蓝绿；白炽灯下：褐红至紫红色	非均质体 斜方晶系 B+	1.746~1.755 (+0.004,-0.006)	0.008~0.010	3.73 (±0.02)	三色性强：绿/橙/紫红色	8.5	LW 中至强红；SW 中至强红	助熔剂法：助熔剂残余、铂金片、平行长纹、提拉法：针状包裹体、弯曲生长纹；区域熔炼法：气泡、涡漩结构。吸收光谱同变石
猫眼	黄绿，灰绿色	非均质体 斜方晶系 B+	1.746~1.755 (+0.004,-0.006)	0.008~0.010	3.73 (±0.02)	三色性弱：黄/黄绿/橙色	8~8.5	无 变石猫眼呈弱至中红色	大量丝状金红石包裹体，或管状包裹体、针状包裹体等，具变色效应。445 nm强吸收带
变色石榴石	浅至深绿色	均质体 等轴晶系	1.79~1.814 或1.74	无	3.78 (+0.09,-0.16) 或4.15 (+0.05,-0.03)	无	7~8	无	针状矿物包裹体、浑圆状矿物包裹体等，具变色效应
钙铝榴石	浅至深绿色	均质体 等轴晶系	1.740 (+0.020,-0.010)	无	3.61 (+0.12,-0.04)	无	7~8	可呈弱橙黄荧光	短柱或浑圆状晶体包裹体
绿帘石	浅至深黄绿色	非均质体 单斜晶系 B-	1.729~1.768 (+0.012,-0.035)	0.019~0.045	3.40 (+0.10,-0.15)	三色性强：绿/褐/黄色	6~7	一般无	气液包裹体、矿物包裹体，有时具445 nm强吸收带475 nm弱吸收带
合成尖晶石	浅至深绿、黄绿色	均质体 等轴晶系	1.728 (+0.012,-0.008)	无	3.64 (+0.02,-0.12)	无	8	LW 强，黄绿或紫红；SW 中至强，黄绿、绿白	熔熔法：洁净、偶见弧形生长纹；助熔剂法：助熔剂残余、铂金片，425 nm吸收带

续表 8-4

名称	颜色	光性特征与晶系	折射率	双折射率	密度 (g/cm³)	多色性	摩氏硬度	紫外荧光	放大观察及其他特征
水钙铝榴石	绿至蓝绿色	均质集合体	1.720 (+0.010,−0.050)	无	3.47 (+0.08,−0.32)	无	7	无	黑色点状包裹体,暗绿色460 nm以下全吸收,查尔斯滤色镜下呈粉红至红色
尖晶石	绿色	均质体 等轴晶系	1.718 (+0.017,−0.008)	无	3.60 (+0.10,−0.03)	无	8	LW无至中,橙至橙红色	八面体矿物包裹体,负晶,气液包裹体
蓝晶石	绿色	非均质体 三斜晶系 B−	1.716~1.731 (±0.004)	0.012~0.017	3.68 (+0.01,−0.12)	三色性	平行C轴 4~5, 垂直C轴 6~7		矿物包裹体,矿物包裹体,解理,色带 435 nm,445 nm
符山石	黄绿、绿色	非均质体 四方晶系 U+或U−	1.713~1.718 (+0.003,−0.013) 1.71(点)	0.001~0.012	3.40 (+0.10,−0.15)	无至弱 二色性	6~7	无	气液包裹体,464 nm线,528.5 nm弱线
黝帘石	黄、绿色	非均质体 斜方晶系 B+	1.691~1.700 (±0.005)	0.008~0.013	3.35 (+0.10,−0.25)	三色性强 暗蓝/黄绿/紫	8	无	气包裹体,矿物包裹体
透辉石	蓝绿至黄绿、绿色	非均质体 单斜晶系 B+	1.675~1.701 (+0.029,−0.010) 1.68±(点)	0.024~0.030	3.29 (+0.11,−0.07)	三色性弱至强	5~6	绿色者:LW绿,SW无	气液包裹体,纤维状包裹体,两组近正交完全解理,铬透辉石,505 nm线,635 nm,655 nm,670 nm线,690 nm双线
翡翠	绿色	非均质集合体	1.666~1.680 (±0.008) 1.66(点)	不可测	3.34 (+0.06,−0.09)	无	6.5~7	无至弱、白、绿、黄色	粒状变晶结构,437 nm线,铬致色,绿色翡翠具630 nm,660 nm,690 nm线

续表 8-4

名称	颜色	光性特征与晶系	折射率	双折射率	密度 (g/cm³)	多色性	摩氏硬度	紫外荧光	放大观察及其他特征
染色翡翠	绿色	非均质集合体	1.666~1.680 1.66(点)	不可测	3.34 (+0.06,-0.09)	无	6.5~7	无或弱至强,黄绿、蓝、白色	丝网状绿,查尔斯滤色镜下某些可变红,某些可有650 nm宽带
充填翡翠	绿色	非均质集合体	1.66~1.65(点)	不可测	3.25	无	6.5~7	无或弱至强,黄绿、蓝、白色	表面沟渠纹,内部结构破坏,光泽变弱,某些可有中至强绿色漂浮或某些蓝白荧光
锂辉石	绿色	非均质体单斜晶系 B+	1.660~1.676 (±0.005)	0.014~0.016	3.18 (±0.03)	三色性	6.5~7	通常无	矿物包裹体,气液包裹体,两组近正交完全解理,黄绿色者:433 nm,438 nm线;绿色者:646 nm,669 nm,686 nm线,620 nm附近宽带
砂线石	绿色	非均质本斜方晶系 B+	1.659~1.680 (+0.004,-0.006)	0.015~0.021	3.25 (+0.02,-0.11)	三色性	6~7.5	惰性	矿物包裹体,纤维状包裹体,可有410 nm,441 nm,462 nm弱线
孔雀石	微蓝、孔雀绿、浅至深绿色	非均质集合体	1.655~1.909	0.254 集合体不可测	3.95 (+0.15,-0.70)	无	3.5~4	无	条纹状,同心环状构造
透视石	绿、蓝绿色	非均质三方晶系 U+	1.655~1.708 (±0.012)	0.051~0.053	3.30 (±0.05)	二色性弱	5	惰性	气液包裹体,三组完全解理,550 nm宽带
橄榄石	黄绿、绿、褐绿色	非均质体斜方晶系 B+或B−	1.654~1.690 (±0.020)	0.035~0.038 通常为0.036	3.34 (+0.14,-0.07)	三色性弱	6.5~7	无	矿物包裹体、负晶、睡莲叶状包裹体、重影,453 nm,477 nm,497 nm带(线)

续表 8-4

名称	颜色	光性特征与晶系	折射率	双折射率	密度 (g/cm³)	多色性	摩氏硬度	紫外荧光	放大观察及其他特征
蓝柱石	蓝绿色	非均质体 单斜晶系 B+	1.652~1.671 (+0.006, -0.002)	0.019~0.020	3.08 (+0.04, -0.08)	三色性	7~8	无至弱	颜色环带,红或蓝色板状包裹体,468 nm,455 nm带,绿区、红区有吸收
重晶石	绿色	非均质体 斜方晶系 B+	1.636~1.648 (+0.001, -0.002)	0.012	4.50 (+0.10, -0.20)	无至弱	3~4	偶有荧光和磷光,弱蓝或浅绿	气液两相包裹体,晶体包裹体,两组完全解理
磷灰石	绿、黄绿色	非均质体 六方晶系 U-	1.634~1.638 (+0.012, -0.006)	0.002~0.008 多为0.003	3.18 (±0.05)	二色性极弱至弱	5~5.5	绿黄色荧光长波强于短波	气液包裹体,矿物包裹体,可具猫眼效应
红柱石	黄绿色	非均质体 斜方晶系 B-	1.634~1.643 (±0.005)	0.007~0.013	3.17 (±0.04)	三色性强,褐黄绿/褐橙/褐红	7~7.5	褐绿色者可有深褐或黄绿色荧光	矿物包裹体,气液包裹体,针状矿物包体,色带,解理,双晶纹,"十"字形黑色碳质包裹体,436 nm线和445 nm弱线
硅硼钙石	浅绿色	非均质体 单斜晶系 B-常为非均质集合体	1.626~1.670 (-0.004)	0.044~0.046 集合体不可测	2.95 (±0.05)	集合体不可测	5~6	无至中,SW 蓝	气液包裹体,单晶,重影明显
碧玺	绿、蓝绿、黄绿色	非均质体 三方晶系 U-	1.624~1.644 (+0.011, -0.009)	0.018~0.040 通常0.020	3.06 (+0.20, -0.06)	二色性中至强	7~8	无	气液包裹体,平行管状、线状包裹体,针状矿物包裹体等,红区普遍吸收,498 nm强带,有时可有468 nm线,可有猫眼效应

续表 8-4

名称	颜色	光性特征与晶系	折射率	双折射率	密度 (g/cm³)	多色性	摩氏硬度	紫外荧光	放大观察及其他特征
菱锌矿	绿色	非均质体 三方晶系 U⁻或均质集合体 非	1.621~1.849	0.225~0.228 集合体不可测	4.30 (+0.15)	集合体不可测	4~5	无至强	单晶具三组完全解理,强重影,集合体呈放射状结构
黄玉	绿色	非均质体 斜方晶系 B⁺	1.619~1.627 (±0.010)	0.008~0.010	3.53 (±0.04)	三色性,但只能观察到二色性/蓝绿/浅绿	8		气液包裹体,两相、三相包裹体,不混溶液包裹体,矿物包裹体,负晶
天青石	绿色	非均质体 斜方晶系 B⁺	1.619~1.637	0.018	3.87~4.30	三色性弱	3~4	通常无,有时可显弱荧光	矿物包裹体,气液包裹体
葡萄石	浅绿、绿色	非均质 集合体	1.616~1.649 (+0.016,−0.031) 1.63(点)	0.020~0.035 集合体不可测	2.80~2.95	集合体无	6~6.5	无	纤维状结构,放射状排列,438 nm弱吸收带
天蓝石	蓝绿色	非均质体 单斜晶系 B⁻或非均质集合体	1.612~1.643 (±0.005)	0.031 集合体不可测	3.09 (+0.08,−0.01)	三色性强,集合体无	5~6	无	常为块状集合体,可含有白色包裹体
磷铝锂石	绿色	非均质体 三斜晶系 B⁺或B⁻	1.612~1.636 (−0.034)	0.020~0.027	3.02 (±0.04)	三色性无至弱	5~6	可具极弱绿色荧光,可有磷光,浅蓝色	似脉状液体包裹体,平行解理组完全解理,方向的云状物

续表 8-4

名称	颜色	光性特征与晶系	折射率	双折射率	密度 (g/cm³)	多色性	摩氏硬度	紫外荧光	放大观察及其他特征
绿松石	蓝绿、绿、黄绿色、浅绿色	非均质集合体	1.610～1.650 1.61(点)	不可测	2.76 (+0.14, -0.36)	无	5～6	LW 无至弱绿黄色；SW 无	常见暗色基质、蛛网、铁线，或黑色斑点
软玉	浅至深绿色	非均质集合体	1.606～1.632 (+0.009, -0.006) 1.60～1.61(点)	不可测	2.90 (+0.15, -0.05)	无	6～6.5	无	纤维交织结构，黑色矿物包裹体
磷铝钠石	黄绿色	非均质体 单斜晶系 B+	1.602～1.621 (±0.003)	0.019～0.021	2.97 (±0.03)	弱三色性	5～6	无	气液包裹体、矿物包裹体
祖母绿	浅至深绿、蓝绿、黄绿色	非均质体 六方晶系 U−	1.577～1.583 (±0.017)	0.005～0.009	2.72 (+0.18, -0.05)	二色性中至强 蓝绿/黄绿	7.5～8	一般无也可弱橙红、红色	矿物包裹体、气液包裹体、两相包裹体、三相包裹体、裂隙，683 nm和680 nm强吸线，662 nm和646 nm弱线，630～580 nm部分吸收带，紫区全吸收
合成祖母绿	中至深绿色、蓝绿、黄绿色	非均质体 六方晶系 U−	助熔剂法：1.561～1.568 水热法：1.566～1.578	助熔剂法：0.003～0.004 水热法：0.005～0.006	2.65～2.73	二色性中绿/蓝绿	7.5～8	弱至中、红、中至强红，吉尔森助熔剂法无荧光	助熔剂法：助熔剂残余、铂金片、硅铍石晶体、平行生长纹；水热法：钉状包裹体、树枝状生长纹、硅铍石晶体、金属包裹体、平晶片、气液包裹体、水状管状包裹体、吉尔森助熔剂法：除助熔剂残余外具 427 nm 铁吸收带，其他同天然祖母绿

续表 8-4

名称	颜色	光性特征与晶系	折射率	双折射率	密度 (g/cm³)	多色性	摩氏硬度	紫外荧光	放大观察及其他特征
注油祖母绿	绿色	非均质体 六方晶系 U−	1.577~1.583 (±0.017)	0.005~0.009	2.72 (+0.18, −0.05)	二色性弱	7.5~8	LW 黄绿或黄色荧光	矿物包裹体,气液包裹体,裂隙中可见油痕或干涉色,浸有油者裂隙肉留下绿色痕迹
绿柱石	绿色	非均质体 六方晶系 U−	1.577~1.583 (±0.017)	0.005~0.009	2.72 (+0.18, −0.05)	二色性弱至中,蓝至绿/绿	7.5~8	一般无	矿物包裹体,气液包裹体,管状包裹体
磷铝石	绿、黄绿色	非均质体 斜方晶系 B−或非均质集合体	1.564~1.590	0.026	2.53~2.58	集合体不可测	5		红区中有两个吸收带
独山玉	绿、蓝绿色	非均质集合体	1.560~1.700	不可测	2.70~3.09 一般为 2.90	不可测	6~7	无至弱	粒状结构,鳞片粒状结构,色斑等
岫玉	浅至深绿、黄绿色	非均质集合体	1.560~1.570 (+0.004, −0.070)	不可测	2.57 (+0.23, −0.13)	不可测	2.5~6	LW 无至弱, SW 无	黑色矿物包裹体,絮状物,叶片状,纤维状交织结构,隐晶质结构
寿山石	绿色	非均质集合体	1.56(点)	不可测	2.50~2.70	不可测	2~3	通常无	致密块状结构,隐晶质至微细粒状呈微鳞片状结构
方柱石	绿色	非均质体 四方晶系 U−	1.550~1.564 (+0.015, −0.014)	0.004~0.037	2.60~2.74	二色性	6~6.5	无至强	矿物包裹体,气液包裹体,负晶,平行管状,线状包裹体

续表 8-4

名称	颜色	光性特征与晶系	折射率	双折射率	密度 (g/cm³)	多色性	摩氏硬度	紫外荧光	放大观察及其他特征
绿水晶	绿至黄绿色	非均质体 三方晶系 U⁺	1.544~1.553	0.009	2.66 (+0.03,-0.02)	二色性	7	无	绿水晶是紫水晶在加热过程中形成的一种中间产物或黄水晶染成绿色,矿物包裹体,气液包裹体,负晶,色带等
合成绿水晶	绿色	非均质体 三方晶系 U⁺	1.544~1.553	0.009	2.66 (+0.03,-0.02)	二色性	7	无	气液两相针状包裹体,色带,种晶板,"桌面灰尘"状面包渣包裹体
石英岩玉(东陵石,密玉)	绿色	非均质集合体	1.544~1.553 1.54(点)	不可测	2.64~2.71	不可测	7	含铬云母石英岩无至弱,红色	鳞片粒状结构,含铬云母等矿物,具 682 nm 和 649 nm 吸收带
染色石英岩	绿色	非均质集合体	1.544~1.553 1.54(点)	不可测	2.64~2.71	不可测	7	可具暗绿色荧光	粒状结构,丝网状绿可具 650 nm 宽吸收带
滑石	浅至深绿色	非均质体单斜晶系 B⁻或非均质集合体	1.540~1.590 (+0.010,-0.002)	0.050	2.75 (+0.05,-0.55)	集合体不可测	1~3	LW 无至弱,粉	常含有脉状,斑块状杂质,手感滑润
玉髓(澳玉、玛瑙)	绿色	隐晶质集合体	1.535~1.539 1.53 或 1.54(点)	不可测	2.60 (+0.10,-0.05)	无	6.5~7	通常无	隐晶质结构,玛瑙具环带构造
鱼眼石	绿色	非均质体四方晶系 U⁻	1.535~1.537	0.002	2.40 (±0.10)	二色性弱	4~5	SW 无至弱	气液包裹体

续表 8-4

名称	颜色	光性特征与晶系	折射率	双折射率	密度 (g/cm³)	多色性	摩氏硬度	紫外荧光	放大观察及其他特征
青田石	浅绿色	非均质集合体	1.53~1.60	不可测	2.65~2.90	不可测	1~1.5	不特征	致密块状,可含有蓝色、白色斑点
贝壳 (处理)	绿色	无机成分:非均质集合体; 无机成分:非晶质	1.530~1.685	0.155 集合体不可测	2.86 (+0.03, -0.16)	不可测	3~4		层状结构,表面叠复层结构,可具晕彩、覆膜或染色
天河石	亮绿或亮蓝绿色	非均质三斜晶系	1.522~1.530 (±0.04)	0.008 通常不可测	2.56 (±0.02)	通常不可测	6~6.5	无至弱	网格状色斑、解理等
镀膜翡翠	绿色	非均质集合体;膜:非晶质	膜:1.52~1.56	不可测	3.25~3.34	无	6.5~7 膜硬度低	有粉蓝色强荧光	树脂光泽,无颗粒感,局部可见气泡,可见划痕、薄膜脱落
钠长石玉	灰绿色	非均质集合体	1.52~1.54 1.52~1.54(点)	无	2.60~2.63	无	6	无	粒状结构,可见板柱状晶体
马来玉 (脱玻化玻璃)	绿、翠绿、深绿色	非晶质体 (脱玻化)	1.50~1.55	无	2.50~2.68	无	5~6		似絮状或丝瓜瓤状结构,偏光镜下全亮、收缩凹坑,面棱圆滑,含气泡
火山玻璃	绿色	非晶质体	1.490 (+0.020, -0.010)	无	2.40 (±0.10)	无	5~6	通常无	气泡、流动构造、矿物斑晶
玻璃	绿色	非晶质体	1.47~1.700 可达 1.95	无	2.20~2.63	无	5~6	弱至强	气泡、流动构造、易刻划、磨损
塑料	绿色	非晶质体	1.46~1.700	无	1.05~1.55	无	1~3	无至强	气泡、流动线、浑圆状刻面棱线
萤石	绿色	均质体 等轴晶系	1.434 (±0.01)	无	3.18 (+0.07, -0.18)	无	4	荧光强,可具磷光	四组完全解理,两相或三相包裹体

表 8-5 黄色、褐色系列珠宝玉石特征表

名称	颜色	光性特征与晶系	折射率	双折射率	密度 (g/cm³)	多色性	摩氏硬度	紫外荧光	放大观察及其他特征
合成金红石	浅黄色	非均质体 四方晶系 U+	2.616~2.903	0.287	4.26 (±0.03)	二色性：很弱，浅黄/无色	6~7	无	强重影，一般洁净，偶见气泡，430 nm 以下全吸收，强色散(0.330)
锐钛矿	褐、酒黄、绿黄色	非均质体 四方晶系 U-	2.452~2.658	0.066~0.089	3.82~3.97	二色性：褐色者：浅绿黄/浅黄褐；酒黄色者：暗酒黄/淡红或浅褐；绿黄色者：浅绿黄/浅褐黄	5.5~6.5	惰性	{001}{011}解理完全，金刚光泽-金属光泽
钻石	深黄、橙黄、褐色	均质体 等轴晶系	2.417	无	3.52 (±0.01)	无	10	无至强	矿物包裹体、云状物、生长纹、解理色带等；仪测浅黄色者 415 nm 带、绿区 504 nm 一绿色带窄带
合成钻石	黄、桔黄、褐色	均质体 等轴晶系	2.417	无	3.52 (±0.01)	无	10	LW惰性；SW 无至中，浅黄、橙黄、绿黄的不均匀荧光，局部可有强光	铁镍合金触媒金属包裹体，不规则状颜色分带，沙漏形色带等，缺失 415 nm吸收线

续表 8-5

名称	颜色	光性特征与晶系	折射率	双折射率	密度 (g/cm³)	多色性	摩氏硬度	紫外荧光	放大观察及其他特征
辐照黄色钻石	黄色	均质体 等轴晶系	2.417	无	3.52 (±0.01)	无	10	无至强	595 nm 线或红外光谱区出现 H_1b 和 H_1c 线
钽铌矿	暗黄、浅红黄、浅红褐色	非均质体 斜方晶系 B⁺	2.37~2.46	0.090	7.34~7.46	二色性	5~5.5		色散强,0.146,多为微透明至半透明
闪锌矿	浅黄、棕褐色	均质体 等轴晶系	2.37~2.43	无	3.90~4.20	无	3~4.5	惰性,有时呈桔红色	{110}解理完全,具651 nm,667 nm,690 nm 线
合成立方氧化锆	黄色	均质体 等轴晶系	2.15 (+0.03)	无	5.80 (±0.20)	无	8~5	弱至强	洁净,可有气泡,面包渣状物
锡石	暗黄、褐黄、褐色	非均质体 四方晶系 U⁺	1.997~2.093 (+0.009,-0.006) 含石英:1.544~1.553	0.096~0.098	6.95 (±0.08)	弱至中 二色性	6~7	无	石英等矿物包裹体,强重影,色带,色散强,0.071
锆石	黄、褐色	非均质体 四方晶系 U⁺	高型: 1.925~1.984 中型: 1.875~1.905	高型: 0.040~0.060 中型: 0.010~0.040	高型: 4.60~4.80 中型: 4.10~4.60	二色性 弱至中	6~7.5	无至极弱红色荧光	可有愈合裂隙,重影明显,矿物包裹体,8~9 条吸收线,653.5 nm 为特征吸收线
白钨矿	浅黄、褐、橙黄色	非均质体 四方晶系 U⁺	1.920~1.937	0.017	5.80~6.20	二色性弱	4.5~5	SW 蓝或黄色,荧光	解理,强色散,特别在 584 nm 处绿区,双晶纹线
榍石	黄色、褐色	非均质体 单斜晶系 B⁺	1.900~2.034 (±0.020)	0.100~0.135	3.52 (±0.02)	三色性 中至强 浅黄/褐橙/褐黄	5~5.5	无	指纹状包裹体,双晶,矿物包裹体,重影有时见 580 nm 双线

续表 8-5

名称	颜色	光性特征与晶系	折射率	双折射率	密度 (g/cm³)	多色性	摩氏硬度	紫外荧光	放大观察及其他特征
钙铁榴石	黄、褐色	均质体 等轴晶系	1.888 (+0.007,-0.033)	无	3.84 (±0.03)	无	7~8	无	"马尾状"包裹体，440 nm带，也可有618 nm，634 nm,685 nm,690 nm线
人造钇铝榴石	黄色	均质体 等轴晶系	1.833 (±0.010)	无	4.50~4.60	无	8	无	洁净，偶见气泡
锰铝榴石	黄、橙黄、黄褐色	均质体 等轴晶系	1.810 (+0.004,-0.020)	无	4.15 (+0.05,-0.03)	无	7~8	无	波浪状、浑圆状、不规则状晶体或液态包裹体，平行排列的针状包裹体，可有猫眼效应
蓝宝石	黄色	非均质体 三方晶系 U⁻	1.762~1.770 (+0.009,-0.005)	0.008~0.010	4.00 (+0.10,-0.05)	二色性 金黄/黄橙、黄浅黄/无色	9	可有杏黄、或橙黄色荧光	矿物包裹体，气液包裹体，指纹状包裹体平直或六边形生长纹（色带）,双晶纹,丝状包裹体无或有450 nm带
合成蓝宝石	黄、橙黄、褐色	非均质体 三方晶系 U⁻	1.762~1.770 (+0.009,-0.005)	0.008~0.010	4.00 (+0.10,-0.05)	橙黄色者，黄/橙黄	9	无或SW非常弱的红色	焰熔法：弧形生长纹，气泡、未熔残余物；助熔剂法：助熔剂残余、铂金片等；无吸收谱或有Cr线
金绿宝石	浅至中黄褐至黄褐色	非均质体 斜方晶系 B⁺	1.746~1.755 (+0.004,-0.006)	0.008~0.010	3.73 (±0.02)	三色性 弱至中 黄/绿/褐	8~8.5	无至黄绿色	矿物包裹体，丝状物，指纹状包裹体，平行管状包裹体，双晶纹，445 nm强带
合成金绿宝石	浅至中黄褐至黄褐色	非均质体 斜方晶系 B⁺	1.746~1.755 (+0.004,-0.006)	0.008~0.010	3.73 (±0.02)	三色性 黄/绿/褐红	8~9	LW无，SW无至黄绿	助熔剂包裹体，铂金片，黄色、黄绿色者有445 nm吸收带

续表 8-5

名称	颜色	光性特征与晶系	折射率	双折射率	密度 (g/cm³)	多色性	摩氏硬度	紫外荧光	放大观察及其他特征
猫眼	黄至黄绿褐至褐黄色	非均质体 斜方晶系 B+	1.746~1.755 (+0.004, -0.006)	0.008~0.010	3.73 (±0.02)	三色性 弱,黄/黄绿/黄	8~8.5	无,变石猫眼呈弱至中红	矿物包裹体,丝状包裹体,指纹状包裹体,负晶,445 nm 强吸带
钙铝榴石(桂榴石)	酒黄、褐黄色	均质体 等轴晶系	1.740 (+0.020, -0.010)	无	3.61 (+0.12, -0.04)	无	7~8	可呈弱橙黄色荧光	短柱或圆状包裹体,可有热浪效应,407 nm、430 nm 带,偶有猫眼效应
十字石	深褐、红褐、黄褐色	非均质体 单斜晶系 B+	1.739~1.761	0.013~0.014	3.74~3.83	三色性 无色/红褐/金黄	7.5	惰性	450 nm 附近强吸收线,580 nm 附近弱吸收线
绿帘石	棕、褐黄色	非均质体 单斜晶系 B-	1.729~1.768 (+0.012, -0.035)	0.019~0.045	3.40 (+0.10, -0.15)	三色性 强,绿/褐/黄	6~7	一般无	气液包裹体,445 nm 强带,矿物包裹体,有时具 475 nm 弱线,但不具特征
合成尖晶石	黄色、褐色	均质体 等轴晶系	1.728 (+0.12, -0.008)	无	3.64 (+0.02, -0.12)	无	8	焰熔法:洁净、气泡,偶见弧形生长纹;助熔剂法:助熔剂残余,铂金片,黄色者有 445 nm,442 nm 吸收线
尖晶石	黄、橙色	均质体 等轴晶系	1.718 (+0.017, -0.008)	无	3.60 (+0.10, -0.03)	无	8		八面体负晶,矿物包裹体
蓝晶石	黄、黄、褐色	非均质体 三斜晶系 B-	1.716~1.731 (±0.004)	0.012~0.017	3.68 (+0.01, -0.12)	三色性	平行C轴 4~5; 垂直C轴 6~7		矿物包裹体,气液包裹体,解理,435 nm、445 nm 吸收带

续表 8-5

名称	颜色	光性特征与晶系	折射率	双折射率	密度 (g/cm^3)	多色性	摩氏硬度	紫外荧光	放大观察及其他特征
符山石	棕黄色	非均质体 四方晶系 U^+ 或 U^-	1.713~1.718 (+0.005, -0.013)	0.001~0.012	3.40 (+0.10, -0.15)	二色性弱	6~7	无	气液包裹体,矿物包裹体,464 nm线,528.5 nm弱线
黝帘石	褐黄色	非均质体 斜方晶系 B^+	1.691~1.700 (±0.005)	0.008~0.013	3.35 (+0.10, -0.25)	三色性强(紫/绿/蓝)	8	无	气液包裹体,矿物包裹体,455 nm线
硅锌矿	绿黄、黄褐黄色	非均质体 三方晶系 U^+	1.691~1.723	0.028~0.029	3.89~4.18	二色性	5.5		半透明至透明,重影
斧石	褐、紫褐、褐黄色	非均质体 三斜晶系 B^-	1.678~1.688 (±0.005)	0.010~0.012	3.29 (+0.07, -0.03)	三色性强至粉/浅黄/红褐	6~7	通常无,黄色者可有红色荧光(短波)	矿物包裹体,气气包裹体,一组中等解理412 nm,466 nm,492 nm,512 nm线
透辉石	褐色	非均质体 单斜晶系 B^+	1.675~1.701 (+0.029, -0.010)	0.024~0.030	3.29 (+0.11, -0.07)	三色性弱至强	5~6	惰性	气液包裹体,矿物包裹体,纤维状包裹体,两组近正交的完全解理,505 nm线
普通辉石	灰褐、褐、紫褐色	非均质体 单斜晶系 B^+	1.670~1.772	0.018~0.033	3.23~3.52	三色性弱至强浅绿/浅褐/绿黄	5~6	惰性	气液包裹体,纤维状包裹体,两组近正交的完全解理
硼铝镁石	绿黄至黄、褐黄色	非均质体 斜方晶系 B^-	1.668~1.707 (+0.005, -0.003)	0.036~0.039	3.48 (±0.02)	三色性中等	6~7	无	可具各种包裹体,493 nm,475 nm,463 nm,452 nm吸收线

续表 8-5

名称	颜色	光性特征与晶系	折射率	双折射率	密度 (g/cm³)	多色性	摩氏硬度	紫外荧光	放大观察及其他特征
柱晶石	黄、褐色	非均质体 斜方晶系 B−	1.667～1.680 (±0.003)	0.012～0.017	3.30 (+0.05,−0.03)	三色性	6～7	无至强、黄色	矿物包裹体、气液包裹体、针状包裹带、503 nm 吸收带，猫眼效应，星光效应(罕见)
翡翠	黄、褐色	非均质集合体	1.666～1.680 (±0.008) 1.66(点)	不可测	3.34 (+0.06,−0.09)	不可测	6.5～7	无	粒状结构，437 nm 吸收线
顽火辉石	褐、黄、黄色	非均质体 斜方晶系 B+	1.663～1.673 (±0.010)	0.008～0.011	3.25 (+0.15,−0.02)	三色性，弱至中，褐黄、黄至黄绿	5～6	惰性	气液包裹体，管状包裹体、针状包裹体，两组近正交完全解理
锂辉石	黄色	非均质体 单斜晶系 B+	1.660～1.676 (±0.005)	0.014～0.016	3.18 (±0.03)	三色性	6.5～7		气液包裹体，矿物包裹体，两组近正交完全解理
矽线石	褐色	非均质体 斜方晶系 B+	1.659～1.680 (+0.004,−0.006)	0.015～0.021	3.25 (+0.02,−0.11)	三色性	6～7.5		矿物包裹体，针状矿物包裹体，410 nm、441 nm、462 nm 弱吸带
橄榄石	绿黄、黄、绿色	非均质体 斜方晶系 B+ 或 B−	1.654～1.690 (±0.020)	0.035～0.038 常为 0.036	3.34 (+0.14,−0.07)	三色性弱	6.5～7	无	矿物包裹体，气液包裹体，睡莲叶状包裹体
硅铍石	黄、褐色	非均质体 三方晶系 U+	1.654～1.670 (+0.026,−0.004)	0.016	2.95 (±0.05)	二色性弱至中	7～8	无至弱粉、浅蓝或绿	可各种包裹体

续表 8-5

名称	颜色	光性特征与晶系	折射率	双折射率	密度(g/cm³)	多色性	摩氏硬度	紫外荧光	放大观察及其他特征
重晶石	黄、褐色	非均质体斜方晶系 B+	1.636~1.648 (+0.001,-0.002)	0.012	4.50 (+0.10,-0.20)	三色性无至弱	3~4	偶有荧光和磷光弱蓝或浅绿	任任包裹体很多,有一些气液两相包裹体
红柱石	黄、黄褐色	非均质体斜方晶系 B-	1.634~1.643 (±0.005)	0.007~0.013	3.17 (±0.04)	三色性强	7~7.5	SW无至中,绿至黄绿	矿物包裹体、针状矿物包裹体、色带、解理、晶纹、空晶石、"十"字形黑色碳质包裹体
磷灰石	黄、褐色	非均质体六方晶系 U-	1.634~1.638 (+0.012,-0.006)	0.002~0.008 多为0.003	3.18 (±0.05)	二色性弱	5~5.5	黄色者,紫粉红	气液包裹体,580 nm双线,可见580 nm猫眼效应
赛黄晶	黄、褐色	非均质体斜方晶系 B-	1.630~1.636 (±0.003)	0.006	3.00 (±0.03)	三色性弱	7	LW无至弱,浅蓝至蓝绿;SW较长波波线	气液包裹体,末些可见580 nm线
硅硼钙石	浅黄、褐色	非均质体单斜晶质 B-或非均质集合体	1.626~1.670 (-0.004)	0.044~0.046 集合体不可测	2.95 (±0.05)	集合体不可测	5~6	SW无至蓝色	气液包裹体、单晶体重影
电气石	黄、绿黄、褐、黄褐色	非均质体三方晶系 U-	1.624~1.644 (+0.011,-0.009)	0.018~0.040 通常0.020	3.06 (+0.20,-0.060)	二色性中至强	7~8	无	气液包裹体、平行管状、线状包裹体、针状矿物包裹体,可有猫眼效应
菱锌矿	黄棕色	非均质体三方晶系 U-或非均质集合体	1.621~1.849	0.225~0.228 集合体不可测	4.30 (+0.15)	集合体不可测	4~5	无至强	集合体常呈放射状结构,单晶三组完全解理重影

续表 8-5

名称	颜色	光性特征与晶系	折射率	双折射率	密度 (g/cm³)	多色性	摩氏硬度	紫外荧光	放大观察及其他特征
黄玉	黄、褐色	非均质体 斜方晶系 B⁺	1.619~1.627 (±0.010) 黄色者: 1.629~1.637	0.008~0.010	3.53 (±0.04)	三色性,黄色者,褐黄/黄/橙黄,其他颜色只能观察到二色性	8	SW暗淡的浅绿色荧光	气液包裹体,二相、三相包裹体,不混溶液液包裹体,矿物包裹体,负晶
天青石	黄色	非均质体 斜方晶系 B⁺	1.619~1.637	0.018	3.87~4.30	三色性弱	3~4	通常无,有时可显弱荧光	矿物包裹体,气液包裹体
异极矿	浅黄、褐色	非均质体 斜方晶系 B⁺或非均质集合体	1.616~1.634	0.022 集合体不可测	3.40~3.50	集合体不可测	4.5~5	SW暗淡的浅绿色荧光	常呈集合体,有时具条带,纤维状结构,葡萄状、肾状,放射状集合体
葡萄石	浅黄绿色	非均质集合体	1.616~1.649 (+0.016,-0.031) 1.63(点)	0.020~0.035 集合体不可测	2.80~2.95	集合体不可测	6~6.5	无	纤维状结构,放射状排列,438 nm弱带
磷铝锂石	浅黄、绿黄、褐色	非均质体 三斜晶系 B⁺	1.612~1.636 (-0.034)	0.020~0.027	3.02 (±0.04)	弱三色性	5~6	LW非常弱的绿色,长短波,浅蓝色磷光	似脉状液包裹体,平行解理方向的云状物
软玉	黄色至黄褐	非均质集合体	1.606~1.632 (+0.009,-0.006) 1.60~1.61(点)	不可测	2.95 (+0.15,-0.05)	不可测	6~6.5	无	纤维交织结构,黑色矿物包裹体

续表 8-5

名称	颜色	光性特征与晶系	折射率	双折射率	密度 (g/cm³)	多色性	摩氏硬度	紫外荧光	放大观察及其他特征
磷铝钠石	绿黄色	非均质体 单斜晶系 B+	1.602~1.621 (±0.003)	0.019~0.021	2.97 (±0.03)	三色性弱	5~6	无	气液包裹体、矿物包裹体
绿柱石	黄、金黄色	非均质体 六方晶系 U-	1.577~1.583 (±0.017) 金黄色者: 1.570~1.575	0.005~0.009 黄色者:0.005	2.72 (+0.18, -0.05)	二色性 绿黄/黄或不同色调的黄色	7.5~8	无	矿物包裹体、气液包裹体、平行管状包裹体
独山玉	黄色、褐色	非均质集合体	1.560~1.700	不可测	2.70~3.09 一般为2.90	不可测	6~7	无至弱	粒状结构，可见色斑
鸡血石	"地"：灰、灰黄、褐色，"血"：红色	非均质集合体	"地":1.56(点) "血":>1.81	不可测	2.53~2.68 平均为2.61	不可测	2~3	不特征	"血"呈微细粒或细粒状，或呈成片分布于"地"中
寿山石	黄、褐色	非均质集合体	1.56(点)	不可测	2.50~2.70	不可测	2~3	通常无	致密块状构造，微晶质至细粒状，呈微鳞片状结构，其中石常具某些水坑石常具"萝卜纹"状条纹构造
金珊瑚	金黄色	均质体 非晶质体	1.56	无	1.30~1.50 平均为1.35	无	2.5~3	无	横截面显示同心环状结构，管轴的纵截面表层具小丘疹状外观
龟甲	黄色或棕色斑纹	均质体 非晶质体	1.550 (-0.010)	无	1.29 (+0.06, -0.03)	无	2~3	黄色部分呈蓝白色荧光	球状颗粒组成斑纹结构

续表 8-5

名称	颜色	光性特征与晶系	折射率	双折射率	密度 (g/cm³)	多色性	摩氏硬度	紫外荧光	放大观察及其他特征
方柱石	黄色	非均质体 四方晶系 U⁻	1.550~1.564 (+0.015,-0.014)	0.004~0.037 黄色者:0.037 或更大	2.60~2.74	二色性 弱至中	6~6.5	SW 红色荧光	平行管状包裹体,矿物包裹体,针状矿物包裹体,气液包裹体,负晶
黄水晶	中至深黄色	非均质体 三方晶系 U⁺	1.544~1.553	0.009	2.66 (+0.03,-0.02)	二色性 弱	7	无	矿物包裹体,气液包裹体,负晶,色带等
合成黄水晶	黄、绿、黄色	非均质体 三方晶系 U⁺	1.544~1.553	0.009	2.66 (+0.03,-0.02)	二色性	7	无	气液两相针状包裹体,"桌面灰尘状"渣状包裹体,色带,种晶板
合成烟晶	浅至深褐色	非均质体 三方晶系 U⁺	1.544~1.553	0.009	2.66 (+0.03,-0.02)	二色性	7	无	气液两相针状包裹体,"桌面灰尘状"渣状包裹体,色带,种晶板
硅化木	浅黄色,黄,褐色	无机成分: 隐晶质集合体; 有机成分: 非均质体	1.544~1.553	集合体不可测	2.50~2.91	无	7	一般无	木质纤维状结构,木纹
石英岩玉	黄,褐色	非均质集合体	1.544~1.553 1.54(点)	无	2.64~2.71	无	7	无	粒状结构
董青石	褐色	非均质体 斜方晶系 B⁺	1.542~1.551 (+0.045,-0.011)	0.008~0.012	2.61 (±0.05)	三色性	7~7.5	无	矿物包裹体,气液包裹体,颜色分带

续表 8-5

名称	颜色	光性特征与晶系	折射率	双折射率	密度 (g/cm³)	多色性	摩氏硬度	紫外荧光	放大观察及其他特征
滑石	褐色	单斜B−非均质集合体	1.540~1.590 (+0.010，−0.002)	0.050 集合体不可测	2.75 (+0.05，−0.55)	集合体不可测	1~3	LW 无至弱，粉	常含有脉状、斑块状掺杂物，手感滑润
琥珀	浅黄、黄至深褐色	均质体非晶质体	1.540 (+0.005，−0.001)	无	1.08 (+0.02，−0.08)	无	2~2.5	弱至强，黄绿到橙黄白或蓝色	气泡、流动线、植物碎片、昆虫或动物和无机包裹体，其他有机芒等，遇乙醚无反应，燃烧时有松香味
再造琥珀	橙黄、橙红色	均质体非晶质体	1.540	无	1.03~1.05	无	2~2.5	弱至强，蓝白色	拉长气泡、流动构造、粒状结构，遇乙醚变软，燃烧时有松香味和樟脑味
玉髓（玛瑙）	黄、褐色	隐晶质集合体	1.535~1.539 1.53 或 1.54(点)	无	2.60 (+0.10，−0.05)	无	6.5~7	SW 中至强，白至蓝	隐晶质结构，玛瑙具带构造
象牙	白至浅黄、浅黄色	无机成分：隐晶质集合体；有机成分：非晶质	1.535~1.540 1.54(点)	无	1.70~2.00	无	2~3	通常无	横切面勒兹纹，纵切面近平行的直线纹理，细腻，致密
木变石	棕黄色	非均质集合体	1.544~1.553 1.53 或 1.54(点)	无	2.64~2.71	无	7	弱至强，蓝白或紫蓝（长波稍强些）	纤维状结构，可有猫眼效应
鱼眼石	黄色	非均质体，四方晶系U−	1.535~1.537	0.002	2.40 (±0.10)	二色性	4~5	无	气液包裹体

续表 8-5

名称	颜色	光性特征与晶系	折射率	双折射率	密度 (g/cm³)	多色性	摩氏硬度	紫外荧光	放大观察及其他特征
青田石	浅黄黄色	非均质集合体	1.530~1.600	不可测	2.65~2.90	不可测	1~1.5	不特征	致密块状,可含蓝色、白色等斑点
天然珍珠	无色至浅黄、黄色等	无机成分:非均质集合体;有机成分:非晶质	1.530~1.685	不可测	海水珍珠: 2.61~2.85 淡水珍珠: 2.66~2.78	不可测	2.5~4.5	无至强	同心放射层状结构,"砂丘纹"
贝壳	棕、黄等色	无机成分:非均质集合体;有机成分:非晶质	1.530~1.685	不可测	2.86 (+0.03,-0.16)	不可测	3~4	因种类不同而异	层状结构,表面叠复层结构
长石	无色至浅黄褐色	非均质体 B⁺或 B⁻	1.520~1.570	0.004~0.009	2.56~2.75	三色性,不明显	6	无至弱	矿物包裹体、气液包裹体、解理纹、蝶翅纹,双晶、可有猫眼效应,月光效应、砂金效应等
白云石(岩)	黄、褐色	非均质体或非均质集合体	1.505~1.743	0.179~0.184 集合体不可测	2.86~3.20	集合体不可测	3~4	橙、蓝、绿、绿白	单晶可见三组完全解理、强重影、集合体粒状结构
仿玻璃(塑料)	橙、黄、黄色	均质体、非晶质	1.490~1.660	无	1.05~1.35	无	2~2.5	无至强	气泡,流动纹等

续表 8-5

名称	颜色	光性特征与晶系	折射率	双折射率	密度 (g/cm³)	多色性	摩氏硬度	紫外荧光	放大观察及其他特征
养殖珍珠	浅黄、橙黄色	无机成分：非均质集合体；有机成分：非晶质	1.500~1.685 多为1.53~1.56	无	海水珍珠：2.72~2.78 淡水珍珠：低于天然淡水珠	无	2.5~4	无至强	有核者具核层状结构；无核者可具勒腰、表面有"砂丘纹"
火山玻璃	褐至褐黄色	均质体 非晶质	1.49 (+0.020,-0.010)	无	2.40 (±0.10)	无	5~6	通常无	气泡、流动构造、斑晶
玻璃陨石	中至深黄色	均质体 非晶质	1.49 (+0.020,-0.010)	无	2.36 (±0.04)	无	5~6	通常无	气泡、流动构造
大理岩（方解石）	黄色	非均质体或非均质集合体	1.486~1.658	集合体不可测 0.172	2.70 (±0.05)	不可测	3	多变	方解石三组完全解理，强重影，大理岩粒状结构
玻璃	黄、褐色	均质体 非晶质	1.470~1.700 可>1.80	无	2.30~4.50	无	5~6	弱至强	气泡、流动线、浑圆状刻面棱线，可有砂金效应
塑料	橙黄、黄色	均质体 非晶质	1.460~1.700	无	1.05~1.55	无	1~3	无至强	气泡、流动线、浑圆状刻面棱线
萤石	棕、黄色	均质体 等轴晶系	1.434 (±0.001)	无	3.18 (+0.07,-0.18)	无	4	强荧光可具磷光	八面体解理、色带、二相三相多相包裹体

紫色染色翡翠一般为锰盐染色,颜色在缝隙中及晶粒边缘,具较强的荧光,天然者荧光无至弱。

比较罕见的紫色苏纪石(Sugilite)又称钠锂大隅石、硅铁锂钠石,是大隅石族矿物的一员。其成分为$(K,Na)(Na,Fe)(Li,Fe)[Si_{12}O_{30}]$,六方晶系,多呈细粒致密块状集合体,摩氏硬度为 5.5~6.5,密度为 2.74(+0.05) g/cm³,折射率为 1.607~1.610(+0.001,-0.002),含石英可测到 1.54,双折射率为 0.003(集合体不可测),一轴晶负光性,蜡状至玻璃光泽(抛光面),黄褐、蓝紫、红紫和绛紫色,产于霞石正长岩中。苏纪石最先发现于日本。产于南非的红紫色苏纪石,质地细腻的集合材料可用于切磨弧面型宝石、珠子和雕件。苏纪石是含锰的材料,具 550 nm 强吸收带,411 nm、419 nm、437 nm 和 445 nm 吸收线。

紫色珠宝玉石特征见表 8-6。

7. 常见灰色、黑色系列珠宝玉石的鉴定

珠宝市场中常见灰色、黑色系列珠宝玉石的鉴定中最常遇到的问题是黑珍珠与改色(染色、辐照)黑珍珠的鉴别,以及墨晶与合成墨晶、黑欧泊与合成黑欧泊及仿欧泊、透辉石与矽线石、赤铁矿与针铁矿的鉴别。

黑珍珠与染色黑珍珠及辐照黑珍珠的鉴别可通过外观、放大检查、紫外荧光、X 射线照相、红外照相、刮取粉末、2%稀硝酸擦拭等方法鉴别。

墨晶与合成墨晶可通过放大观察其包裹体特征和红外光谱检测的方法鉴别。

黑欧泊与合成黑欧泊可依据观察彩片特征、紫外荧光、磷光、红外光谱等鉴别。黑欧泊与仿欧泊可依据变彩与彩片特征、密度、折射率鉴别。

透辉石与矽线石的鉴别:透辉石猫眼与矽线石猫眼,二者密度、折射率相近,极易混淆,可用反射光观察弧面型戒面的底面的解理鉴别。如果有一组完全解理,则是矽线石;如果有两组近正交的解理则是透辉石。

赤铁矿与针铁矿的鉴别主要靠密度。

重点掌握的样品:矽线石、透辉石、长石、赤铁矿、黑曜岩、黑色合成立方氧化锆、紫黑色的萤石、黑蓝色的合成刚玉以及绿黑色翡翠。

常见灰色、黑色珠宝玉石特征见表 8-7。

(二)贵金属首饰的检验

贵金属首饰的检验包括四个方面:标识、外观质量、首饰重量和首饰中贵金属含量。

在这四个方面中,重点掌握贵金属镶嵌宝玉石首饰的外观质量检验。

(1)首饰外观质量检验的基本要求有12个方面①

①整体造型要求:造型美观,主题突出,线条清晰。

②图案纹样形象、自然,布局合理,线条清晰。

③表面光洁,无锉、刮、锤等加工痕迹,边棱、尖角处应光滑、无毛刺,不扎、不刮、无气孔、无夹杂物。

④掐丝流畅自然,填丝均匀平整。

⑤浇铸件表面光洁,无砂眼,无裂痕,无明显缺陷。

⑥镶石牢固、周正、平服,硬镶齿应清楚均匀,抱爪长短与宝石相称,定位均匀、对称、合理,边口高矮适当,俯视不露底托。

⑦焊接牢固,无虚焊、漏焊及明显焊疤。

⑧錾刻花纹自然,整体平整,层次清楚。

⑨弹性配件应灵活有力。

⑩装配件应灵活、牢固、可靠。

⑪表面色泽一致,光滑无水渍。

⑫印记准确、清晰,位置适当,应符合 GB/T 11887 的规定。

在首饰外观质量检验的12个方面中,要求重点掌握第⑥条,即"镶石牢固、周正、平服"的评价:硬齿应清楚、均匀,抱爪长短与宝石相称,定位均匀、对称、合理,齿口高矮适当,俯视不露底托。

(2)镶宝首饰的质量可以从齿口、牙齿(抱爪)、镶石牢固三方面来检验

①齿口:高度要求与宝石的大小和厚度相适应。10 mm×14 mm 的宝石,一般高度可在 5~6 mm 范围。锥度要一致,不能有歪斜,大小要与宝石一致,可略小于宝石 0.1~0.2 mm。当宝石放在齿口上俯视,不可露出齿口(即露托)。

②牙齿(抱爪):丝径的粗细应根据宝石的大小来选择。如果宝石大,丝径细就会显得牙齿无力。牙齿长短应根据宝石的斜度而定,检验时往往发现牙齿太长的毛病居多。牙齿的定位要合理,使之最有效地嵌牢宝石。成双的齿要对称,齿距要均匀。

③镶石牢度:镶嵌前先要将宝石在齿口里放平服,检验时看宝石底部与齿口是否吻合无缝,宝石放在齿口里是否端正,切忌俯视有斜、扭的感觉。牙齿嵌倒后应自然地紧贴宝石,检验时侧视无缝隙,薄纸不能插入齿和宝石之间,当夹紧宝石摇动时,无松动感。硬嵌的首饰要检验宝石台面是否与基面水平,齿头是否光滑、圆整,用火柴棒顶宝石反面无松动感或脱落。

---

① 施健.珠宝首饰检验.北京:中国标准出版社,2000.

第八章 珠宝玉石综合鉴定实习

表 8-6 紫色珠宝玉石特征表

名称	颜色	光性特征与晶系	折射率	双折射率	密度 (g/cm³)	多色性	摩氏硬度	紫外荧光	放大观察及其他特征
合成金红石	紫色	非均质体 四方晶系 U⁺	2.616~2.903	0.287	4.26 (±0.03)	二色性弱	6~7	无	强重影,洁净,偶见气泡
钻石	淡紫罗兰色	均质体 等轴晶系	2.417	无	3.52 (±0.01)	无	10	无至强	矿物包裹体,云状物,点状物,羽状物,生长纹,解理,棱线锋利,热导仪测试发出蜂鸣声
合成立方氧化锆	浅紫、紫色	均质体 等轴晶系	2.15 (+0.030)	无	5.80 (±0.20)	无	8.5		一般洁净,可含气泡,面包渣状物
人造钇铝榴石	浅紫、紫色	均质体 等轴晶系	1.970 (+0.060)	无	7.05 (+0.04,-0.10)	无	6~7		熔体提拉法:洁净,可见气泡;熔体导模法:洁净,可含气泡
锆石	紫色	非均质体 四方晶系 U⁺	高型: 1.925~1.984 (0.040); 中型: 1.875~1.905 (±0.030)	高型: 0.040~0.060; 中型: 0.010~0.040	高型: 4.60~4.80; 中型: 4.10~4.60	二色性弱	6~7.5		高型:矿物包裹体,重影;中型:平直分带,包裹体
人造钇铝榴石	浅紫、紫色	均质体 等轴晶系	1.833 (±0.010)	无	4.50~4.60	无	8		洁净,偶见气泡
铁铝榴石	红紫、紫色	均质体 等轴晶系	1.790 (±0.030)	无	4.05 (+0.25,-0.12)	无	7~8	无	矿物包裹体,针状矿物包裹体,锆石晕等

续表 8-6

名称	颜色	光性特征与晶系	折射率	双折射率	密度 (g/cm³)	多色性	摩氏硬度	紫外荧光	放大观察及其他特征
蓝宝石	蓝紫、紫色	均质体 三方晶系 U−	1.762~1.770 (+0.009, −0.005)	0.008~0.010	4.00 (+0.10, −0.05)	二色性 紫/紫红	9	LW 无至强红; SW 无至弱红	矿物包裹体、气液包裹体、指纹状包裹体、丝状包裹体、双晶纹、裂理、平直或六边形色带等
合成蓝宝石	紫色	均质体 三方晶系 U−	1.762~1.770 (+0.009, −0.005)	0.008~0.010	4.00 (+0.10, −0.05)	二色性	9		焰熔法:弧形生长纹、气泡、面包渣状物；助熔剂法:助熔剂残余
铁镁铝榴石	红紫、紫色	均质体 等轴晶系	1.760 (+0.010, −0.020)	无	3.84 (±0.10)	无	7~8	无	针状矿物包裹体、矿物包裹体
合成尖晶石	紫、蓝紫色	均质体 等轴晶系	1.728 (+0.012, −0.008)	无	3.64 (+0.02, −0.12)	无	8		焰熔法:洁净，可见气泡、弧形生长纹；助熔剂法:助熔剂残余、铂金片
尖晶石	紫、红紫、蓝紫色	均质体 等轴晶系	1.718 (+0.017, −0.008)	无	3.60 (+0.10, −0.03)	无	8	无	八面体负晶、矿物包裹体
蓝晶石	蓝紫、褐紫色	非均质体 三斜晶系 B−	1.716~1.731 (±0.004)	0.012~0.017	3.68 (+0.01, −0.12)	三色性	平行C轴: 4~5 垂直C轴: 6~7	无	矿物包裹体、气液包裹体、解理、色带
斧石	微紫、褐紫、蓝紫色	非均质体 三斜晶系 B−	1.678~1.688 (±0.005)	0.010~0.012	3.29 (+0.07, −0.03)	三色性 强，紫至浅黄粉/红褐	6~7	无	矿物包裹体、气液包裹体 412 nm, 466 nm, 492 nm, 512 nm吸收线

续表 8-6

名称	颜色	光性特征与晶系	折射率	双折射率	密度(g/cm³)	多色性	摩氏硬度	紫外荧光	放大观察及其他特征
蓝线石	紫色	非均质体 斜方晶系 B−	1.659~1.723	0.027~0.037 集合体可测	3.35	强三色性，集合体不可测	7	一般惰性	偶有猫眼效应
翡翠	淡紫色	非均质集合体	1.666~1.680 (±0.008) 1.66(点)	不可测	3.34 (+0.06, −0.09)	无	6.5~7	无至弱	粒状变晶结构等
染色翡翠	淡紫色	非均质集合体	1.666~1.680 (±0.008) 1.66(点)	不可测	3.34 (+0.06, −0.09)	无	6.5~7	较强	颜色在缝隙中及晶粒边缘
锂辉石	浅紫色	非均质体 单斜晶系 B+	1.660~1.676 (±0.005)	0.014~0.015	3.18 (±0.03)	三色性	6.5~7	LW 中至强，粉；SW 弱	气液包裹体、纤维状包裹体，矿物包裹体，两组近正交的完全解理
磷灰石	浅紫色	非均质体 六方晶系 U−	1.634~1.638 (+0.012, −0.006)	0.002~0.008	3.18 (±0.05)	二色性	5~5.5	LW 绿黄；SW 浅紫红	气液包裹体、矿物包裹体
电气石	紫、蓝紫色	非均质体 三方晶系 U−	1.624~1.644 (+0.011, −0.009)	0.018~0.040 通常 0.020	3.06 (+0.20, −0.060)	二色性强	7~8	无	气液包裹体、管状、线状包裹体、针状矿物包裹体
黄玉	浅紫色	非均质本 斜方晶系 B+	1.619~1.627 (±0.010)	0.008~0.010	3.53 (±0.04)	三色性，除黄色者外，一般只见二色性	8		气液包裹体、二相、三相包裹体、不混溶液体包裹体，矿物包裹体、负晶

续表 8-6

名称	颜色	光性特征与晶系	折射率	双折射率	密度 (g/cm³)	多色性	摩氏硬度	紫外荧光	放大观察及其他特征
苏纪石	深紫、红紫、蓝紫色	非均质体 六方晶系 非均质集合体 U−	1.607~1.610 (+0.001, −0.002) 含石英 1.54	0.003 集合体不可测	2.74 (+0.05)	二色性 集合体不可测	5.5~6.5	SW 无至中，蓝色	细粒状结构，单晶罕见 550 nm 强带，411 nm，419 nm，437 nm 和 445 nm 线
绿柱石	浅紫色	非均质体 六方晶系 U−	1.577~1.583 (±0.017)	0.005~0.009	2.72 (+0.18, −0.05)	二色性	7.5~8	无至强，粉红、橙或黄色	矿物包裹体、气液包裹体
方柱石	浅紫、紫色	非均质体 四方晶系 U−	1.550~1.564 (+0.015, −0.014) 紫色者：1.536~1.541	0.005	2.60~2.74 常为 2.60	二色性 中至强	6~6.5	无至强，粉红、橙或黄色	平行管状包裹体、针状包裹体、矿物包裹体、气液包裹体、负晶
查罗石	紫、紫蓝色	非均质 集合体	1.550~1.559 (±0.002)	0.009 集合体不可测	2.68 (+0.10, −0.14)	集合体不可测	5~6	LW 无至弱，斑块状红色；SW 无	纤维状结构，含矿物共生物，色斑
紫晶	浅至深紫色	非均质体 三方晶系 U+	1.544~1.553	0.009	2.66 (+0.03, −0.02)	二色性弱	7	无	气液包裹体、气液固包裹体、矿物包裹体、负晶、虎纹包裹体、色块等
合成紫晶	紫色	非均质体 三方晶系 U+	1.544~1.553	0.009	2.66 (+0.03, −0.02)	二色性	7	无	气液两相针状包裹体、"桌面灰尘状"管状包裹体、种晶板等

续表 8-6

名称	颜色	光性特征与晶系	折射率	双折射率	密度 (g/cm³)	多色性	摩氏硬度	紫外荧光	放大观察及其他特征
堇青石	带蓝色调的紫色	非均质体 斜方晶系 B-	1.542~1.551 (+0.045,-0.011)	0.008~0.012	2.61 (±0.05)	三色性：强浅紫/深紫/黄褐	7~7.5	无	气液包裹体，矿物包裹体，针状矿物包裹体，色带，426 nm和645 nm弱吸收带，可有星光、猫眼或砂金效应
丁香紫玉（锂云母岩）	丁香紫、玫瑰紫色	非均质集合体，单晶斜方晶系 B-	1.535~1.610 1.54~1.56(点)	集合体不可测	2.80~2.90	集合体不可测	2~3	惰性	可含共生矿物
鱼眼石	紫色	非均质体 四方晶系 U-	1.535~1.537	0.002	2.40 (±0.10)	二色性	4~5	SW无至淡黄	气液包裹体
玻璃	紫色	均质体 非晶质	1.470~1.700 可>1.81	无	2.30~4.50	无	5~6	弱至强	气泡，流动线，浑圆状刻面棱线，易被磨损刻划
塑料	紫色	均质体 非晶质	1.46~1.700	无	1.05~1.55	无	1~3	无至强	气泡，流动线，浑圆状刻面棱线，硬度低
萤石	紫色	均质体 等轴晶系	1.434 (±0.001)	无	3.18 (+0.07,-0.18)	无	4	强荧光，可具磷光	色带，两相或三相包裹体，四组八面体解理

表 8-7 灰色黑色系列珠宝玉石特征表

名称	颜色	光性特征与晶系	折射率	双折射率	密度 (g/cm³)	多色性	摩氏硬度	紫外荧光	放大观察及其他特征
赤铁矿	深灰至黑色	非均质体 三方晶系 U⁻ 常为非均质集合体	2.940~3.220 (−0.070)	0.280 集合体不可测	5.20 (+0.08,−0.25)	不可测	5~6	无	不透明,金属光泽,锯齿状断口,条痕红褐色
针铁矿（乌刚石）	乌黑色	非均质体 斜方晶系 B⁻ 或为非均质集合体	2.260~2.398	0.138 集合体不可测	4.28	不可测	4~6	无	常不透明,亚金属光泽至亚金刚光泽,有时丝绢光泽,锯齿状断口
钻石	黑色	均质体 等轴晶系	2.417	无	3.52 (±0.01)	无	10	无至强	矿物包裹体,云状物,点状物,生长纹,原始晶面,棱线锋利,热导仪测试发出蜂鸣声
合成钻石	黑色	均质体 等轴晶系	2.417	无	3.52 (±0.01)	无	10	LW无; SW无至中	金属触媒包裹体,黑色包裹体,四边线生长纹,热导仪测试发出蜂鸣声
合成立方氧化锆	黑色	均质体 等轴晶系	2.15 (+0.03)	无	5.80 (+0.20)	无	8.5		通常洁净,偶见气泡,面包渣状物
锡石	暗褐至黑色	非均质体 四方晶系 U⁺	1.997~2.093 (+0.009,−0.006)	0.096~0.098	6.95 (±0.08)	无	6~7	无	常见色带,矿物包裹体
黑榴石（钙铁榴石）	黑色	均质体 等轴晶系	1.888 (+0.007,−0.033)	无	3.84 (±0.03)	无	7~8	无	矿物包裹体

续表 8-7

名称	颜色	光性特征与晶系	折射率	双折射率	密度 (g/cm³)	多色性	摩氏硬度	紫外荧光	放大观察及其他特征
蓝宝石	灰、黑、黑褐色	非均质体 三方晶系 U⁻	1.762~1.770 (+0.009,−0.005)	0.008~0.010	4.00 (+0.10,−0.05)		9	无	矿物包裹体、裂理等，可有星光效应
合成蓝宝石	蓝黑、褐黑色	非均质体 三方晶系	1.762~1.770 (+0.009,−0.005)	0.008~0.010	4.00 (+0.10,−0.05)		9	无	弧形生长纹、气泡、料渣等
钙铝榴石	黑色	均质体 等轴晶系	1.740 (+0.020,−0.010)	无	3.61 (+0.12,−0.04)	无	7~8	无	矿物包裹体等
合成尖晶石	黑绿至绿黑色	均质体 等轴晶系	1.728 (+0.012,−0.008)	无	3.64 (+0.02,−0.12)	无	8	LW红,SW 浅绿白	弧形生长纹、气泡等
尖晶石（铁镁尖晶石）	黑色、暗绿色	均质体 等轴晶系	1.73	无	3.57	无	8	无	矿物包裹体等
紫苏辉石	灰、黑、黑褐色	非均质体 斜方晶系 B⁻	1.689~1.727	0.010~0.016	3.30~3.50	三色性	5~6		矿物包裹体、两组近垂直完全解理，两组有猫眼效应
透辉石	灰、黑色	非均质体 单斜晶系 B⁺	1.675~1.701 (+0.029,−0.010)	0.024~0.030	3.29 (+0.11,−0.07)		5~6		气液包裹体、纤维状包裹体，矿物直完全解理，猫眼效应、星光效应，505 nm 吸收线
普通辉石	灰、褐、绿、黑褐等色	非均质体 单斜晶系 B⁺	1.670~1.772	0.018~0.033	3.23~3.52	三色性，浅绿/浅褐/绿黄	5~6		气液包裹体、纤维状包裹体，矿物包裹体，两组近垂直完全解理、猫眼星光效应

续表 8-7

名称	颜色	光性特征与晶系	折射率	双折射率	密度 (g/cm³)	多色性	摩氏硬度	紫外荧光	放大观察及其他特征
翡翠	灰、黑色	非均质集合体	1.666~1.680 (±0.008) 1.66(点)	不可测	3.34 (+0.06,−0.09)	不可测	6.5~7	无	粒状变晶结构等
煤精	黑、褐黑色	均质体 非晶质	1.66 (±0.02)	无	1.32 (±0.02)	无	2~4	无	条纹构造,可燃烧(有煤烟味)摩擦带电
顽火辉石	灰色	非均质体 斜方晶系 B+	1.663~1.673 (±0.010)	0.008~0.011	3.25 (+0.15,−0.02)		5~6		气液包裹体,矿物包裹体,纤维状包裹体,两组近垂直完全解理,可有猫眼、星光效应
矽线石	白至灰色	非均质体 斜方晶系 B−	1.659~1.680 (+0.004,−0.006)	0.015~0.021	3.25 (+0.02,−0.11)		6~7.5	惰性	矿物包裹体,纤维状包裹体,一组完全解理,常见猫眼效应,410 nm,441 nm,462 nm弱带
碧玺	黑色	非均质体 三方晶系 U−	1.624~1.644 (+0.011,−0.009)	0.018~0.040	3.06 (+0.20,−0.060)		7~8	无	气液包裹体,平行线状、管状包裹体,针状矿物包裹体等
软玉	灰、黑色	非均质集合体	1.606~1.632 (+0.009,−0.006) 1.60~1.61(点)	不可测 (偶尔可测)	2.95 (+0.15,−0.05)		6~6.5	无	纤维交织结构,含黑色矿物
绿柱石	黑色	非均质体 六方晶系 U−	1.577~1.583 (±0.017)	0.005~0.009	2.72 (+0.18,−0.05)	无	7.5~8		矿物包裹体,气液包裹体、管状包裹体
角质珊瑚	灰黑至黑色	均质体 非晶质	1.56	无	1.30~1.50 平均为1.35		2.5~3	无	横截面"年轮"状结构,表面具小丘渗状突起

续表 8-7

名称	颜色	光性特征与晶系	折射率	双折射率	密度 (g/cm³)	多色性	摩氏硬度	紫外荧光	放大观察及其他特征
烟晶	深灰、黑褐色等	非均质体 三方晶系 U^+	1.544~1.553	0.009	2.66 (+0.03,-0.02)		7	无	气液包裹体、矿物包裹体、负晶等
合成烟晶	茶色、黑色	非均质体 三方晶系 U^+	1.544~1.553	0.009	2.66 (+0.03,-0.02)		6.8~7	无	气液两相、针状包裹体、桌面灰尘状、渣状包裹体
石英岩玉	黑至灰色	非均质集合体	1.544~1.553 1.54(点)	不可测	2.64~2.71	无	7	无	粒状结构
玉髓（玛瑙）	灰、黑色	隐晶质集合体	1.535~1.538 1.53或1.54(点)	不可测	2.60 (+0.10,-0.05)	无	6.5~7	无	隐晶质结构，玛瑙具环带（条带）构造
天然黑珍珠	黑色等	无机成分：非均质集合体；有机成分：非晶质	1.530~1.685	不可测	海水珠：2.61~2.85；淡水珠：2.66~2.78		2.5~4.5	LW 弱至中，红、橙红色	强珍珠光泽、同心放射层状结构，表面具"砂丘纹"，粉末为白色
长石	灰白、灰、灰黑色	非均质体 单斜或三斜晶系，二轴晶	1.52~1.57	0.004~0.009	2.56~2.75		6~6.5	无至弱	解理、双晶纹、气液包裹体、针状结构，可有猫眼效应、晕彩效应
养殖珍珠	灰色、黑色等	无机成分：非均质集合体；有机成分：非晶质	1.500~1.685 多为1.53~1.56	不可测	海水珠：2.72~2.78；淡水珠：大多低于天然珠		2.5~4	弱至中，红、黄色	表面具"砂丘纹"等，强珍珠光泽

续表 8-7

名称	颜色	光性特征与晶系	折射率	双折射率	密度 (g/cm³)	多色性	摩氏硬度	紫外荧光	放大观察及其他特征
改色黑珍珠	灰色、黑色等	无机成分：非均质集合体；有机成分：非晶质	1.500~1.685，多为1.53~1.56	不可测	海水珠：2.72~2.78；淡水珠：大多低于天然珠		2.5~4	无或灰白荧光	珠光弱，裂隙、病灶处黑色深，粉末为黑色，5%硝酸擦拭会染黑棉球
天然玻璃岩（黑曜岩）	黑色	均质体非晶质	1.490 (+0.020, -0.010)	无	2.40 (±0.10)	无	5~6	无	气泡、流动构造、斑晶等
大理岩	灰、黑色	非均质集合体	1.486~1.658	不可测	2.70 (±0.05)		3		粒状结构，可有各种花纹
仿珍珠	黑色	非均质集合体	1.48或其他	无	不定		2~5		无"砂丘纹"，有温感
玻璃	灰、黑色	均质体非晶质	1.470~1.700 可>1.81	无	2.30~4.50	无	5~6	弱至强	气泡、流动线、浑圆状刻面棱线
塑料	灰、黑色	非均质集合体	1.46~1.700	无	1.05~1.55	无	1~3	无至强	气泡、流动线、浑圆状刻面棱线
欧泊	深灰等色	均质体非晶质	1.450 (+0.020, -0.080)	无	2.15 (+0.08, -0.90)	无	5~6	无至中，可有磷光	变彩效应，彩片边界平坦模糊，彩片具平行纹（丝绢状外观）
合成欧泊	灰、黑色	均质体非晶质	1.43~1.47	无	1.97~2.20	无	4.5~6	LW无；SW弱至强，无磷光	变彩效应，彩片呈镶嵌状结构，边缘呈锯齿状，彩片内具蜥蜴皮结构
萤石	灰、蓝、黑色	均质体等轴晶系	1.434 (±0.001)	无	3.18 (+0.07, -0.18)	无	4	荧光、强可具磷光	气液包裹体，两相或三相包裹体，八面体解理

(3)镶嵌宝石首饰质量评价内容包括15个方面

①样品编号。

②全重(g)。

③颜色。

④形状。

⑤光泽。

⑥透明度。

⑦特殊光学效应。

⑧滤色镜下特征。

⑨多色性。

⑩紫外荧光:LW,SW。

⑪偏光镜测试:现象、结论。

⑫放大检查:表面特征、内部特征。

⑬其他测试(折射率等)。

⑭初步定名。

⑮镶嵌工艺的质量评价。

镶嵌珠宝玉石首饰的质量评价,利用镶宝戒指等进行实习,按照国家职业资格宝玉石检验员(中级)的职业技能鉴定规范执行。

三、实习要求

(1)专项测试

掌握分光镜测试-吸收光谱观测方法并画图。

针对样品为红宝石、合成红宝石(铬谱)或红尖晶石(铬谱);钴蓝色合成尖晶石(钴谱);锆石,特征线为653.5 nm吸收线及U、Th、TR等的谱线(风琴谱),即涵盖了红区、中区、蓝紫区的谱线、谱带。

(2)兼顾评价

遇有钻石,除进行鉴定外,还要对钻石的颜色级别和净度级别进行目测评价。

净度分级可以使用10×放大镜,颜色分级不使用比色灯、比色石,只是目测颜色分级。钻石颜色级别划分见表8-8。钻石净度级别划分见表8-9。

表8-8 钻石颜色级别

颜色	级别	
极白	100,99	D,E
优白	98,97	F,G
白	96	H
微黄白	95,94	I,J
浅黄白	93,92	K,L
浅黄	91,90	M,N
黄	<90	<N

表8-9 钻石净度级别(只划分大级别)

净度级别	描述
LC	镜下无瑕级
	10×放大镜下,未见钻石具内、外部特征
	(有四种情况仍属LC级,理论上要掌握)
VVS	极微瑕级
	10×放大镜下钻石具极微小的内、外部特征
VVS 1	极难观察
VVS 2	很难观察
VS	微瑕级
	10×放大镜下钻石具细小的内、外部特征
VS 1	难以观察
VS 2	比较容易观察
SI级	瑕疵级
	10×放大镜下钻石具明显的内、外部特征
SI 1级	容易观察
SI 2级	很容易观察
P级	重瑕疵级
P 1级	肉眼可见
P 2级	肉眼易见
P 3级	肉眼极易见

(3)每个样品均需有三项或三项以上有效证据
(4)戒指等镶宝首饰镶嵌工艺质量评价
主要从镶石是否牢固,是否周正,是否平服三个方面进行评价。

四、实习报告

(1)各类珠宝玉石样品20个(裸石或小雕件)
(2)实习报告填写在"珠宝玉石鉴定表"内
(3)要求
①每个样品至少有三项或三项以上有效证据。
②样品中若遇有钻石,除鉴定、定名外,必须进行颜色级别、净度级别目测评价。
③样品中若遇有珍珠,必须判断有核、无核。
④第一号样品要求进行分光镜检测,观察吸收光谱并画图。
⑤按国家标准有关规定定名,定名到种(辉石、石榴石定名到族即可),遇有合成的宝玉石品种,必须放大观察包裹体特征,找出天然或合成证据;遇有优化处理的品种,需找出优化处理证据;遇有星光效应、猫眼效应、变色效应、月光效应等特殊光学效应的宝石,特殊光学效应须要参加命名。
⑥准确观察、测试,综合分析、判断,正确定名。

第九章 珠宝玉石鉴定集中实训

一、鉴定集中实训目的

①通过鉴定集中实训,对珠宝玉石鉴定技能进行强化训练,进一步熟练操作各类珠宝鉴定仪器,做到准确观察、测试,综合分析、判断,正确命名。

②进一步巩固、提高鉴定各类珠宝玉石的技能,重点掌握易混淆珠宝玉石、优化处理珠宝玉石以及天然与合成珠宝玉石的鉴别。

二、鉴定集中实训时间

鉴定集中实训时间为两周。

三、鉴定集中实训内容

①各类珠宝玉石。

②钻石。

③常见宝石:红宝石、蓝宝石、金绿宝石(变石和猫眼)、祖母绿、海蓝宝石和其他绿柱石、碧玺(电气石)、尖晶石、锆石、托帕石(黄玉)、橄榄石、石榴石、水晶(紫晶、黄水晶、烟晶、绿水晶、芙蓉石)、长石(月光石、日光石、天河石、拉长石)、冰洲石。

④稀少宝石:榍石、符山石、方柱石、锡石、红柱石、矽线石、堇青石、辉石、磷灰石、黝帘石(坦桑石)、蓝晶石、绿帘石。

⑤优化处理的宝石:扩散蓝宝石、染色红宝石、辐照托帕石和染色祖母绿等。

⑥常见玉和玉石:翡翠、软玉、欧泊、蛇纹石玉、独山玉、绿松石、青金石、孔雀石和硅孔雀石、玉髓(玛瑙、碧玉、澳玉、蓝玉髓等)、石英岩玉(东陵石、密玉、京白玉、贵翠、长瓦玉等)、木变石(虎睛石、鹰眼石)、蔷薇辉石、大理岩(方解石、白云石)、天然玻璃(陨石玻璃、火山玻璃)、乌刚石(针铁矿)。

⑦稀少玉石:葡萄石、菱锌矿、菱锰矿、萤石、水钙铝榴石、滑石、异极矿、查罗

石(紫硅碱钙石)、钠长石玉和赤铁矿。

⑧优化处理的玉石:翡翠(处理)、染色石英岩、染色蛇纹石玉、染色大理岩等。

⑨有机宝石:天然珍珠、海水和淡水养殖珍珠、优化处理珍珠、仿珍珠、珊瑚、染色珊瑚、仿珊瑚、贝壳、龟甲、煤精、琥珀、仿琥珀、象牙、骨料。

⑩合成宝玉石:合成红宝石、合成蓝宝石、合成祖母绿、合成金绿宝石、合成变石、合成尖晶石、合成欧泊、合成石英(合成水晶、合成紫晶、合成黄水晶、合成绿水晶等)、合成金红石、合成青金石、合成绿松石、合成立方氧化锆、合成碳硅石。

⑪人造宝石:人造钇铝榴石、人造钆镓榴石、人造钛酸锶、玻璃、塑料、岩粉等。

⑫拼合石:拼合欧泊、红宝石拼合石、蓝宝石拼合石。

四、鉴定集中实训要求

①熟练掌握各类常规珠宝鉴定仪器的原理、构造和操作方法以及使用时的注意事项。

②掌握各类珠宝玉石的鉴定特征和鉴定方法,重点掌握天然宝石与合成宝石、优化处理宝石以及易混淆宝石的鉴别。

③中国宝玉石协会(GAC)鉴定师实践模拟考试要求及评分标准。

各类珠宝玉石样品:一袋,20粒(20个样品)。

时间:3h。

评分标准(满分20分,≥18分为合格):

a. 每个样品至少有三项有效证据,缺项扣0.1~0.2分;

b. 第一号样品必须进行分光镜测试并画图,否则扣0.3分;

c. 遇有钻石样品,除进行鉴定外,要求目测颜色级别和净度级别,否则扣0.2~0.3分;

d. 遇有养殖珍珠,必须区分有核、无核,否则扣0.1~0.2分;

e. 有些有合成的样品品种,一定要放大观察,找出天然或合成证据,否则扣0.3~0.5分;

f. 颜色观察错误,折射率、密度等测试超差,各扣0.1~0.2分;

g. 星光效应、猫眼效应不参加定名扣0.5分,位置放错扣0.3分;

h. 定名错误扣0.5~1分。

第十章 结束语

掌握珠宝玉石鉴定技能是从事珠宝行业各项工作的重要基础。具备珠宝鉴定的基本知识和基础理论，以理论为指导，认真实践，是提高珠宝鉴定技能的关键。

在珠宝玉石鉴定实践中，容易出现问题的方面应该给予充分的注意。

一、鉴定仪器的使用及在观察、测试中需要注意的问题

1. 折射率及双折射率的测定

测折射率时，如果是刻面测法，宝石放到折射仪的棱镜上之后，一定要动一下宝石，以使宝石与棱镜有一个良好的光学接触。宝石放好之后，可以旋转偏光片观察，读取最大值或最小值；然后转动宝石一定角度，再旋转偏光片观察，读取最大值和最小值；再转动宝石，再旋转偏光片观察并读数。最后取各次观察结果中的最大值和最小值，二者之差即双折射率（或接近最大双折射率）。如果是均质体宝石，转动宝石，旋转偏光片，始终只有一个阴影边界，即一个折射率值。实习中经常见到有的同学测非均质体刻面宝石折射率时，也只读一个折射率值，既不转动宝石，也不旋转偏光片。如对橄榄石和铬透辉石的折射率测定，结果将二者混淆，导致定名错误。橄榄石折射率的最小值一般为 1.654，而铬透辉石最小值为 1.675；橄榄石双折射率为 0.036；而铬透辉石双折射率为 0.024～0.030。

测定双折射率（或接近最大双折射率），有时对易混淆宝石的鉴别可提供强有力的证据。如碧玺和磷灰石，二者折射率、密度相近，碧玺双折射率为 0.020，而磷灰石双折射率多为 0.003。

折射仪可以测定一轴晶光性正负。掌握一轴晶光性正负的测定方法有时对鉴别易混淆宝石起到关键作用。如紫晶为一轴晶正光性，而紫色方柱石为一轴晶负光性。一轴晶光性正负的确定，在折射仪上看高值动还是低值动，一般是无法分辨的。最好是采用测两组或三组数据的方法，每组数据中都出现的折射率值，即常光的折射率（N_o），然后根据 N_o 是高值还是低值即可确定一轴晶的光性正负。

测得的折射率值的记录要规范。刻面测法记录到小数点后第三位,如尖晶石1.718;水晶1.544,1.553或1.544/1.553。记录折射率经常出现问题的是非均质宝石,有的同学对于非均质宝石也只记录一个折射率值,有的记录不规范,如水晶1.544~1.553,连字符是表示折射率值的范围;而最大值与最小值之间用","或"/"隔开,是表示实测的折射率值。如果是点测法,应记录到小数点后两位,并注明为点测法,如玛瑙1.54(点)。

2. 密度测定

测定宝石的密度之前应注意看看所用液体为蒸馏水还是四氯化碳。如果是四氯化碳,应该根据室温校正密度,并按公式计算密度。其次应检查一下天平是否处于水平位置(水银气泡居中说明天平处于水平位置),天平不处于水平位置误差会很大。

操作时要细心,不要使金属丝框触碰到烧杯壁;烧杯不要触碰到支架。

切记不要使液体溅出烧杯,更不要碰倒烧杯,因为烧杯被碰倒后,杯中的液体会使电子天平毁坏甚至发生危险。

空气中称重(质量)和液体中称重(质量)前应看看是否已去皮(归零)。

读数时关上防护罩。

对于质量小于0.005 g的样品,测量误差太大,不能作为鉴定依据。

密度值的记录到小数点后两位。经常有记录密度不规范的事情发生,如:红宝石密度4 g/cm³,这是不规范的,应记录为红宝石密度4.00 g/cm³。还有的记录到小数点后一位,有的记录到小数点后三位,这些同样是不规范的。

3. 放大检查

放大检查可以观察宝石的表面特征和内部特征,对确定宝石是天然的还是合成的以及是否经过了优化处理等都可以起到关键性的作用。例如,天然红宝石可以观察到矿物包裹体,针状矿物包裹体,指纹状包裹体,气液包裹体,气液两相包裹体,平直或六边形生长纹(或色带),双晶纹或裂理等;而合成红宝石焰熔法可以见到弧形生长纹、气泡等,助熔剂法的可以见到助熔剂残余等,水热法的可以见到钉状(针状)气液包裹体等。又如,天然绿色翡翠的颜色有色根、色形,而染色的绿色翡翠的颜色集中在裂隙和晶粒边缘,具"丝网状"绿,而B货翡翠表面具沟渠纹,内部结构被破坏。

放大检查可以确定玉石的结构,帮助鉴定玉石。如京白玉(石英岩玉)具粒状结构,而白玉(软玉)具隐晶质结构/纤维交织结构。

放大检查还可以观察宝石是否有双影,以便鉴别某些易混淆宝石。例如,锆石可见双影,而石榴石无双影;碧玺有双影,而磷灰石无双影;合成碳硅石有双影,而钻石无双影。

对于某些半透明、微透明甚至不透明的宝石,也可以通过表面特征观察而找到一些有用的鉴定特征。例如,矽线石猫眼和透辉石猫眼,往往透明度较差,二者折射率、密度相近,极易混淆,这时,可以观察其弧面型的底面的解理,问题便可以很好的得以解决。矽线石有一组完全解理,一层层的解理面形成类似"砂丘纹"似的底面,而透辉石猫眼的底面边缘往往可以发现破口,见到类似阶梯状的两组近正交的解理(辉石式解理,两组解理交角 87°和 93°,也称豆腐块式解理)。再如,焰熔法合成星光红宝石透明度很差,多为微透明,只能通过顶光照明观察其表面的弧形生长纹(色带)和气泡确定其为合成品。又如,可观察黑曜岩表面(顶光照明)出露的白色长石斑晶等,确定其为火山玻璃而非人造玻璃。

放大观察时的一些方法和技巧是需要在实践中摸索的。例如,焰熔法合成红宝石弧形生长纹的观察,往往不是一下子就能看到的,有时需要转动宝石夹,先观察台面方向,再观察腰围,接着观察亭部,在合适的方向就可以观察到弧形生长纹。它的特点是颜色、明暗的细微差异显现出来的密集纹理,略弯曲,可以通过不同的刻面;而抛光纹是笔直的、细细的,并且只局限在一个刻面上。再如,重影的观察,亦需转动宝石,在合适的方向才会看到重影(沿光轴方向观察是看不到重影的)。又如,玻璃猫眼的观察,只有在弧面型宝石的弧面接近底面处才可观察到蜂巢构造。

放大检查有时借助放大镜(10×),会比使用宝石显微镜的效果好。例如,某些透明度较差的样品,如象牙,观察它的勒兹纹,借助冷光源(强光)透射照明样品,用放大镜观察横切面的勒兹纹会收到令人十分满意的效果。再如,某些染绿色的翡翠,如果透明度较差,使用冷光源和放大镜观察其丝网状绿,比用宝石显微镜清楚得多。

4. 多色性的观察

使用二色镜对非均质宝石进行多色性的观察,首先应了解二色镜的工作原理。从非均质宝石透射出来的两束振动方向互相垂直的偏光,进入二色镜后,如果这两束振动方向互相垂直的偏光,分别平行二色镜中冰洲石块光率体椭圆切面的长短半径,则所观察到的是二色性;如果两束振动方向互相垂直的偏光与冰洲石光率体长短半径斜交,则看到的是混合色(过渡色),若理解此问题,必须了解单偏光镜下的光学特点和平行四边形分解法则。所以,使用二色镜时,要旋转二色镜进行观察。

光波沿光轴方向入射,不发生双折射,所以,用二色镜沿光轴方向观察一轴晶宝石,是见不到二色性的;只有垂直一轴晶光轴方向观察到的多色性才最明显(Ne 与 No 为两个主要光学方向,光波沿这两个主要光学方向振动时,选择吸收的差别最大）。二轴晶垂直光轴面方向观察到的多色性（Ng 与 Np）最明显。我们所说的二色性，是指光波在一轴晶的两个主要光学方向振动时，选择吸收所产生的颜色；三色性是指二轴晶宝石的三个主要光学方向，即 Ng、Nm、Np，光波在这三个主要光学方向振动时，选择吸收所显现出的颜色才是三色性。所以，使用二色镜时，一定要从宝石的多个方向观察。这样做，一是为了避免仅得到光轴方向的观察结果，另外更重要的是为了找到一轴晶的两个主要光学方向（Ne，No）或二轴晶的三个主要光学方向（Ng，Nm，Np）。

理解了上述内容，即理解了为什么在二色镜的使用方法中强调：从宝石的两个以上的多个方向观察，并转动二色镜观察。

二色镜聚焦在窗口，所以使用二色镜时宝石应尽量靠近窗口，眼睛应尽量靠近二色镜（2～5 mm）。

二色镜的光源应使用连续光谱的白光源，其中冷光源（光导纤维灯）用起来很方便，把冷光源的亮度调节到中等即可（使用分光镜时用强冷光源），这时可以用手控制宝石，很方便的从宝石的多个方向观察（同时转动二色镜观察）。

在珠宝玉石鉴定时，如是均质体，则在"多色性"一栏写上无或惰性，如红色石榴石，无多色性是它的有效鉴定特征之一。而有多色性的非均质宝石，一轴晶如红宝石应记录为二色性，紫红/橙红（或紫红，橙红），二色性的两种颜色之间用"/"或"，"隔开；二轴晶如堇青石，三色性：黄色/蓝灰/深紫（或黄色，蓝灰，深紫），三色性的三种颜色之间同样用"/"或"，"隔开。多色性的记录不能只是记录为红宝石，二色性；堇青石，三色性。一定要把所观察到的二色性或三色性的具体颜色写上，同时还应该记录其多色性的强、中、弱。

有些样品多色性很弱，例如，符山石的两个窗口为同一种颜色，只是色调深浅稍有不同，但完全可以观察出来。

观察二色性时，不要把混合色（过渡色）当成第三种颜色；观察三色性时，一定要从宝石的多个方向观察，才能确定宝石的三色性。

把磷灰石定名为玻璃，绿色钙铝榴石定名为金绿宝石，红色石榴石定名为红宝石等错误经常发生。如果观察一下有无多色性就不会出错了。

最后，说明一点：无色的非均质宝石，没有多色性。

5. 分光镜检测

使用分光镜观察宝玉石的吸收光谱，对一些有特殊吸收光谱的宝玉石是一项十分重要的鉴定特征。例如，红宝石与红色尖晶石，具有相似的吸收光谱特征，但红色尖晶石蓝区无铁的吸收线。铁铝榴石吸收光谱具"铁窗"，锆石具"风琴谱"等。有时一些易混淆宝石通过吸收光谱特征可以鉴别。例如，碧玺猫眼与磷灰石猫眼，点测的折射率值、密度值相近，二者极易混淆，但磷灰石猫眼具

580 nm双吸收线(手持式分光镜见到的是 580 nm 一条吸收线)。

分光镜检测要求重点掌握红宝石或合成红宝石(铬谱)、红色尖晶石(铬谱)、钴蓝色焰熔法合成尖晶石(钴谱)和锆石(风琴谱,特征吸收线 653.5 nm 及 U、Th、TR 的谱线)的吸收光谱特征并画图。上述宝石的吸收光谱涵盖了红区、中区和蓝紫区的谱线、谱带。

6. 偏光镜检测

偏光镜主要用来观察珠宝玉石的光性特征,需调节上偏光片与下偏光正交(此时视域黑暗)。

偏光镜使用方便,但经常会出现问题,所以再次强调一下使用时的注意事项:

①从两个以上方向观察,以避免光轴方向。

②微透明、不透明的样品不能应用。

③样品的包裹体和裂隙几乎可以导致任意的偏光反应。

④某些单折射的宝石,如石榴石、玻璃、欧泊和琥珀可呈现任意的偏光现象。例如,石榴石为均质体,但在正交偏光镜下常会见到四明四暗的现象。这是由于石榴石在形成过程中受到了应力的影响,以及刻面琢型对光的反射、折射等的影响造成的任意偏光反应。又如,玻璃可以出现假一轴晶干涉图(出现黑"十"字,但无同心色环)或假二轴晶干涉图(有双曲线黑臂,无"∞"字形色环),属异常消光。

⑤高折射率($RI>1.81$)的宝石,可能会出现问题。

⑥对尺寸很小的样品,观察和解释都是很困难的。

⑦有时受到刻面琢型的影响,很难观察。

偏光镜检测的记录方法:可以只写观察到的现象,如四明四暗,全亮等;也可以写出现象,同时写出结论,如四明四暗,非均质体,全亮,非均质集合体等。但不可以只写结论,如非均质体或非均质集合体等。

7. 查尔斯滤色镜观察

查尔斯滤色镜观察只是珠宝玉石鉴定的一种辅助手段,有时可以帮助对某些相似宝石的鉴别。例如,海蓝宝石和蓝黄玉,海蓝宝石在查尔斯滤色镜下为绿或黄绿色;而蓝黄玉呈蓝灰色并且泛红。再如,绿色翡翠在查尔斯滤色镜下不变色;而绿色水钙铝榴石在查尔斯滤色镜下变红。

使用查尔斯滤色镜应该用强光源,最好使用光导纤维灯(冷光源),并且要把宝石放在黑色背景上观察。

8. 紫外荧光灯观察

利用紫外荧光灯观察宝石的发光性（荧光、磷光），是珠宝玉石鉴定中的一种辅助手段。例如，红色尖晶石与红色石榴石的鉴别，红色尖晶石一般有红色荧光；而红色石榴石无荧光（惰性），某些B货翡翠有强蓝白等色的荧光。

紫外线是不可见光，有时紫外荧光灯按下长波或短波按钮时，会有亮光出现，说明除了紫外光外，已有可见光发出，这对荧光的观察会有影响，应该排除可见光的影响。

9. 热导仪测试

使用热导仪时，电力应充足。

开机预热后，根据室温和样品重调挡，然后把样品放在铝板凹坑中，两手指捏住背部三角形金属板，垂直测试（热导仪的探针一定要垂直样品台面（刻面），探针与台面接触时，用力要适中，经常出现的问题是探针与台面接触不良，钻石也不发出蜂鸣声，这时，应稍用力按住探针，钻石即可发出蜂鸣声，但也应注意不要用力过猛，以免损坏探针。最后根据是否发出蜂鸣声和升档判断。

如果不发出蜂鸣声，一定是非钻石；若发出蜂鸣声，则可能是钻石，也可能是合成碳硅石。这时需要进一步检测，放大观察时，如果见到金属球状、白点状、线状包裹体或见到棱线重影，则是合成碳硅石；如果观察到矿物包裹体、云状物、点状物、生长纹、解理、三角形原始晶面、无棱线双影，则是钻石（也可根据密度、光性特征鉴别）。

二、定名问题

根据珠宝鉴定中观察，测试结果，综合、分析判断，准确定名，是珠宝鉴定的目的所在。

1. 珠宝玉石鉴定定名中存在的一些问题

①先入为主，根据肉眼鉴定（经验鉴别）定名，不经观察、测试而根据记忆中的数据填写在鉴定表格中，往往导致不但定名错误，而且数据也出现错误的结果。例如，某堇青石样品被定名为紫晶，折射率1.544，1.553，密度2.65，放大检查，见矿物包裹体。这种不实事求是的做法是禁止的。

②观察测试基本准确，但关键项目没有测试，综合分析判断不够，导致定名错误。例如，某同学测试某样品结果为：折射率1.638，密度3.23 g/cm³，偏光镜下四明四暗（异常消光），紫外荧光，LW无，SW淡黄。最后定名为玻璃，而实际该样品为磷灰石。磷灰石的双折射率小，通常为0.003，只测出一个折射率倒也

很有可能,不过,如果转动一下宝石,同时旋转一下偏光片,总会看到阴影边界在移动,细心些会测到两个折射率值。另外,偏光镜下四明四暗,根据什么认为是异常消光?为什么不观察一下多色性?磷灰石的二色性尽管弱,但总可以观察出来。还有,观察一下吸收光谱,可以见到580 nm双线。折射率为1.638,密度为 3.23 g/cm³ 的宝石可能为磷灰石、碧玺、红柱石等,欲准确鉴别,一些关键特征,如双折射率、多色性、吸收光谱等是必须观察测试的。

其他的如红宝石定名为石榴石,红色石榴石定名为红宝石或红色尖晶石,或红色尖晶石定名为红色石榴石等都是此类问题。

③测试超差,没有掌握好理论知识,导致定名错误。例如,某绿色钙铝榴石为弧面型戒面,某同学测试结果为密度 3.98 g/cm³,折射率 1.72(点),定名为祖母绿。实际该样品的密度为 3.61 g/cm³,折射率为 1.74(点),为钙铝榴石。即使超差,按超差的测试结果也不该定名为祖母绿,祖母绿点测折射率为 1.58(点),密度为 2.72 g/cm³。绿色钙铝榴石无多色性,祖母绿具二色性。这样的定名错误,说明仪器操作、测试方法没有掌握,同时理论知识也没有掌握,应该花大力气急起直追,迎头赶上。

④天然宝石与合成宝石、优化处理宝石以及易混淆宝石的定名错误。这样的定名错误是在一些关键测试方面存在问题。例如,蓝宝石与合成蓝宝石(焰熔法),因为没有认真放大观察,找出天然证据(矿物包裹体、指纹状包裹体等)或合成证据(弧形生长纹/色带,气泡)而导致定名错误。又如,翡翠与染色翡翠,绿色翡翠有色根、色形;染色的绿色翡翠具有丝网状绿。再如,紫晶定名为方柱石,方柱石定名为紫晶等,这些定名错误经常是由于没有抓住关键鉴别特征而出现的。

⑤具有特殊光学效应如星光效应、猫眼效应的宝石,有的同学未将星光效应、猫眼效应参加命名,或参加命名而将其位置放错了。也有的同学把星光辉石定名为辉石猫眼,因为四射星光有两个方向的光带,其中一个方向的光带较弱,结果把星光效应错误的看成猫眼效应了。解决的方法很简单,用冷光源照射,四射星光就很清楚,便不会发生定名错误了。同样,某些透明度较好的灰白色星光蓝宝石的星光较弱,由于不细心,而没有看出来,导致定名时的品种错误。

⑥定名时不遵守定名规则。例如,将祖母绿定名为"天然祖母绿",将紫晶定名为水晶(颜色错误),将合成立方氧化锆定名为氧化锆甚至锆石,将人造钇铝榴石定名为钇铝榴石,等等。

对于宝石学中已经学习过的国家标准中的定名规则,应该很好地掌握,这是必须遵守的珠宝鉴定的规范。

2. 新、旧版《珠宝玉石名称》差别

我国于2003年7月1日发布了《珠宝玉石名称》修定版本(GB/T16552—

2003),并代替了1996年的原版本(GB/T16552—1996)。

新版本与原版本相比较主要变化如下(需认真遵照执行):

养殖珍珠可简称为珍珠。

优化处理定名规则中,增加了关于优化处理宝石名称的描述方法。新版本国家标准关于优化处理珠宝玉石的命名中,对于处理的珠宝玉石的定名,增加了描述方法,更灵活适用。例如,扩散蓝宝石原来只能定名为蓝宝石(处理),并在鉴定证书的备注栏中注明处理方法——扩散。现在扩散蓝宝石的定名可以定名为:蓝宝石(处理)、蓝宝石(扩散),也可直接定名为扩散蓝宝石。再如,漂白、充填翡翠在旧版本中规定必须定名为翡翠(处理),现在根据新标准可以定名为翡翠(处理),也可定名为翡翠(漂白、充填),还可定名为漂白、充填翡翠。

另外,新版本中规定,在目前一般鉴定技术条件下,如不能确定是否经处理时,在珠宝玉石名称中可不予表示,但必须附注说明且采用下列描述方式,如"未能确定经过×××处理"或"可能经过×××处理"。如托帕石,备注:"未能确定是否经过辐照处理"或"可能经过辐照处理"。

拼合宝石的定名有所简化。老版本中规定:拼合宝石的命名需逐层写出组成材料的名称,在组成材料名称之后加"拼合石"三字,如"蓝宝石、合成蓝宝石拼合石"。新版本规定:可以定名为"蓝宝石、合成蓝宝石拼合石",也可以只写顶部材料名称后加"拼合石"二字,如"蓝宝石拼合石"。

仿宝石增加了天然仿制品内容。老版本规定只有人工宝石才能称为仿宝石。新版本规定:人工宝石、天然宝石如果用于模仿天然珠宝玉石均可称为仿宝石。

珠宝玉石名称有所增加。新增加的珠宝玉石名称有鸡血石、寿山石(田黄)、青田石、合成碳硅石、象牙等。

参考文献

GB/T16552—2003 珠宝玉石名称
GB/T16553—2003 珠宝玉石鉴定
GB/T16554—2003 钻石分级
崔文元,吴国忠. 珠宝玉石学 GAC 教程. 北京:地质出版社,2006
邓燕华. 中国宝玉石矿. 北京:北京工业大学出版社,1991
何雪梅,沈才卿,吴国忠. 宝石的人工合成与鉴定. 北京:航空工业出版社,1998
李德惠. 晶体光学. 北京:地质出版社,1997
李劲松,赵松龄. 宝玉石大典. 北京:北京出版社,2000
李兆聪. 宝石鉴定法. 北京:地质出版社,1994
美国宝石研究所编. GIA 宝石实验室鉴定手册. 武汉:中国地质大学出版社,2005
潘兆橹. 结晶学及矿物学. 北京:地质出版社,1993
施健. 珠宝首饰检验. 北京:中国标准出版社,2000
史恩赐. 国际钻石分级概论. 北京:地质出版社,2001
英国宝石学会和宝石检测实验室编. 宝石学证书教程. 陈钟惠译. 武汉:中国地质大学出版社,2002
袁心强. 钻石分级的原理与方法. 武汉:中国地质大学出版社,1988
张蓓莉. 系统宝石学. 第2版. 北京:地质出版社,2006
周佩玲等. 有机宝石学. 武汉:中国地质大学出版,2004

附录 A 珠宝玉石特征一览表

名称	颜色	透明度	光泽	光性特征与晶系	多色性	折射率	双折射率	密度 (g/cm³)	摩氏硬度	紫外荧光	放大观察及其他特征
赤铁矿 Hematite	深灰至黑色	集合体不透明	金属光泽	非均质体 三方晶系 U⁻	无（不透明）	2.940~3.220 (−0.070)	0.280	5.20 (+0.08, −0.25)	5~6	无	条痕为红褐色，锯齿状断口
合成碳硅石 Synthetic Moissanite	无色或略带浅黄、浅绿色调	透明	亚金刚光泽	非均质体 六方晶系 U⁺	不特征	2.648~2.691	0.043	3.22 ±0.02	9.25	LW:无至橙色	白点状，金属状包裹体，重影明显，色散强 (0.104)
合成金红石 Synthetic Rutile	浅黄色，也可有蓝、绿、橙色等	透明	亚金刚光泽至金属光泽	非均质体 四方晶系 U⁺	二色性 很弱，浅黄/无色	2.616~2.903	0.287	4.26 (+0.03, −0.03)	6~7	无	强重影，一般洁净，偶见气泡
钻石 Diamond	无色至浅黄、褐及彩色系列	透明至不透明	金刚光泽	均质体 等轴晶系	无	2.417	无	3.52 (±0.01)	10	无至强，黄、蓝、橙黄、粉色，短波常较长波弱	浅至深色矿物包裹体，云状物，点状物，羽状纹，生长纹，内凹原始晶面，解理，刻面横线棱线锐利,415 nm,453 nm,478 nm 吸收线。照改色钻石及天然彩色钻石，色散强 0.044，热导仪测试发出蜂鸣声

续附录 A

名称	颜色	透明度	光泽	光性特征与晶系	多色性	折射率	双折射率	密度 (g/cm³)	摩氏硬度	紫外荧光	放大观察及其他特征
合成钻石 Synthetic Diamond	无色、黄、蓝、橙、粉、褐黄色	透明至不透明	金刚光泽	均质体 等轴晶系	无	2.417	无	3.52 (±0.01)	10	LW:无。SW:无至中,黄、橙、黄绿、黄不均匀,可局部有磷光	色带,尘埃状微粒片状,针状,黑色包裹体,四边形生长纹,常温下无特征吸收,液氮低温下,可有658 nm 吸收峰,500 nm 以下全吸收
人造钛酸锶 Strontium Titanate	无色、绿色	透明	玻璃光泽至亚金刚光泽	均质体 等轴晶系	无	2.409	无	5.13 (±0.02)	5~6	一般无	少见气泡,抛光差,色散强 0.190
乌刚石（针铁矿）Goethite	棕褐、乌黑色	不透明	亚金属光泽至金刚光泽,假丝绢光泽	非均质体 斜方晶系 B⁻	无（不透明）	2.260~2.398	0.138 集合体不可测	4.28	4~6	无	紫痕红褐色,块状,纤维状集合体,可有猫眼效应
合成立方氧化锆 Synthetic Cubic Zirconia	无色、粉红、黄、橙、蓝、黑色等	透明至不透明	亚金刚光泽	均质体 等轴晶系	无	2.15 (+0.030)	无	5.80 (±0.20)	8.5	无色者:LW 中至强黄或绿橙黄 SW 弱至中,橙黄	通常洁净,可见气泡,面包渣状物
锡石 Cassiterite	暗褐黑色至黄褐、无色	透明至半透明	金刚光泽至亚金刚光泽	非均质体 四方晶系,U⁺	二色性,弱至中,浅至暗褐	1.977~2.093 (+0.009,-0.006)	0.096~0.098	6.95 (±0.08)	6~7	无	石英等矿物包裹体,强重影,常见色带,色散强 0.071

附录 A 珠宝玉石特征一览表

续附录 A

名称	颜色	透明度	光泽	光性特征与晶系	多色性	折射率	双折射率	密度 (g/cm³)	摩氏硬度	紫外荧光	放大观察及其他特征
人造钆镓榴石 Gadolinium Gallium Garnet	无色至浅褐黄色或褐黄色	透明	玻璃光泽至亚金刚光泽	均质体 等轴晶系	无	1.970 (+0.060)	无	7.05 (+0.04, −0.10)	6~7	SW:中至强,粉橙色	熔体提拉法:内部洁净,偶见拉长气泡及细密的弯曲生长纹。熔体导模法:内部洁净,一般无裂隙,可含气泡,色散强 0.045
榍石 Sphene	黄、绿、橙、褐、红,少见无色	透明至半透明	金刚光泽	非均质体 单斜晶系 B+	三色性, 黄至褐色者:中至强,浅黄、橙/褐黄	1.900~2.034 (±0.020)	0.100~0.135	3.52 (±0.02)	5~5.5	无	强重影,指纹状包裹体,矿物包裹体双晶,有时可见 580 nm 双吸收线、色散强 0.051
锆石 Zircon	无色、蓝、黄、绿、橙、褐、红、紫色	透明至半透明	玻璃光泽至亚金刚光泽	非均质体 四方晶系 U+	二色性, 弱至强, 蓝色者:绿色、蓝。黄色者:无。橙褐色者:很弱,橙黄至棕黄。红色者:弱至中,紫红/紫褐	高型: 1.925~1.984 (±0.040) 中型: 1.875~1.905 (±0.030) 低型: 1.810~1.815 (±0.030)	0.001~0.059	高型: 4.60~4.80 中型: 4.10~4.60 低型: 3.90~4.10	6~7.5	蓝色者: LW 无至中、浅蓝,SW 无 一般无。黄色者:无。橙色者:中至强,黄至橙。红色者:强,红至橙。棕褐色者:无至极弱,红	高型中可见愈合裂隙,矿物包裹体等,重影明显,中低型锆石中可显示平直的分带现象,絮状包裹体,性脆,易磨损。可见 2~40 多条吸收线,特征吸收线为 653.5 nm 吸收线,色散 0.039

续附录 A

名称	颜色	透明度	光泽	光性特征与晶系	多色性	折射率	双折射率	密度 (g/cm³)	摩氏硬度	紫外荧光	放大观察及其他特征
钙铁榴石 Andradite	黄、绿、褐、黑色	透明至不透明	玻璃光泽至亚金刚光泽	均质体 等轴晶系	无	1.888 (+0.007, −0.033)	无	3.84 (±0.03)	7~8	无	马尾状包裹体,矿物包裹体,翠榴石色散强 0.057,查尔斯滤色镜下变红,具 Cr 吸收谱,可具变色效应
人造钇铝榴石 Yttrium Aluminium Garnet	无色、绿色(可变蓝、粉红、黄、紫色),橙红色	透明	玻璃光泽至亚金刚光泽	均质体 等轴晶系	无	1.833 (±0.010)	无	4.50~4.60	8	无色者:LW 无至中,SW 橙至粉红;蓝色者:无荧光;黄绿色者:强黄绿色,LW 红、SW 弱红;粉色者:具磷光	洁净,偶见气泡,可具色效应及色散 0.028
锰铝榴石 Spessartite	橙色至橙红色	透明至半透明	玻璃光泽至亚金刚光泽	均质体 等轴晶系	无	1.810 (+0.04, −0.020)	无	4.15 (+0.05, −0.03)	7~8	无	410 nm, 420 nm, 430 nm, 460 nm, 480 nm, 520 nm 带,有时可有 504 nm, 573 nm 吸收线,波浪状、不规则圆状包裹体和针状矿物包裹体,可有变色效应

续附录 A

名称	颜色	透明度	光泽	光性特征与晶系	多色性	折射率	双折射率	密度 (g/cm³)	摩氏硬度	紫外荧光	放大观察及其他特征
铁铝榴石 Almandite	橙红至红、紫红至紫红色，色调较暗	透明至半透明	玻璃光泽	均质体 等轴晶系	无	1.790 (±0.030)	无	4.05 (+0.25, −0.12)	7~8	无	针状矿物包裹体、浑圆状矿物包裹体、锆石晕等，504 nm，520nm，573nm，强带，423 nm，460 nm，610 nm，680 ~ 690nm弱吸收线，可有星光效应
红宝石 Ruby	红、橙红、紫红、褐红色	透明至不透明	玻璃光泽至亚金刚光泽	非均质体 三方晶系 U−	二色性 强，紫红/橙红	1.762~1.770 (+0.009, −0.005)	0.008~0.010	4.00 (±0.05)	9	LW: 弱至红，SW: 无至弱，粉红、橙红，少数强红	晶体包裹体、针状矿物包裹体、负晶、平直或六边形生长纹（色带）、双晶纹理等，可有星光效应，694 nm，692 nm，668 nm，659 nm吸收带，620~540 nm吸收带，476 nm，475 nm弱吸收线，468 nm弱吸收线，紫光区吸收
合成红宝石 Synthetic Ruby	红、橙红、紫红色	透明至不透明	玻璃光泽至亚金刚光泽	非均质体，三方晶系 U−	二色性 强，紫红/橙红	1.762~1.770 (+0.009, −0.005)	0.008~0.010	4.00 (±0.05)	9	LW: 强，红至橙红，SW: 中至弱，红或粉红、粉白	焰熔法:气泡、弧形生长纹，可有星光效应；助熔剂法:助熔剂包裹体、铂金片等；水热法:气液状包裹体、铂片、树枝状生长纹等

续附录 A

名称	颜色	透明度	光泽	光性特征与晶系	多色性	折射率	双折射率	密度 (g/cm³)	摩氏硬度	紫外荧光	放大观察及其他特征
染色红宝石	红、紫红色	透明至不透明	玻璃光泽至亚金刚光泽	非均质体,三方晶系 U⁻	无或弱	1.762～1.770 (+0.009,-0.005)	0.008～0.010	4.00 (±0.05)	9	异常,可有橙黄-橙红色荧光等	内含物同红宝石,颜色在裂隙、凹坑等处集中,可有多色性。紫外荧光,吸收光谱异常
充填红宝石	红、橙红色等	透明	玻璃光泽至亚金刚光泽	非均质体,三方晶系 U⁻	二色性	1.762～1.770 (+0.009,-0.005)	0.008～0.010	4.00 (±0.05)	9	同红宝石	充填物可有凹陷、光泽弱,可有残留气泡,其他同红宝石
扩散红宝石	红、紫、橙红、褐红色等	透明	玻璃光泽至亚金刚光泽	非均质体,三方晶系 U⁻	模糊,有时黄/棕	最高可达1.80	0.008～0.010	4.00 (±0.05)	9	可有 SW 斑块状、蓝白色磷光	样品浸于二碘甲烷中,可见红色多集中于腰围,面棱及开放裂隙中。铰扩散处理红宝石无铬吸收光谱,极弱可具绿色荧光
拼合红宝石	红、紫、橙红、褐红色等	透明	玻璃光泽至亚金刚光泽	非均质体,三方晶系 U⁻	可无二色性	1.762～1.770 (+0.009,-0.005)	0.008～0.010	4.00 (±0.05)	9	红色荧光	可见拼合缝面可见气泡,一般顶层具天然内含物,底部具熔格法合成特征
蓝宝石 Sapphire	蓝、绿、黄、紫、黑、灰、无色	透明至不透明	玻璃光泽至亚金刚光泽	非均质体,三方晶系 U⁻	二色性而因颜色而异	1.762～1.770 (+0.009,-0.005)	0.008～0.010	4.00 (±0.05)	9	蓝色、绿色者:无。无色者:中至橙色。黄色者:黄至橙黄	晶体包裹体,针状矿物包裹体,气液包裹体,负晶,两相包裹体,平直纹理,双晶纹或生长色带,可有星光效应。绿色带:450 nm,450 nm,460 nm,470 nm线

续附录 A

名称	颜色	透明度	光泽	光性特征与晶系	多色性	折射率	双折射率	密度 (g/cm³)	摩氏硬度	紫外荧光	放大观察及其他特征
合成蓝宝石 Synthetic Sapphire	蓝、绿、紫蓝(变色)、黄、橙、无色	透明至不透明	玻璃光泽	非均质体 三方晶系 U-	二色性	1.762～1.770 (+0.009, -0.005)	0.008～0.010	4.00 (±0.05)	9	蓝色者: SW 蓝白或黄绿。绿色者: LW 弱橙。SW 褐红。黄色者: SW 弱红。变色者: 无至弱，蓝白	焰熔法: 弧形生长纹、气泡、未熔残余物。助熔剂法: 助熔剂包裹体、铂金片等。蓝色者无铁线。助熔剂法可有 450 nm 吸收线；变色者: 474 nm 吸收线
扩散蓝宝石	灰、蓝、蓝紫色	透明	玻璃光泽	非均质体 三方晶系 U-	无至弱	1.762～1.770 (+0.009, -0.005)	0.008～0.010	4.00 (+0.10, -0.05)	9	某些 SW 白垩蓝；另一些: LW 蓝至绿橙色	内含物同蓝宝石，具热处理特征，腰棱凹坑、裂隙处颜色集中；Co 扩散处理者呈钻出色，折射率超出折射仪测试范围，具钻吸收光谱；铍扩散处理红宝石
拼合蓝宝石	蓝、黑蓝色	透明至微透明	玻璃光泽	非均质体 三方晶系 U-	可以无多色性	1.762～1.770 (+0.009, -0.005)	0.008～0.010	4.00 (+0.10, 0.05)	9	底部合成蓝宝石可有荧光	顶层具天然内含物特征，底部具焰熔法合成特征，有拼合缝，拼合面处有气泡

续附录 A

名称	颜色	透明度	光泽	光性特征与晶系	多色性	折射率	双折射率	密度 (g/cm³)	摩氏硬度	紫外荧光	放大观察及其他特征
铁镁铝榴石（红榴石）Rhodolite	红、紫红色等	透明至半透明	玻璃光泽	均质体 等轴晶系	无	1.760 (+0.010, −0.020)	无	3.84 (±0.10)	7~8	无	针状矿物包裹体、晶体包裹体等，可有星光效应
蓝锥矿 Benitoite	蓝色、紫蓝色、带具环带的浅蓝、无色或白色，粉色稀少	透明至半透明	玻璃光泽至亚金刚光泽	非均质体 六方晶系 U+	二色性强：蓝色/无色、紫红色/紫	1.757~1.804	0.047	3.68 (+0.01, −0.07)	6~7	LW：无。SW：强，蓝白	色带重影，矿物包裹体，偶见三相包裹体，色散强 0.044
金绿宝石 Chrysoberyl	浅至中等黄、黄绿、灰绿、褐绿、浅黄褐、黄蓝色（稀少）	透明至半透明	玻璃光泽至亚金刚光泽	非均质体 斜方晶系 B+	三色性中弱：黄/黄褐/绿色	1.746~1.755 (+0.004, −0.006)	0.008~0.010	3.73 (±0.02)	8~8.5	无至黄绿	指纹状包裹体，丝状物，矿物包裹体，两相或三相包裹体，阶梯状滑动面或双晶纹，445 nm 强吸收带
合成金绿宝石 Synthetic Chrysoberyl	浅至中等黄、黄绿、灰绿、褐绿、浅黄褐色	透明	玻璃光泽	非均质体 斜方晶系 B+	三色性：黄/绿/褐红	1.746~1.755 (+0.004, −0.006)	0.008~0.010	3.73 (±0.02)	8~9	无至黄绿	助熔剂法：助熔剂包裹体、铂金片，色黄绿者有 445 nm 吸收带
猫眼 Cat's-eye	黄至黄绿、灰绿、褐至褐黄色	亚透明至半透明	玻璃光泽	非均质体 斜方晶系 B+	三色性弱：黄/黄/绿/橙	1.746~1.755 (+0.004, −0.006)	0.008~0.010	3.73 (±0.02)	8~8.5	无	平行丝状金红石包裹体、管状包裹体，指纹状包裹体，445 nm 强吸收带、猫眼效应、变色效应

续附录 A

名称	颜色	透明度	光泽	光性特征与晶系	多色性	折射率	双折射率	密度 (g/cm³)	摩氏硬度	紫外荧光	放大观察及其他特征
变石 Alexandrite	日光下:黄绿、褐绿、灰蓝绿色;白炽灯下:橙红、褐红至紫红色	通常透明	玻璃光泽至亚金刚光泽	非均质体 斜方晶系 B⁺	三色性强,绿/橙黄/紫红	1.746~1.755 (+0.004,-0.005)	0.008~0.010	3.73 (±0.02)	8~8.5	无至中紫红	指纹状包裹体,丝状包裹体等,680 nm、678 nm强线,665 nm、655 nm、645 nm弱线,580 nm和630 nm之间部分吸收带,476 nm、473 nm、468 nm三条弱线,紫区吸收
合成变石 Synthetic Alexandrite	日光下:蓝绿色、黄绿色,白炽灯下:褐红至紫红色	透明	玻璃光泽至亚金刚光泽	非均质体 斜方晶系 B⁺	三色性强,绿/橙/紫红	1.746~1.755 (+0.004,-0.005)	0.008~0.010	3.73 (±0.02)	8.5	中至强红	助熔剂法:助熔剂残余物,铂金片,平行生长纹。提拉法:针状包裹体、弯曲生长纹、区域熔炼法:气泡、旋涡结构
钙铝榴石 Grossularite	浅至深绿至浅黄绿,深黄、橙红色,无(少见)	透明	玻璃光泽	均质体 等轴晶系	无	1.740 (+0.020,-0.010)	无	3.61 (+0.12,-0.04)	7~8	黄绿色浅者可呈橙色弱荧光	短柱状或浑圆状晶体包裹体,热浪效应。铁致色的桂榴石可有407 nm,430 nm吸收带,偶有猫眼效应
蔷薇辉石 Rhodonite	浅红、粉红、紫红,褐红至黑色,常有黑色斑点或脉,有时有绿色或黄色斑	微透明或不透明	玻璃光泽	非均质集合体	不可测	1.733~1.747 (+0.010,-0.013)	不可测	3.50 (+0.26,-0.20)	5.5~6.5	无	粒状结构,可见黑色脉状或点状氧化锰

续附录 A

名称	颜色	透明度	光泽	光性特征与晶系	多色性	折射率	双折射率	密度 (g/cm³)	摩氏硬度	紫外荧光	放大观察及其他特征
绿帘石 Epidote	浅至深绿色至棕褐色、黄黑色	透明－半透明	玻璃光泽至油脂光泽	非均质体 单斜晶系 B−	三色性 强 绿/褐/黄	1.729～1.768 (+0.012, −0.035)	0.019～0.045	3.40 (+0.10, −0.15)	6～7	一般无	气液包裹体、矿物包裹体。445nm强吸收带,475nm弱有时具吸收带,但不具特征线
合成尖晶石 Synthetic Spinel	无色、浅至深蓝、浅至深红、绿、黄、紫、暗蓝色（仿青金石）	透明－微透明	玻璃光泽	均质体 等轴晶系	无	1.728 (+0.012, −0.008)	无	3.64 (+0.02, −0.12)	8	无色者：LW无至弱,SW至强,蓝白或斑杂蓝白。蓝色者：LW弱至强,红、橙红；SW弱至强,蓝白或斑杂蓝白。绿色者：LW强紫红、黄绿；SW中至强,黄绿、绿白。变色者：LW强红,中、暗红。红色者：LW强红,紫红至橙红；SW弱至强,红至橙红	熔格法：洁净,偶见气泡。弧形生长纹、残余助熔剂法、铂金片可有变色效应。深蓝色者：550nm强吸收带,570～600nm强吸收带,625～650nm吸收带

附录 A 珠宝玉石特征一览表

续附录 A

名称	颜色	透明度	光泽	光性特征与晶系	多色性	折射率	双折射率	密度 (g/cm³)	摩氏硬度	紫外荧光	放大观察及其他特征
水钙铝榴石 Hydrogrossular	绿色至蓝绿色,粉,白,无色	半透明至微透明	玻璃光泽	等轴晶系均质集合体	无	1.720 (+0.010, −0.050)	无	3.47 (+0.08, −0.32)	7	无	黑色点状铬铁矿包裹体,绿色者在查尔斯滤色镜下呈粉红至红色。暗绿色者460 nm以下全吸收,其他颜色者463 nm附近吸收(因含符山石)
塔菲石 Taaffeite	粉红至红,蓝,紫,红,棕,无色,绿色	透明	玻璃光泽	非均质体六方晶系 U−	二色性因颜色而异	1.719~1.723 (±0.002)	0.004~0.005	3.61 (±0.01)	8~9	无至弱,绿色	矿物包裹体,气液包裹体,吸收光谱不特征,可有458nm弱带
尖晶石 Spinel	红,橙红,粉红,紫红,无色,黄,橙,褐,绿,蓝,紫色	透明至不透明	玻璃光泽至亚金刚光泽	均质体等轴晶系	无	1.718 (+0.017, −0.008)	无	3.60 (+0.10, −0.03)	8	红、橙粉色者:LW弱至强,SW橙红至无至弱红;绿者:LW无中至橙红,其他颜色者一般无	矿物包裹体,气液包裹体,八面体晶及矿物包裹体,可有星光效应。红色者:685 nm线,684 nm强,656 nm弱带,595~490 nm强带;蓝、紫色者:460 nm强带,430~435 nm,480 nm,550 nm,565~575 nm,590 nm,625 nm吸收带

续附录 A

名称	颜色	透明度	光泽	光性特征与晶系	多色性	折射率	双折射率	密度 (g/cm^3)	摩氏硬度	紫外荧光	放大观察及其他特征
蓝晶石 Kyanite	常见浅至深蓝色,可有绿、黄、灰、褐,无色	透明至半透明	玻璃光泽	非均质体 三斜晶系 B−	三色性:蓝/中等无色/深蓝/紫蓝	1.716～1.731 (±0.004)	0.012～0.017	3.68 (+0.01, −0.12)	平行C轴 4～5 垂直C轴 6～7	LW:弱红。SW:无	矿物包裹体、色带,不规则解理。435 nm, 445 nm吸收带
镁铝榴石 Pyrope	中至深橙红色,红色	透明	玻璃光泽	均质体 等轴晶系	无	1.714～1.742 常见1.74	无	3.78 (+0.09, −0.16)	7～8	无	针状包裹体,不规则和浑圆状晶体包裹体,可有星光效应、变色效应。564 nm宽带,505 nm线,含铁者有440 nm,445 nm线,优质者可有铬吸收(红区)
符山石 Idocrase (Vesuvianite)	黄绿、浅黄至绿蓝灰、棕白、蓝,常见斑点状	半透明	玻璃光泽	非均质体 四方晶系 U±	二色性:无至弱	1.713～1.718 (+0.003, −0.013) 1.71(点)	0.001～0.012	3.40 (+0.10, −0.15)	6～7	无	气液包裹体、矿物包裹体。464 nm吸收带,528.5 nm弱吸收线
黝帘石(坦桑石) Zoisite (Tanzanite)	坦桑石呈蓝至紫蓝色至紫色,其他呈褐、黄、浅绿、粉色	透明	玻璃光泽	非均质体 斜方晶系 B+	三色性强 坦桑石:蓝紫/紫红/黄绿 其者:暗蓝/黄绿/紫	1.691～1.700 (±0.005)	0.008～0.013	3.35 (+0.10, −0.25)	8	无	气液包裹体、矿物包裹体。坦桑石595 nm有吸收带,528 nm有一弱带,黄色者有455 nm吸收线

续附录 A

名称	颜色	透明度	光泽	光性特征与晶系	多色性	折射率	双折射率	密度 (g/cm³)	摩氏硬度	紫外荧光	放大观察及其他特征
斧石 Axinite	褐、紫褐、褐黄、蓝色	透明至半透明	玻璃光泽	非均质体 三斜晶系 B⁻	三色性：强，紫色者紫/浅粉/浅红褐	1.678~1.688 (±0.005)	0.010~0.012	3.29 (+0.07, −0.03)	6~7	通常无，黄色者SW有红色荧光	矿物包裹体、气液包裹体，412 nm，466 nm，492 nm，512 nm吸收线
透辉石 Diopside	蓝绿至绿黄、褐、紫、无色至白色	透明至微透明	玻璃光泽	非均质体 单斜晶系 B⁺	三色性：弱至强（无色者:无）	1.675~1.701 (+0.029, −0.010) 1.68±(点)	0.024~0.030	3.29 (+0.11, −0.07)	5~6	惰性，绿色者：LW绿色荧光,SW无	气液包裹体，矿物包裹体，定向纤维状矿物包裹体及管状矿物包裹体，两组近正交的完全解理，可有猫眼效应，铬透辉石505 nm吸收线，635 nm，655 nm，670 nm，690 nm双吸收线
普通辉石 Augite	灰、褐、紫褐、绿黑色	透明至微透明	玻璃光泽	非均质体 单斜晶系 B⁺	三色性：浅绿/浅褐色	1.670~1.772	0.018~0.033	3.23~3.52	5~6	惰性	矿物包裹体，定向管状矿物及管状包裹体，两组近正交的完全解理，星光效应，可有猫眼效应
硼铝镁石 Sinhalite	绿黄至褐黄、褐色、粉色（稀少）	透明至半透明	玻璃光泽	非均质体 斜方晶系 B⁻	三色性：中等，浅褐/绿褐/深褐	1.668~1.707 (+0.005, −0.003)	0.036~0.039	3.48 (±0.02)	6~7	无	可具各种包裹体，蓝和蓝绿区四条吸收带：493 nm，475 nm，463 nm，452 nm吸收带

续附录 A

名称	颜色	透明度	光泽	光性特征与晶系	多色性	折射率	双折射率	密度 (g/cm³)	摩氏硬度	紫外荧光	放大观察及其他特征
柱晶石 Kornerupine	黄绿至褐绿、黄、绿、褐、无色（少见）	半透明至透明	玻璃光泽	非均质体 斜方晶系 B−	三色性 绿色、强：褐者绿/黄/红褐	1.667~1.680 (±0.003)	0.012~0.017	3.30 (+0.05, −0.03)	6~7	无至强黄色	矿物包裹体、气液包裹体、针状包裹体，两组完全解理，可具猫眼效应，503 nm吸收带
翡翠 Jadeite (Feicui)	白色、各种色调的绿色、黄、糖、褐、浅灰黑、紫、红、紫、蓝色等	透明至不透明	玻璃光泽、油脂光泽	非均质集合体	无	1.666~1.680 (±0.008) 1.66(点)	不可测	3.34 (+0.06, −0.09)	6.5~7	无至弱，白、绿、黄	粒状变晶结构，变斑晶交织结构，格致色的绿翡翠具437 nm吸收线，630 nm、660 nm、690 nm吸收线

续附录 A

名称	颜色	透明度	光泽	光性特征与晶系	多色性	折射率	双折射率	密度(g/cm³)	摩氏硬度	紫外荧光	放大观察及其他特征
翡翠(处理) Jadeite (treating)	白、绿、红、黄、橙、褐、紫色等	透明至半透明	玻璃光泽	非均质集合体	无	1.65~1.66	不可测	3.00~3.34	6.5~7	某些B货可有荧光。LW中至强黄或SW弱蓝绿或蓝绿(白)、染翡翠色可有紫红色荧光,染翡翠可有黄或橙红色荧光	B货:结构较粗,具沟渠纹,桔皮效应,内部结构破坏等,可有较强荧光或无荧光。C货:染翡绿色翡翠具丝网状色边缘,查尔斯滤色镜下可变红,可有650nm模糊宽吸收带,染红色翡翠是颜色同样颜色集中在缝隙或裂晶粒色分布不均匀,整体颜色较淡,外深内浅,某些可发黄绿色或橙红色荧光,染紫色翡翠颜色集中在缝隙或裂晶粒边缘,荧光较强。D货:覆膜翡翠,RI 1.52~1.56,强粉蓝色荧光,光泽弱,无颗粒感,局部可见气泡,可有薄膜脱落
顽火辉石 Enstatite	红褐、绿、褐黄、绿、无色(稀少)	透明至微透明	玻璃光泽	非均质体 斜方晶系 B⁺	三色性 黄/黄褐/黄至绿	1.663~1.673 (±0.010)	0.008~0.011	3.25 (+0.15, -0.02)	5~6	惰性	气液包裹体、纤维包裹体、矿物包裹体,两组正交完全解理,可有猫眼效应,505 nm强吸收线,550 nm弱吸收线

续附录 A

名称	颜色	透明度	光泽	光性特征与晶系	多色性	折射率	双折射率	密度 (g/cm³)	摩氏硬度	紫外荧光	放大观察及其他特征
锂辉石 Spodumene	粉红至蓝紫红、绿、黄、无色，通常色调较浅	透明	玻璃光泽	非均质体 单斜晶系 B+	三色性 粉红至紫红者：中至强；粉紫红/浅红/无色	1.660~1.676 (±0.005)	0.014~0.016	3.18 (±0.03)	6.5~7	粉红至蓝紫色者：LW中至强；SW弱至中，粉橙	气液包裹体，管状包裹体，矿物包裹体，两组近正交的完全解理。吸收光谱：粉红色者：433 nm吸收；黄绿色者特征：蓝紫色吸收线，绿色：646 nm, 669 nm, 686 nm 吸收线，620 nm 附近宽吸带
煤精 Jet	黑、褐黑色	不透明	树脂光泽至玻璃光泽	均质体 非晶质体	无	1.66 (±0.02)	无	1.32 (±0.02)	2~4	无	条纹构造，可燃烧，烧后有煤烟味，摩擦带电
矽线石 Sillimanite	白至灰色、褐、绿、紫蓝至蓝色（稀少）	透明至微透明	玻璃光泽至丝绢光泽	非均质体 斜方晶系 B+	三色性 蓝者：强，蓝/浅黄/蓝色	1.659~1.680 (+0.004, -0.006)	0.015~0.021	3.25 (+0.02, -0.11)	6~7.5	蓝色者：弱红色荧光	矿物包裹体，纤维状解理，一组完全解理，常见猫眼效应；410 nm, 441 nm, 462 nm 弱吸收带
孔雀石 Malachite	鲜艳的微蓝至绿色，常见杂色条纹	半透明、微透明至不透明	丝绢光泽至玻璃光泽	非均质集合体	不可测	1.655~1.909	0.254 集合体不可测	3.95 (+0.15, -0.70)	3.5~4	无	纹层状，放射状，同心环状构造，遇盐酸起泡

附录 A 珠宝玉石特征一览表

续附录 A

名称	颜色	透明度	光泽	光性特征与晶系	多色性	折射率	双折射率	密度 (g/cm³)	摩氏硬度	紫外荧光	放大观察及其他特征
透视石 Dioptase	蓝绿、绿色	透明至半透明	玻璃光泽	非均质体 三方晶系 U⁻	二色性 弱	1.655~1.708 (±0.012)	0.051~0.053	3.30 (±0.05)	5	无	气液包裹体,三组完全解理,550 nm 宽吸收带
橄榄石 Peridot	黄绿、绿、黄褐绿色	透明	玻璃光泽	非均质体 斜方晶系 B⁺	三色性 弱 绿/弱黄绿/黄色	1.654~1.690 (±0.020)	0.035~0.038, 常为0.036	3.34 (+0.14, -0.07)	6.5~7	无	气液包裹体,矿物包裹体,负晶,"睡莲叶"状包裹体,453 nm, 477 nm, 497 nm 强吸收带
硅铍石 Phenakite	无色,浅黄,红,褐色	透明	玻璃光泽	非均质体 三方晶系 U⁺	二色性 弱至中	1.654~1.670 (+0.026, -0.004)	0.016	2.95 (±0.05)	7~8	无至弱,粉或浅绿色荧光	常见针硫铋铅矿和片状云母,有脆性
蓝柱石 Euclase	无色、带黄的绿色、浅绿蓝、蓝,通常为浅色	透明至半透明	玻璃光泽	非均质体,单斜晶系 B⁺	三色性	1.652~1.671 (+0.006, -0.002)	0.019~0.020	3.08 (+0.04, -0.08)	7~8	无至弱	颜色环带,红或蓝色板状包裹体,468 nm, 455 nm 吸收带,红区有吸收
重晶石 Barite	无色至黄、红、绿、蓝、褐色	透明至半透明	玻璃光泽至树脂光泽	非均质体,斜方晶系 B⁺	三色性 无至弱	1.636~1.648 (+0.001, -0.002)	0.012	4.50 (+0.10, -0.20)	3~4	偶有荧光和磷光,弱蓝或浅绿	气液两相包裹体,HgS晶体等

续附录 A

名称	颜色	透明度	光泽	光性特征与晶系	多色性	折射率	双折射率	密度 (g/cm³)	摩氏硬度	紫外荧光	放大观察及其他特征
红柱石 Andalusite	黄绿、黄褐、褐绿、粉、紫色(少见)，也有	透明至半透明	玻璃光泽	非均质体 斜方晶系 B−	三色性，强，黄绿/褐橙/褐红	1.634~1.643 (±0.005)	0.007~0.013	3.17 (±0.04)	7~7.5	SW 无至中，绿至黄绿	矿物包裹体、针状金红石包裹体，色带、解理、双晶纹等，空晶石含黑色碳质包裹体呈"十"字形分布。绿色者可显 436 nm，浓红、褐红色者 555.3 nm,550.5 nm,547.5 nm,518 nm,445 nm 吸收线，锰致色深黄色者有 595 nm,455 nm 吸收带
磷灰石 Apatite	无色、黄、紫、粉红、褐、红、绿、蓝色	透明至半透明	玻璃光泽	非均质体 六方晶系 U−	二色性者，强，蓝/黄色至无色。其他颜色极弱至弱	1.634~1.638 (+0.012, −0.006)	0.002~0.008; 多为 0.003	3.18 (±0.05)	5~5.5	黄色者：紫粉红。蓝色者：蓝至浅蓝。绿色者：绿黄。紫色者：LW 绿黄，SW 浅紫红	气液包裹体、矿物包裹体，可有猫眼效应，黄色、无色及具猫眼效应者见 580nm 双吸
赛黄晶 Danburite	无色、黄褐色、偶见粉红色	透明至半透明	玻璃光泽至油脂光泽	非均质体 斜方晶系 B−	三色性 因颜色而异	1.630~1.636 (±0.003)	0.006	3.00 (±0.03)	7	LW 无至蓝，强至浅蓝绿；SW 较长波弱	气液包裹体、矿物包裹体

附录 A 珠宝玉石特征一览表

续附录 A

名称	颜色	透明度	光泽	光性特征与晶系	多色性	折射率	双折射率	密度 (g/cm³)	摩氏硬度	紫外荧光	放大观察及其他特征
硅硼钙石 Datolite	无色、白色、浅绿、浅黄、粉、紫褐、灰色	半透明至透明	玻璃光泽	非均质体 单斜 B⁻ 或非均质集合体	集合体不可测	1.626~1.670 (−0.004)	0.044~0.046；集合体不可测	2.95 (±0.05)	5~6	SW 无至中，蓝色荧光	气液包裹体、单晶体强双影
碧玺 Tourmaline	玫瑰红、粉红、红、深红、绿、浅绿、蓝、蓝灰、紫黄、褐黄、浅褐橙、黑色等，单晶可同时以二色多色以变及色效应	透明至不透明	玻璃光泽	非均质体 三方 U⁻	二色性，中至强，深浅不同的体色	1.624~1.644 (+0.011, −0.009)	0.018~0.040 通常 0.020	3.06 (+0.20, −0.060)	7~8	一般无，粉红色者，具弱红至紫色荧光	气液包裹体、平行C轴的管状包裹体、气液两相包裹体、纤维状包裹体、针状矿物包裹体等，可有猫眼效应。红、粉红色者绿光区宽吸收带，有时可见 525 nm 吸收线。蓝、绿碧玺：红区普通吸收，498 nm 强吸收带，有时可有 451 nm，458 nm，468 nm 线
菱锌矿 Smithsonite	绿、蓝、黄、绿、棕、粉、白至无色	半透明	玻璃光泽至亚玻璃光泽	非均质体 三方 U⁻ 常为非均质集合体	集合体不可测	1.621~1.849	0.225~0.228；集合体不可测	4.30 (+0.15)	4~5	无至强，颜色各异	单晶具三组完全解理，强重影，集合体常呈放射状结构
天青石 Celestite	浅蓝、无色、黄、橙、绿色	透明	玻璃光泽	非均质体 斜方晶系 B⁺	三色性，弱，因颜色而异	1.619~1.637	0.018	3.87~4.30	3~4	通常无，有时显黄、蓝色荧光	矿物包裹体、气液包裹体

续附表 A

名称	颜色	透明度	光泽	光性特征与晶系	多色性	折射率	双折射率	密度 (g/cm³)	摩氏硬度	紫外荧光	放大观察及其他特征
托帕石 Topaz	无色、淡蓝、蓝、黄、粉红、粉红、褐、绿色	透明	玻璃光泽	非均质体 斜方晶系 B+	三色性，弱至中，只有黄色者能呈现明显的三色性；褐色/橙黄/黄，其他者只能观察到二色性	1.619～1.627 (±0.010)；黄色者：1.629～1.637	0.008～0.010	3.53 (±0.04)	8	LW 无至中，黄、绿色。SW 无至弱，黄、绿白色	气液包裹体、气液两相三相包裹体、互不混溶液体包裹体、矿物包裹体、负晶、猫眼效应(稀少)
葡萄石 Prehnite	白色、浅黄、浅红、绿色，常呈浅绿色	半透明，不透明者不透明	玻璃光泽	常呈非均质集合体	集合体 不可测	1.616～1.649 (+0.016, -0.031) 1.63(点)	0.020～0.035；集合体 不可测	2.80～2.95	6～6.5	无	纤维状结构，放射状排列，438 nm 弱吸收带
阳起石 Actinolite	浅至深的黄绿色、黑色	半透明至微透明	玻璃光泽	非均质 集合体	不可测	1.614～1.641 (±0.014) 1.63(点) (±0.01)	0.022～0.027；集合体 不可测	3.00 (+0.10, -0.05)	5～6	无	平行纤维结构，猫眼效应，503nm 弱吸收线
异极矿 Hemimorphite	通常无色或呈淡蓝色，也可呈灰、白、浅绿、浅黄、褐、棕色等	透明至不透明	玻璃光泽，解理面具珍珠光泽	非均质 集合体	不可测	1.616～1.634	0.022；集合体 不可测	3.40～3.50	4.5～5	无	纤维状结构，葡萄状、肾状，放射状集合体

附录 A 珠宝玉石特征一览表

续附录 A

名称	颜色	透明度	光泽	光性特征与晶系	多色性	折射率	双折射率	密度 (g/cm³)	摩氏硬度	紫外荧光	放大观察及其他特征
天蓝石 Lazulite	深蓝、蓝紫、蓝、天蓝色	半透明至不透明	玻璃光泽	非均质体 单斜晶系 B⁻或非均质集合体	三色性 强 紫蓝/无色、蓝 集合体不可测	1.612～1.643 (±0.005)	0.031; 集合体不可测	3.09 (+0.08, −0.01)	5～6	无	块状集合体，可含有白色包裹体
磷铝锂石 Amblygonite	通常无色至浅黄、黄、粉、蓝或褐色	透明至半透明	玻璃光泽	非均质体 三斜晶系 B±	三色性 弱至无，因颜色而异	1.612～1.636 (−0.034)	0.020～0.027	3.02 (±0.04)	5～6	LW非常弱的绿色，LW和SW浅蓝色磷光	似脉状液体包裹体，平行解理方向的云状物
绿松石 Turquoise	浅至中等蓝色、绿蓝色至蓝绿色，常有黑色斑点或暗色矿物杂质	微透明至半透明，极少数透明	蜡状光泽至玻璃光泽	非均质集合体	无	1.610～1.650 1.61(点)	不可测	2.76 (+0.14, −0.36)	5～6	LW无至弱，绿色；SW无	常见暗色基质，即常有黑色斑点或发灰质地，偶见有黑铁质 420 nm, 432 nm, 460 nm中至弱吸收带
合成绿松石 Synthetic Turquoise	浅至中蓝色，常有脉状网脉或暗色矿物杂质	微透明	蜡状光泽至玻璃光泽	非均质集合体	无	1.610～1.650 1.61(点)	不可测	2.76 (+0.14, −0.36)	5～6	LW无至弱，绿色；SW无	浅色基底中见细小蓝色颗粒(麦乳效应)，蓝色丝状包裹体，人工加入的黑色网脉

续附录 A

名称	颜色	透明度	光泽	光性特征与晶系	多色性	折射率	双折射率	密度 (g/cm³)	摩氏硬度	紫外荧光	放大观察及其他特征
再造绿松石 Reconstructed Turquoise	浅至中等蓝绿色至深绿色	微透明	蜡状光泽至玻璃光泽	非均质集合体	无	1.610～1.651 1.61(点)	不可测	2.06 2.58 2.75	5～6		粒状结构,放大时可见清晰的颗粒界线及蓝色染色粉末
软玉 Nephrite	浅至深绿色,黄至褐、灰、白、黑色	半透明至不透明	玻璃光泽至油脂光泽	非均质集合体	无	1.606～1.632 (+0.009,-0.006) 1.60～1.61(点)	不可测	2.95 (+0.15,-0.05)	6～6.5	无	纤维交织结构,黑色矿物包裹体
苏纪石 Sugilite	红紫、蓝紫,少见粉红色	半透明至不透明	蜡状光泽至玻璃光泽	常为非均质集合体	集合体不可测	1.607～1.610 (+0.001,-0.002) 1.61(点) 含石英可测到1.54	0.003;集合体不可测	2.74 (+0.05)	5.5～6.5	无至SW蓝色	细粒致密块状集合体,550 nm 吸收带,411 nm, 419 nm,437 nm 和 445 nm 吸收线
磷铝钠石 Brazilianite	黄绿至黄色,偶见无色	透明至半透明	玻璃光泽	非均质体单斜晶系 B⁺	三色性弱	1.602～1.621 (±0.003)	0.019～0.021	2.97 (±0.03)	5～6	无	气液包裹体,矿物包裹体
菱锰矿 Rhodochrosite	粉红色,可有白、灰、褐、黄色,透明晶体可显深红色	透明至半透明	玻璃光泽至亚玻璃光泽	非均质体三方晶系 U⁻ 常见非均质集合体	二色性中至强橙黄/红;集合体不可测	1.597～1.817 (±0.003)	0.220;集合体不可测	3.60 (+0.10,-0.15)	3～5	LW 无至中,粉;SW 无至弱,红	粒状、鲕状、肾状、块状集合体,可见条带状、层纹状构造,410 nm,450 nm,540 nm 弱吸收带

续附录 A　珠宝玉石特征一览表

名称	颜色	透明度	光泽	光性特征与晶系	多色性	折射率	双折射率	密度 (g/cm³)	摩氏硬度	紫外荧光	放大观察及其他特征
羟硅硼钙石 Bowlite	白色、灰白色，常具深灰色和黑色网脉	半透明至不透明	玻璃光泽	非均质集合体	无	1.586~1.605 (±0.003) 1.59(点)	0.019; 集合体不可测	2.58 (−0.13)	3~4	LW 褐黄；SW 弱至中、橙色	深灰色或黑色珠网状脉
祖母绿 Emerald	浅至深绿蓝绿、黄绿色	透明至半透明	玻璃光泽	非均质体 六方晶系 U−	二色性，中至强，蓝/绿、绿/黄	1.577~1.583 (±0.017)	0.005~0.009	2.72 (+0.18, −0.05)	7.5~8	一般无，也可呈 LW：弱、橙红、SW：弱、橙红、红（较长波弱）	矿物包裹体，两相、三相包裹体，裂隙常发育，683 nm、680 nm 强吸收线，662 nm、646 nm 弱吸收线，630~580 nm 部分吸收带，紫区全吸收
海蓝宝石 Aquamarine	绿蓝色至蓝色，浅绿蓝色，一般色调较浅	透明	玻璃光泽	非均质体 六方晶系 U−	二色性弱至中	1.577~1.583 (±0.017)	0.005~0.009	2.72	7.5~8	无	气液包裹体，两相、三相包裹体，平行管状包裹体和 456 nm 弱吸收线，427 nm 强吸收线，依颜色深浅而变强
绿柱石 Beryl	无色、绿色、浅粉、蓝、黄、橙、红、棕、黑色	多为透明，少数半透明至不透明	玻璃光泽	非均质体 六方晶系 U−	二色性因颜色各异	1.577~1.583 (±0.017)	0.005~0.009	2.72	7.5~8	无色者：无色至弱。黄或粉黄、绿色者：无。摩根石：无至弱，粉或紫	矿物包裹体，气液包裹体，管状包裹体

续附录 A

名称	颜色	透明度	光泽	光性特征与晶系	多色性	折射率	双折射率	密度 (g/cm³)	摩氏硬度	紫外荧光	放大观察及其他特征
合成绿柱石 Synthetic Beryl	红色、紫色、粉色、浅蓝	透明	玻璃光泽	非均质体 六方晶系 U⁻	二色性强；红/橙红，橙红/紫红，紫色/橙红者红/红紫	助熔剂法：1.568~1.572；水热法：1.575~1.581	0.004~0.006	2.65~2.73	7.5~8	惰性	助熔剂法：助熔剂残余、铂金片、硅石晶体，均匀的平行生长面。水热法：气液包裹体，钉状包裹体、铂金片、铂金线状种晶、平行线状微小的两相包裹体，平行管状，树枝状两相包裹体，树枝状生长纹；具585 nm, 560 nm线, 545 nm带, 530 nm, 500 nm 弱带, 435~465 nm 宽带
合成祖母绿 Synthetic Emerald	中等至深绿色、蓝绿色、黄绿色	透明	玻璃光泽	非均质体 六方晶系 U⁻	二色性中等；绿/蓝绿色	助熔剂法：1.561~1.568；水热法：1.566~1.578	0.003~0.006	2.65~2.73	7.5~8	弱至强红色(长波较强)；助熔剂吉尔森型无荧光	助熔剂法：助熔剂残余、铂金片、硅石晶体，均匀的平行生长面。水热法：钉状包裹体、树枝状生长纹，硅铁石晶片、种晶片，平行线状微小的两相包裹体，平行管状两相包裹体，吉尔森型具427nm吸收线，其他吸收光谱同天然祖母绿

附录 A 珠宝玉石特征一览表

续附录 A

名称	颜色	透明度	光泽	光性特征与晶系	多色性	折射率	双折射率	密度 (g/cm³)	摩氏硬度	紫外荧光	放大观察及其他特征
独山玉 Dushanyu	白、紫、绿、蓝、黄、黑色等	半透明至不透明	玻璃光泽	非均质集合体	不可测	1.560~1.700	不可测	2.70~3.09 一般为2.90	6~7	无至弱,蓝白,可见蓝、黄、褐红	粒状结构或鳞片粒状结构,可见蓝、绿或紫色斑
蛇纹石玉（岫玉）Serpentine	绿至绿黄、白色、棕色、黑色	半透明至不透明	蜡状光泽至玻璃光泽	非均质集合体	不可测	1.560~1.570 (+0.004, -0.070)	不可测	2.57 (+0.23, -0.13)	2.5~6	LW无至弱,蓝白,褐绿;SW无	黑色矿物包裹体,叶结构等,絮状物,叶片状、纤维状交织结构
寿山石（田黄）Larderite (Tian Huang)	常为黄、白、红、褐色等	透明至半透明,多呈微半透明	蜡状光泽或油脂光泽	非均质集合体	无	1.56(点)	不可测	2.50~2.70	2~3	通常无	隐晶质结构、细粒结构,显微鳞片晶结构,田黄和某些水坑石可具有特殊的"萝卜纹"状构造
鸡血石 Chicken—blood stone	"地":白、灰、灰黄、白灰黄、褐黄等,"血":鲜红、朱红、暗红	不透明至透明,近透明,多呈不透明至微透明	蜡状光泽或油脂光泽,个别玻璃光泽	非均质集合体	无	"地":1.56 (点),"血":>1.81	无	2.53~2.68 平均2.61	2~3	常不特征	"血"呈微细粒状或细粒成片或零星分布于"地"中

续附录 A

名称	颜色	透明度	光泽	光性特征与晶系	多色性	折射率	双折射率	密度 (g/cm^3)	摩氏硬度	紫外荧光	放大观察及其他特征
拉长石 Labradorite	灰至暗黑色,可显示蓝、绿以及橙、紫、红色晕彩,也有近无色、浅黄、橙粉色、中深红色,少量呈绿色	透明或半透明至微透明	玻璃光泽	非均质体 三斜晶系 B^+	三色性	1.559~1.568 (±0.005)	0.009	2.70 (±0.05)	6~6.5	无至弱,白、紫、红、黄色等	暗色针状矿物包裹体,片状盛铁矿包裹体等,常见双晶纹、晕彩
方柱石 Scapolite	无色、粉、黄、蓝、紫、橙、绿、紫红色	透明至半透明	玻璃光泽	非均质体 四方晶系 U^-	二色性,紫红者:紫红/蓝紫;黄色者:黄至中,弱的不同色调	1.550~1.564 (+0.015,-0.014); 紫色者:1.536~1.541	0.004~0.037 紫色者0.005;黄色者0.037	2.60~2.74 紫色者常为2.60	6~6.5	黄色方柱石有SW红色荧光	平行管状包裹体,针状包裹体,矿物包裹体,气液包裹体,负晶,粉红色,663 nm和652 nm吸收线
查罗石 (紫硅碱钙石) Charoite	紫色,紫蓝色,可含色斑	半透明至微透明	玻璃光泽至蜡状光泽	非均质集合体	无	1.550~1.559 (±0.002)	集合体不可测	2.68 (+0.10,-0.14)	5~6	LW:无至弱斑块状红色;SW:无	纤维状结构,常含黑、灰、白或褐棕色的色斑

续附录 A

名称	颜色	透明度	光泽	光性特征与晶系	多色性	折射率	双折射率	密度(g/cm³)	摩氏硬度	紫外荧光	放大观察及其他特征
龟甲(玳瑁) Tortoise Shell	黄色和棕色斑纹,有时或黑白色	微透明	油脂光泽至蜡状光泽	均质体 非晶质	无	1.550 (-0.010)	无	1.29 (+0.06, -0.03)	2~3	无色,黄色部分呈白蓝色荧光	球状颗粒(圆形色素小点)组成斑纹结构
石英岩玉(东陵石,密玉,京白玉,贵翠等)Quartzite Jade(Aventurine Quartz, Mi Jade, Jinbai Jade, Guizhou Jade)	绿、白、黄、灰、紫、褐、橙红、蓝等色	微透明至半透明	玻璃光泽	非均质集合体	不可测	1.54(点测)	不可测	2.64~2.71	6.5~7	一般无,东陵石无至弱,红色	粒状结构或鳞片粒状结构,可有砂金效应
石英(水晶,紫晶,黄水晶,烟晶,绿水晶,芙蓉石等)Quartz (Rock Crystal, Amethyst, Citrine, Smoky Quartz, Green Quartz, Rose Quartz)	水晶:无色;紫晶:浅至深紫;黄水晶:浅至深黄;烟晶:灰至黑褐、深褐色;绿水晶:绿色至黄绿色;芙蓉石:粉红至浅红色调较浅	透明至半透明	玻璃光泽	非均质体 三方晶系 U+	二色性弱,与体色深浅有关	1.544~1.553	0.009	2.66 (+0.03, -0.02)	7	无	气液包裹体、两相、三相包裹体、针状金红石、电气石及其他矿物包裹体负晶,可有"牛眼"干涉图

续附录 A

名称	颜色	透明度	光泽	光性特征与晶系	多色性	折射率	双折射率	密度 (g/cm³)	摩氏硬度	紫外荧光	放大观察及其他特征
合成石英（合成水晶，合成紫晶，合成黄水晶，合成烟晶，合成绿水晶）Synthetic Quartz	无色，紫，黄，绿，黄绿，灰蓝和钴蓝色	透明至半透明	玻璃光泽	非均质体 三方晶系 U^+	二色性	1.544～1.553	0.009	2.66 (+0.03, -0.02)	7	LW：无；SW：无至弱，紫	"桌面灰尘状"造状包裹体，气液两相针状包裹体及色带，应力裂隙等，钴蓝色者：640 nm，650 nm 带，550 nm，490～500 nm 带
木变石（虎睛石，鹰眼石）Tiger's-eye	虎睛石：棕黄、棕至棕红色；鹰眼石：灰蓝、暗灰蓝色	微透明至不透明	丝绢光泽 玻璃光泽	非均质集合体	无	1.544～1.553 1.54（点）或1.53	不可测	2.64～2.71	7	无	纤维状结构，波状纤维状结构，常有猫眼效应
硅化木 Petrified Wood	浅黄、褐、棕、红、黑、灰、白色	半透明至不透明	玻璃光泽	无机成分：非均质集合体。有机成分：非晶质	无	1.544～1.553 1.54（点）或1.53	不可测	2.50～2.91	7	一般无	木质纤维状结构，木纹
堇青石 Iolite	常见：带紫色调的蓝色，带蓝色调的紫色，也有无色、略带黄的白色，绿，灰或褐色	透明至半透明	玻璃光泽	非均质体 斜方晶系 B^-	三色性，强，色者：浅紫/深紫/黄褐；蓝色者：无至淡黄/深灰/蓝紫	1.542～1.551 (+0.045, -0.011)	0.008～0.012	2.61 (±0.05)	7～7.5	无	矿物包裹体，气液包裹体，色带，星光效应，砂金效应，猫眼效应（稀少），426 nm，645 nm 弱带

续附录 A

名称	颜色	透明度	光泽	光性特征与晶系	多色性	折射率	双折射率	密度 (g/cm³)	摩氏硬度	紫外荧光	放大观察及其他特征
堇青石 Iolite	常见带紫色调的蓝色，带蓝色调的紫色；也有无色、略带黄色、绿色、灰或褐色的	透明至半透明	玻璃光泽	非均质体 斜方晶系 B⁻	三色性 强：深紫/浅紫褐/黄褐色者：无色至黄/蓝/深蓝紫	1.542~1.551 (+0.045, −0.011)	0.008~0.012	2.61 (±0.05)	7~7.5	无	矿物包裹体、气液包裹体、色带、星光效应、猫眼效应（稀少），砂金效应；426 nm、645 nm弱带
血滴石 Bloodstone	绿蓝、深绿色，含棕红色斑点	微透明至不透明	玻璃光泽	隐晶质集合体	无	1.54(点)	无	2.60±	6~7	无	隐晶质结构，有棕红色斑点
朱砂玉（金顶红）Cinnabrar Jade	"地"：灰白色；"血"：红色	微透明至不透明	玻璃光泽至金刚光泽	"地"：隐晶质结构。"血"：细粒结构	无	1.54(点)	无	2.70±	6~7	无	"地"为隐晶质的玉髓，"血"为辰砂，浸染状星或成片分布于"地"中
琥珀 Amber	浅黄、黄至深黄、橙、红、白色	透明至微透明	树脂光泽	均质体 非晶质	无	1.54 (+0.005, −0.001)	无	1.08 (+0.02, −0.08)	2~2.5	弱至强，黄绿至橙黄白、蓝白或蓝色	气泡、流动线、昆虫或动植物碎片，其他有机和无机包裹体，"太阳光芒"等

续附录 A

名称	颜色	透明度	光泽	光性特征与晶系	多色性	折射率	双折射率	密度 (g/cm³)	摩氏硬度	紫外荧光	放大观察及其他特征
再造琥珀 Reconstructed Amber	多为橙黄或橙红色	透明至微透明	树脂光泽	均质体 非晶质	无	1.540 (+0.005, −0.001)	无	1.03~1.05	2~2.5	明亮的白垩状至蓝色荧光	早期产品常含定向排列的扁平长气泡及明显的流动构造,有清澈与云雾状相间的条带和云雾区;后期产品无流动构造,具糖浆状搅动构造,有粒状结构,抛光面上可见相邻碎屑因硬度不同而表现出来的凹凸不平的现象
骨质 Bone	灰白色、黄白色	半透明至不透明	蜡状光泽	有机质;非晶质。无机物:非均质集合体	无	1.54	无	2.00±	2.5	弱至中	疏松、粗糙、具空心管状构造、横切面具哈弗纹;纵切面为线条状
滑石 Talc	浅至深绿、灰白、灰、褐色	微透明	蜡状光泽至油脂光泽	非均质体单斜晶系B⁻或非均质集合体	不可测	1.540~1.590 (+0.10, −0.002)	0.050 集合体不可测	2.75 (+0.05, −0.55)	1~3	LW无至弱,粉	常含有脉状、斑块状掺杂物,手感滑润

附录 A 珠宝玉石特征一览表

续附录 A

名称	颜色	透明度	光泽	光性特征与晶系	多色性	折射率	双折射率	密度 (g/cm³)	摩氏硬度	紫外荧光	放大观察及其他特征
奥长石 Oligoclase	红、橙、黄、褐、灰色	透明至微透明	玻璃光泽	非均质体 三斜晶系 B⁻	三色性	1.537~1.547	0.010	2.65	6~6.5	无至强，粉红、橙或黄	解理、双晶纹、气液包裹体、矿物包裹体、针状包裹体、月光效应，可有日光效应、晕彩效应
玉髓(玛瑙) chalcedony (Agate)	白、绿、黄、灰、褐、橙、红、蓝色等	微透明至半透明	油脂光泽至玻璃光泽	隐晶质集合体	无	1.535~1.539 1.53(点)或1.54	不可测	2.60 (+0.010 −0.05)	6.5~7	通常无，有时弱至强黄色绿光	隐晶质结构，玛瑙具条带、环带构造
丁香紫玉 (锂云母岩) Lepidolite	丁香紫色、玫瑰紫色	透明至微透明	玻璃光泽	非均质集合体	不可测	1.536~1.610 1.54(点)~1.56	0.021~0.040 集合体不可测	2.80~2.90	2~3	惰性	鳞片状集合体
象牙 Ivory	白、淡玫瑰白、偶见淡黄、金黄、浅褐黄、淡黄前史常呈牙色，偶尔绿色	多为微透明至半透明	油脂光泽至蜡状光泽	无机物：非均质集合体，有机质：非晶质体	无	1.535~1.540 1.54(点)	无	1.70~2.00	2~3	弱至强蓝白色荧光或紫蓝色荧光(长波稍强些)	致密、细腻，横切面勒纹绞，纵切面近平行的直线纹理

续附录 A

名称	颜色	透明度	光泽	光性特征与晶系	多色性	折射率	双折射率	密度 (g/cm³)	摩氏硬度	紫外荧光	放大观察及其他特征
青田石 Qingtian stone	浅绿、浅黄、白色、灰色等	不透明至半透明,少数透明	玻璃光泽,块状呈油脂光泽	非均质集合体	无	1.53~1.60	无	2.65~2.90	1~1.5	不特征	致密块状,可含有蓝色、白色斑点
贝壳 Shell	各种颜色,一般为白、灰、棕、黄、粉色等	多数不透明,少数半透明	油脂光泽至珍珠光泽	无机成分:非均质集合体。有机成分:非晶质	无	1.530~1.685	不可测	2.86 (+0.03,-0.16)	3~4	因种类不同而异	层状结构,表面叠复层结构,状"火焰"结构效应,可具晕彩珍珠光泽
养殖珍珠 Cultured Pearl	白、粉红、浅黄、浅绿、素蓝、黑色等	半透明至不透明	珍珠光泽	无机成分:非均质集合体。有机成分:非晶质	不可测	1.500~1.685 多为1.53~1.56	不可测	海水者:2.72~2.78。淡水者:多数低于大水天然珍珠	2.5~4	无至强,浅蓝色、黄绿色、粉红色	捕核珍珠具核层状结构,可见珠核的平行条带,表面常有突起和回坑;捕片珠多为椭圆形,有时有勒腰。表面有"砂丘纹"
天然珍珠 Natural Pearl	白、浅黄、粉红至深绿、浅蓝、黑色等	半透明至不透明	珍珠光泽	无机成分:非均质集合体。有机成分:非晶质	不可测	1.530~1.685	不可测	海水者:2.61~2.85。淡水珍珠:2.66~2.78,很少超过2.74	2.5~4.5	黑色者:LW弱至中,橙红;其他颜色者,无至强,蓝、绿、粉红色	同心放射层状结构,表面生长纹理"砂丘纹"

附录A 珠宝玉石特征一览表

续附录A

名称	颜色	透明度	光泽	光性特征与晶系	多色性	折射率	双折射率	密度 (g/cm³)	摩氏硬度	紫外荧光	放大观察及其他特征
钠长石 Albite	无色、白、灰、绿、蓝、浅红	透明至微透明	玻璃光泽	非均质体 三斜晶系 B+	三色性	1.527~1.542	0.005~0.010	2.60~2.63	6~6.5	无至弱白、紫、红、黄色等	矿物包裹体、聚片双晶、解理、双晶纹、气液包裹体、针状包裹体、月光效应、晕色
钠长石玉 Albite Jade	灰白、灰绿白、灰绿、无色	半透明至微透明	油脂光泽至玻璃光泽	非均质集合体	无	1.52~1.54, 1.52(点)~1.53	不可测	2.60~2.63	6	无至弱	粒状结构,含白色斑点和蓝绿色斑块
天河石 Amazonite	绿、蓝绿或间杂白色	半透明至微透明	玻璃光泽	非均质体 三斜晶系 B−	三色性	1.522~1.530	0.005~0.008	2.56(±0.02)	6~6.5	LW弱黄绿	双晶纹、解理、格子状色斑或间杂白色
日光石 Sunstone	金红、红、褐	微透明至半透明	玻璃光泽	非均质体、单斜或三斜晶系	三色性、不明显	正长石、月光石 1.518~1.533; 奥长石 1.537~1.547; 拉长石、日光石 1.559~1.568	0.005~0.010	2.55~2.70	6~6.5	无	赤铁矿、针铁矿矿物包体、砂金效应
月光石 Moonstone	无色、白、灰、黑、褐、黄、橙、绿、浅红	透明至不透明	玻璃光泽	非均质体、单斜或三斜晶系	三色性、不明显	1.518~1.568	0.005~0.010	2.55~2.70	6~6.5	无至弱白、紫、红、黄、粉红、绿、橙红	矿物包体、气液包体、解理、蜈蚣纹、双晶纹等、月光效应、猫眼效应

续附录 A

名称	颜色	透明度	光泽	光性特征与晶系	多色性	折射率	双折射率	密度 (g/cm³)	摩氏硬度	紫外荧光	放大观察及其他特征
正长石 Orthoclase	无色、白、橙、黄、绿、褐、灰、黑色	透明至半透明	玻璃光泽	非均质体 单斜晶系 B−	三色性	1.518~1.533	0.005~0.008	2.55~2.63	6~6.5	LW 无或弱；SW 粉色	解理、双晶纹、气液包裹体、针状包裹体等、月光效应、日光效应、猫眼效应、星光效应、晕色
白云石 Dolomite	无色、白、带黄褐色或绿色色调	多为半透明	玻璃光泽	非均质体 三方晶系 U− 或非均质集合体	二色性 无至弱 集合体无	1.505~1.743	0.179~0.184 集合体不可测	2.86~3.20	3~4	橙、蓝、绿黄白	单晶体可见三组完全解理、强重影、集合体粒状结构
青金石 Lapis Lazuli	紫蓝至青蓝色、间杂黄、墨绿色斑	半透明至微透明	玻璃光泽至蜡状光泽	均质集合体	无	平均 1.50±，有时 1.67（含方解石）	无	2.75 (±0.25)	5~6	LW 含方解石发粉红色荧光；SW 弱至中，绿或黄绿	粒状结构，常含方解石、黄铁矿等，查尔斯滤色镜下呈楮红色
合成青金石 Synthetic Lapis Lazuli	深蓝紫蓝，颜色均匀，可间杂黄色	不透明	玻璃光泽蜡状光泽	均质集合体	无	1.50±	无	一般小于 2.45	5~6	无至弱	颜色均匀，黄铁矿呈棱角状，查尔斯滤色镜下不变红

附录 A 珠宝玉石特征一览表

续附录 A

名称	颜色	透明度	光泽	光性特征与晶系	多色性	折射率	双折射率	密度 (g/cm³)	摩氏硬度	紫外荧光	放大观察及其他特征
天然玻璃(玻璃陨石,火山玻璃) Natural Glass (Tekties, volcanic Glass)	玻璃陨石:黄、灰绿色、黑色;火山玻璃(常带白色斑)、褐黄、橙、绿、红、蓝、紫红色(少见)	微透明至不透明	玻璃光泽	均质体非晶质	无	1.49 (+0.020, -0.010) 玄武玻璃:1.58~1.65	无	玻璃陨石:2.36(±0.04);火山玻璃:2.40(±0.10);玄武玻璃:2.70~3.00	5~6	通常无	圆形和拉长气泡,流动构造,黑曜岩中常见晶体包裹体(斑晶),似针状包裹体
方解石(大理岩) Calcite (Marble)	各种颜色,常见白色、黑色及各种花纹和颜色	透明至不透明	玻璃光泽至油脂光泽	非均质体三方晶系 U-或非均质集合体	无至弱,集合体无	1.486~1.658	0.172 集合体不可测	2.70 (±0.05)	3	多变	方解石具三组完全解理,强重影,大理岩具粒状结构,块状或条带构造等
珊瑚 Coral	浅粉红至深红、橙红、白及橙红色、奶油色、黄色、金黄色、黑色和蓝色,偶见蓝色和紫色	微透明至不透明	蜡状光泽,抛光面呈玻璃光泽	无机成分:隐晶质集合体。有机成分:非晶质	无	1.486~1.658;角质珊瑚:1.56±	不可测	2.65(±0.05);角质珊瑚:1.35~1.50	3~4;角质型:2.5~3	无至弱白色	横切面:同心纹,放射状纹;纵切面:平行波状纹、角质珊瑚横切面:同心环状,似树木年轮;纵切面具独特的小丘疹状外观

续附录 A

名称	颜色	透明度	光泽	光性特征与晶系	多色性	折射率	双折射率	密度 (g/cm³)	摩氏硬度	紫外荧光	放大观察及其他特征
染色珊瑚 Colored Coral	红色	微透明至不透明	蜡状光泽,抛光面呈玻璃光泽	无机成分:隐晶质集合体。有机成分:非晶质	无	1.486~1.658	不可测	2.65 (±0.05)	3~4	无至弱	具珊瑚的结构,构造,颜色单调,表里不一,染料集中在小裂隙、孔洞中及结构疏松部位,丙酮棉球擦拭被染色
方钠石 Sodalite	深蓝紫蓝至含白色脉	半透明至微透明	玻璃光泽至油脂光泽	均质体等轴晶系或均质集合体	无	1.483 (±0.004)	无	2.25 (+0.15, −0.10)	5~6	LW 无至弱,橙红色,斑块状荧光	常含白色脉
仿珍珠 Cultured Pearl	白色	微透明	似珍珠光泽		无	1.48 或其他	无	1.50~3.18	2~5	通常无	多为圆形,珠核用塑料、空心玻璃、实心玻璃、贝壳、大理岩等,外涂"珍珠精液",颜色乏珠光,表面微具凹凸,缺乏单一采板,珠具凸凹,无"砂丘"纹,珠串具温感
玻璃 Glass	各种颜色	透明至不透明	玻璃光泽	均质体非晶质	无	1.470~1.700 (含稀土元素玻璃 1.80±)	无	2.30~4.50	5~6	弱至强,因颜色而异,一般短波强于长波	气泡,表面洞穴,拉长的空管,流动线,"桔皮"效应,浑圆状刻面棱线,易被刻划,磨损,可具砂金效应,猫眼效应,晕彩效应,变彩效应,星光效应等

续附录 A

名称	颜色	透明度	光泽	光性特征与晶系	多色性	折射率	双折射率	密度 (g/cm³)	摩氏硬度	紫外荧光	放大观察及其他特征
硅孔雀石 Chrysocolla	绿色,浅蓝绿色,含杂质时可呈褐色、黑色	微透明至不透明	玻璃光泽、蜡状光泽至土状光泽	非均质集合体	无	1.461～1.570 1.50±(点)	不可测	2.00～2.40	2～4 有时可达6±	一般无	隐晶质结构
塑料 Plastic	各种颜色	透明至不透明	蜡状光泽、玻璃光泽	均质体、非晶质	无	1.460～1.700	无	1.05～1.55	1～3	无至强,各种颜色	气泡,流动线,"桔皮"效应,浑圆状被面棱线,表面易被刻划
欧泊 Opal	白、黑、橙红、红等体色	透明至不透明	玻璃光泽至树脂光泽	均质体、非晶质	无	1.450 (+0.020, −0.080) 火欧泊可低至1.37,通常1.42～1.43	无	2.15 (+0.08, −0.90)	5～6	黑、白体色者:无至中,白到浅蓝、绿或黄绿色,可有磷光。一般欧泊:无至强,无色、浅蓝、绿、黄绿,可有磷光。火欧泊:无至中,绿褐色,可有磷光	变彩效应,色斑呈片状,片呈不规则片状,边界平坦且较模糊,彩片平行具平行纹刻划(丝绢状外观)

续附录 A

名称	颜色	透明度	光泽	光性特征与晶系	多色性	折射率	双折射率	密度(g/cm³)	摩氏硬度	紫外荧光	放大观察及其他特征
萤石 Fluorite	绿、蓝、黄、棕、粉、无色	透明至半透明	玻璃光泽至亚玻璃光泽	均质体 等轴晶系	无	1.434(±0.001)	无	3.18(+0.07,−0.18)	4	一般具强荧光，可具磷光	色带，两相或三相包裹体，八面体解理发育
合成欧泊	白、黑、灰、深蓝及橙色等体色	透明至不透明	玻璃光泽至树脂光泽	均质体 非晶质	无	1.430~1.470	无	1.97~2.20	4.5~6	白色：LW中等至SW弱至蓝黄色；无磷光。黑色：LW无，SW弱至强，黄绿白至黄绿色，无磷光	具变彩效应，彩片呈镶嵌状结构，彩片边缘呈锯齿状；具"蜥蜴皮"结构

附录B 常见宝石特征吸收光谱[①]

红色宝石

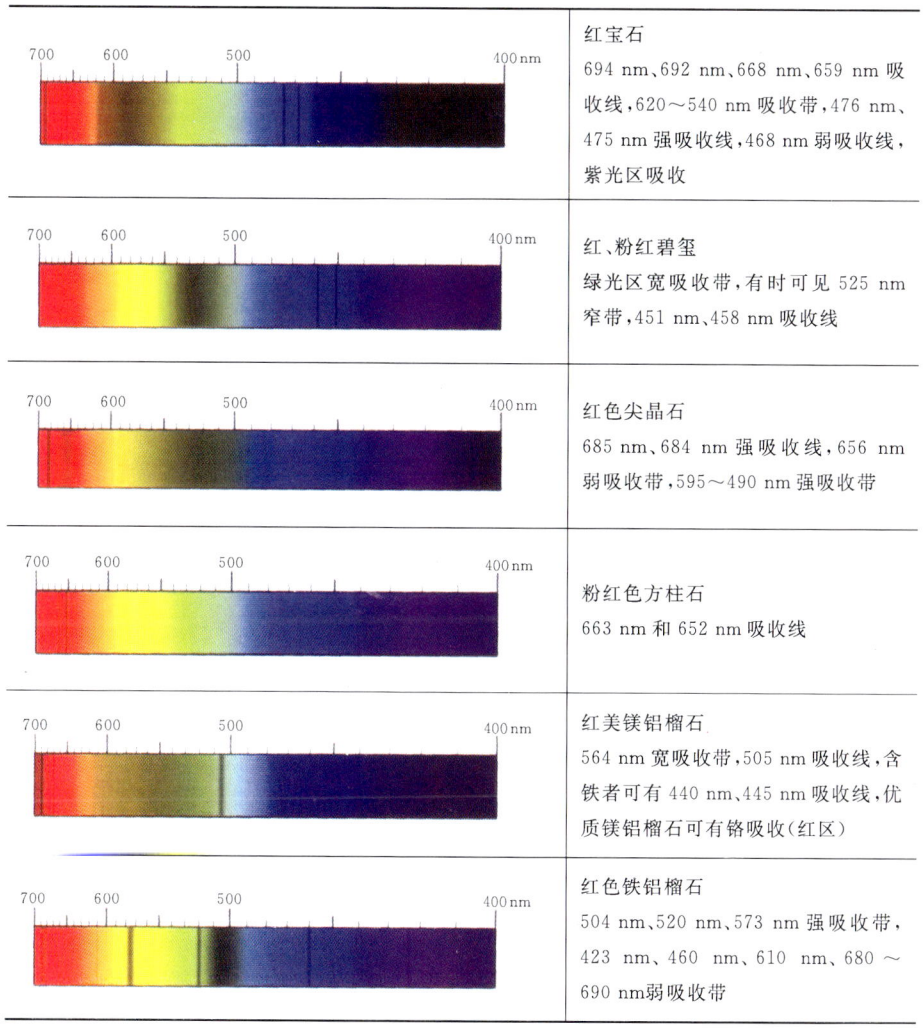

	红宝石 694 nm、692 nm、668 nm、659 nm 吸收线，620～540 nm 吸收带，476 nm、475 nm 强吸收线，468 nm 弱吸收线，紫光区吸收
	红、粉红碧玺 绿光区宽吸收带，有时可见 525 nm 窄带，451 nm、458 nm 吸收线
	红色尖晶石 685 nm、684 nm 强吸收线，656 nm 弱吸收带，595～490 nm 强吸收带
	粉红色方柱石 663 nm 和 652 nm 吸收线
	红美镁铝榴石 564 nm 宽吸收带，505 nm 吸收线，含铁者可有 440 nm、445 nm 吸收线，优质镁铝榴石可有铬吸收（红区）
	红色铁铝榴石 504 nm、520 nm、573 nm 强吸收带，423 nm、460 nm、610 nm、680～690 nm 弱吸收带

---

① 张蓓莉.系统宝石学.第2版.北京:地质出版社,2006

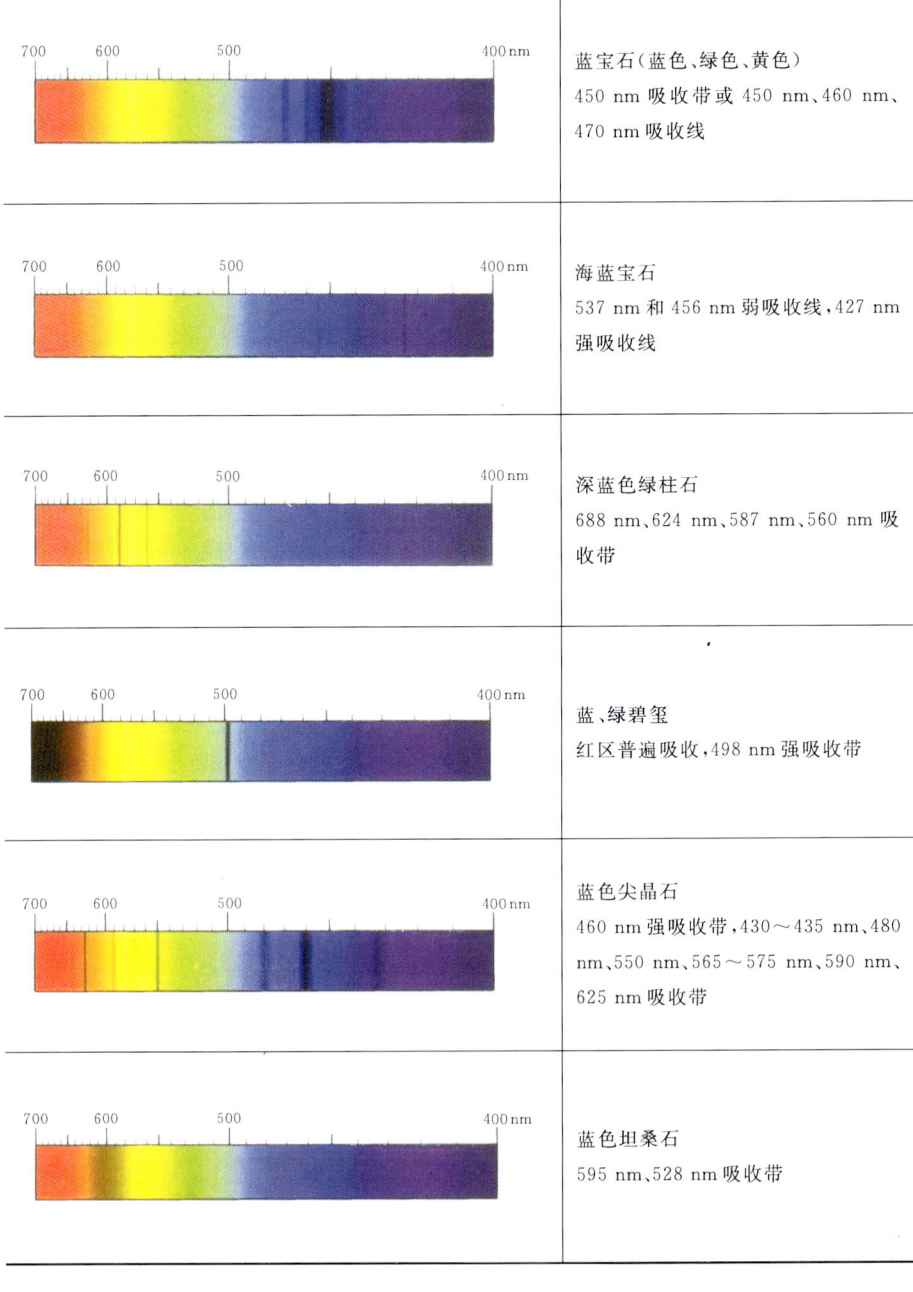

绿色宝石

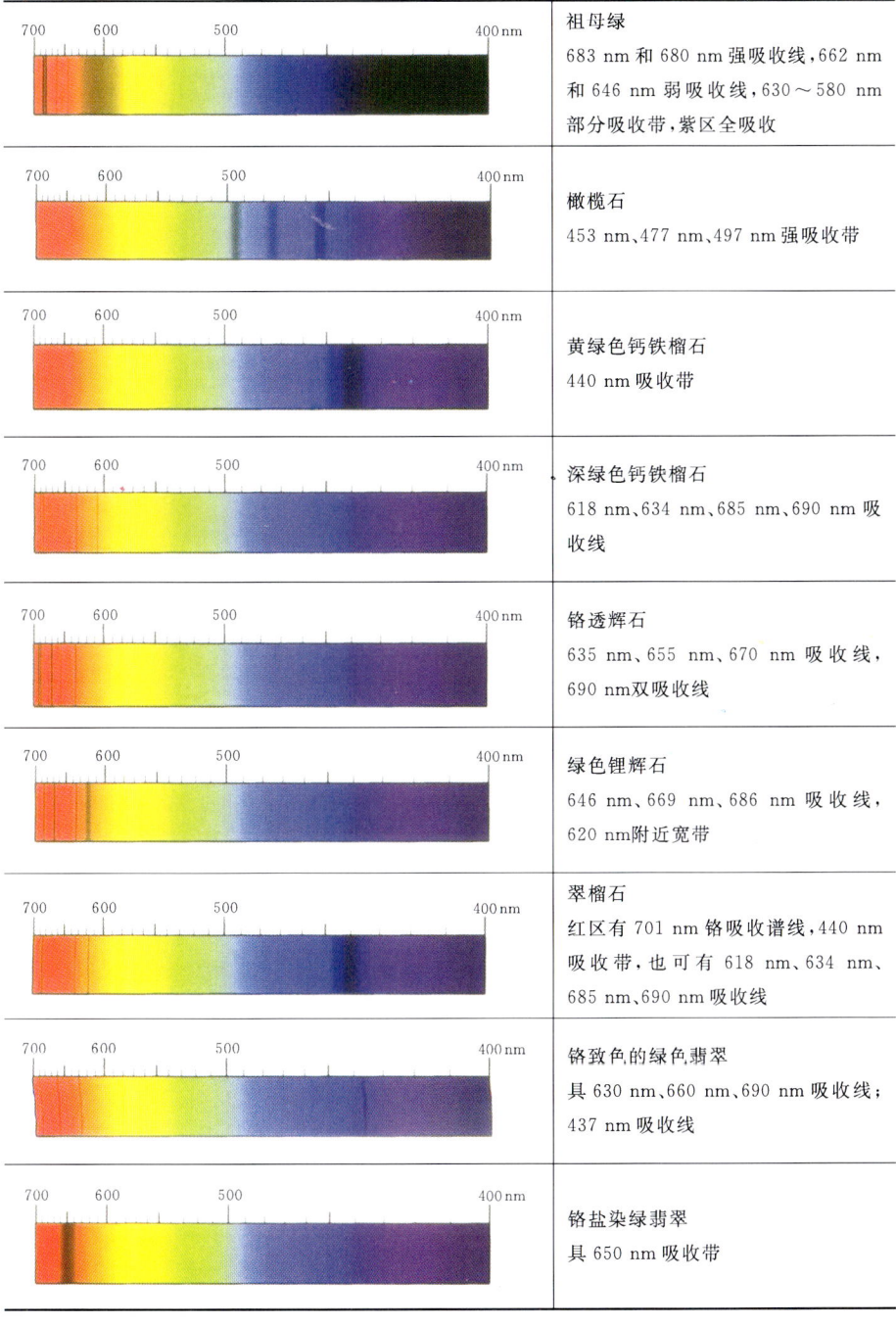

	祖母绿 683 nm 和 680 nm 强吸收线，662 nm 和 646 nm 弱吸收线，630~580 nm 部分吸收带，紫区全吸收
	橄榄石 453 nm、477 nm、497 nm 强吸收带
	黄绿色钙铁榴石 440 nm 吸收带
	深绿色钙铁榴石 618 nm、634 nm、685 nm、690 nm 吸收线
	铬透辉石 635 nm、655 nm、670 nm 吸收线，690 nm 双吸收线
	绿色锂辉石 646 nm、669 nm、686 nm 吸收线，620 nm 附近宽带
	翠榴石 红区有 701 nm 铬吸收谱线，440 nm 吸收带，也可有 618 nm、634 nm、685 nm、690 nm 吸收线
	铬致色的绿色翡翠 具 630 nm、660 nm、690 nm 吸收线；437 nm 吸收线
	铬盐染绿翡翠 具 650 nm 吸收带

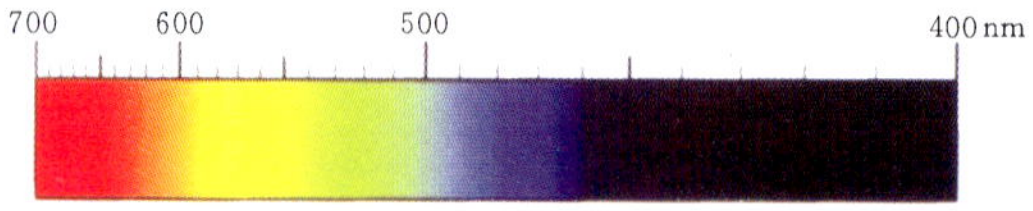	暗绿色水钙铝榴石 460 nm 以下全吸收
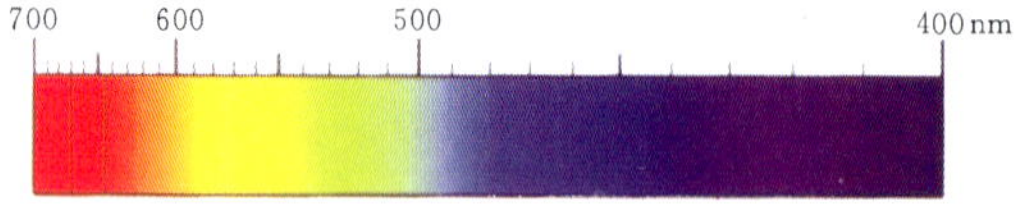	染色绿玉髓 645 nm 和 670 nm 吸收线

黄色宝石

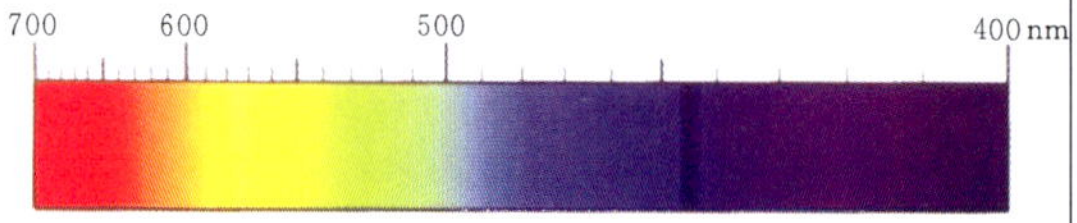	金绿宝石 445 nm 强吸收带
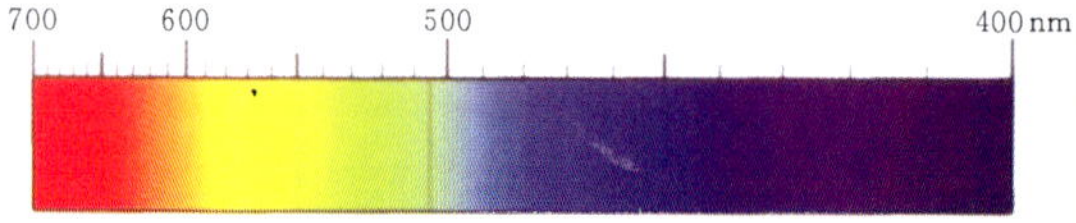	棕黄色顽火辉石（绿色也具相同谱线） 505 nm、550 nm 吸收线
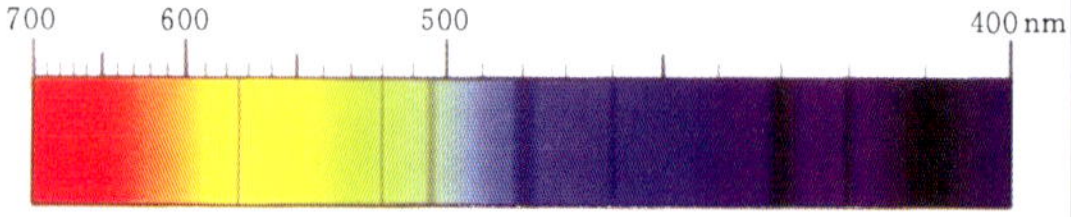	黄色锰铝榴石 410 nm、420 nm、430 nm 吸收线，460 nm、480 nm、520 nm 吸收带，有时可有 504 nm、573 nm 吸收线
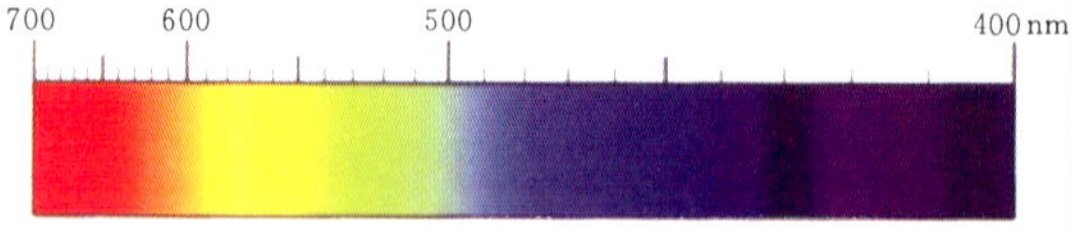	橙黄色钙铝榴石 铁致色的贵榴石（hessonite）可有 407 nm、430 nm 吸收带

其他

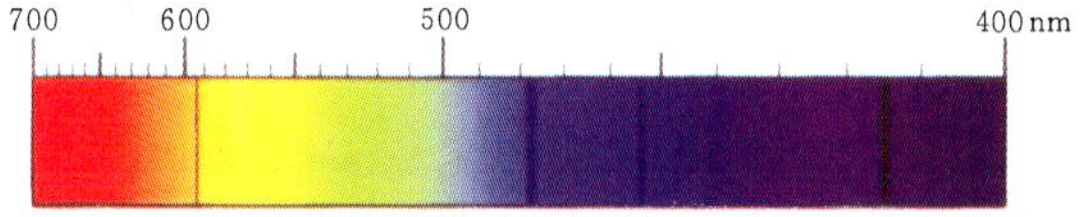

	辐照改色钻石及天然彩色钻石 415 nm、453 nm、478 nm 吸收线,594 nm 吸收线
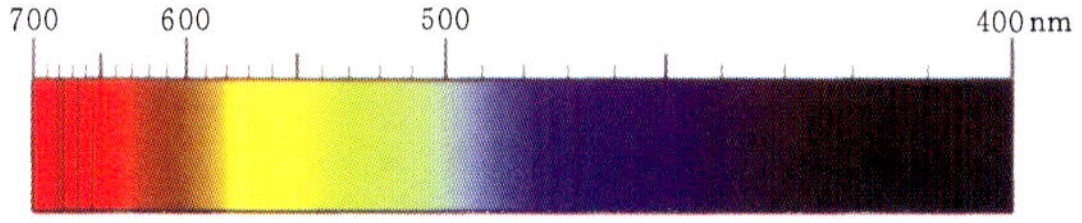	变石 680 nm、678 nm 强吸收线,665 nm、655 nm、645 nm 弱吸收线,580 nm 和 630 nm 之间部分吸收带,476 nm、473 nm、468 nm 三条弱吸收线,紫光区吸收
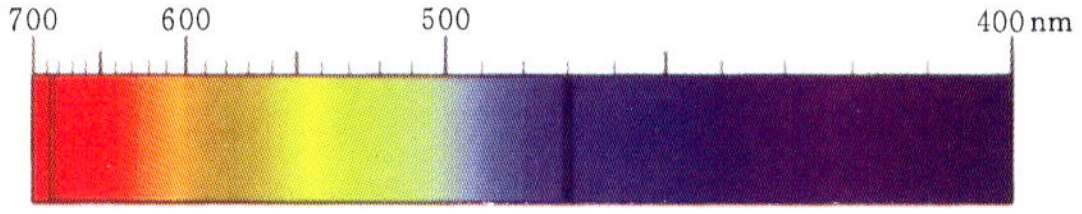	变色蓝宝石 685 nm 双线,600~550 nm 吸收带,470 nm 吸收线
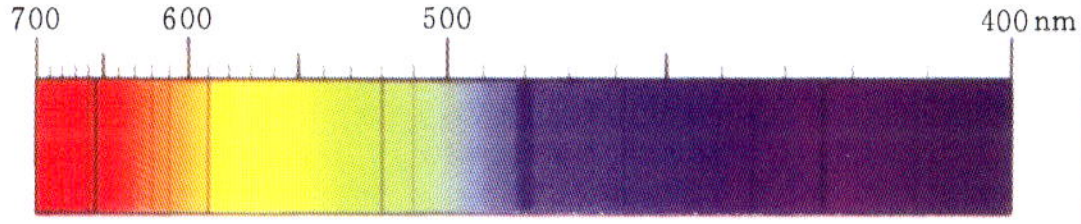	各色锆石 可见 2~40 多条吸收线,特征吸收为 653.5 nm 吸收线
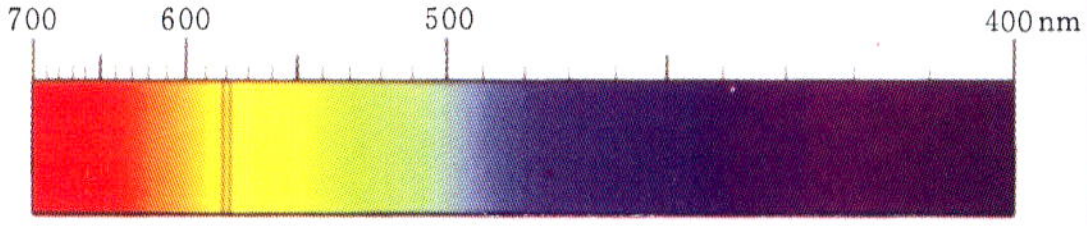	各色磷灰石 580 nm 双线
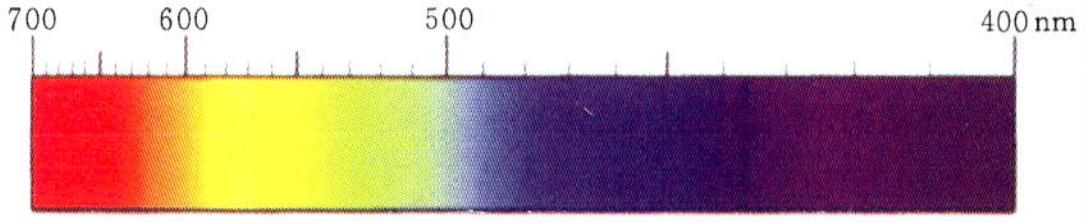	无色及结构细腻的翡翠 437 nm 吸收线

其他宝石吸收光谱

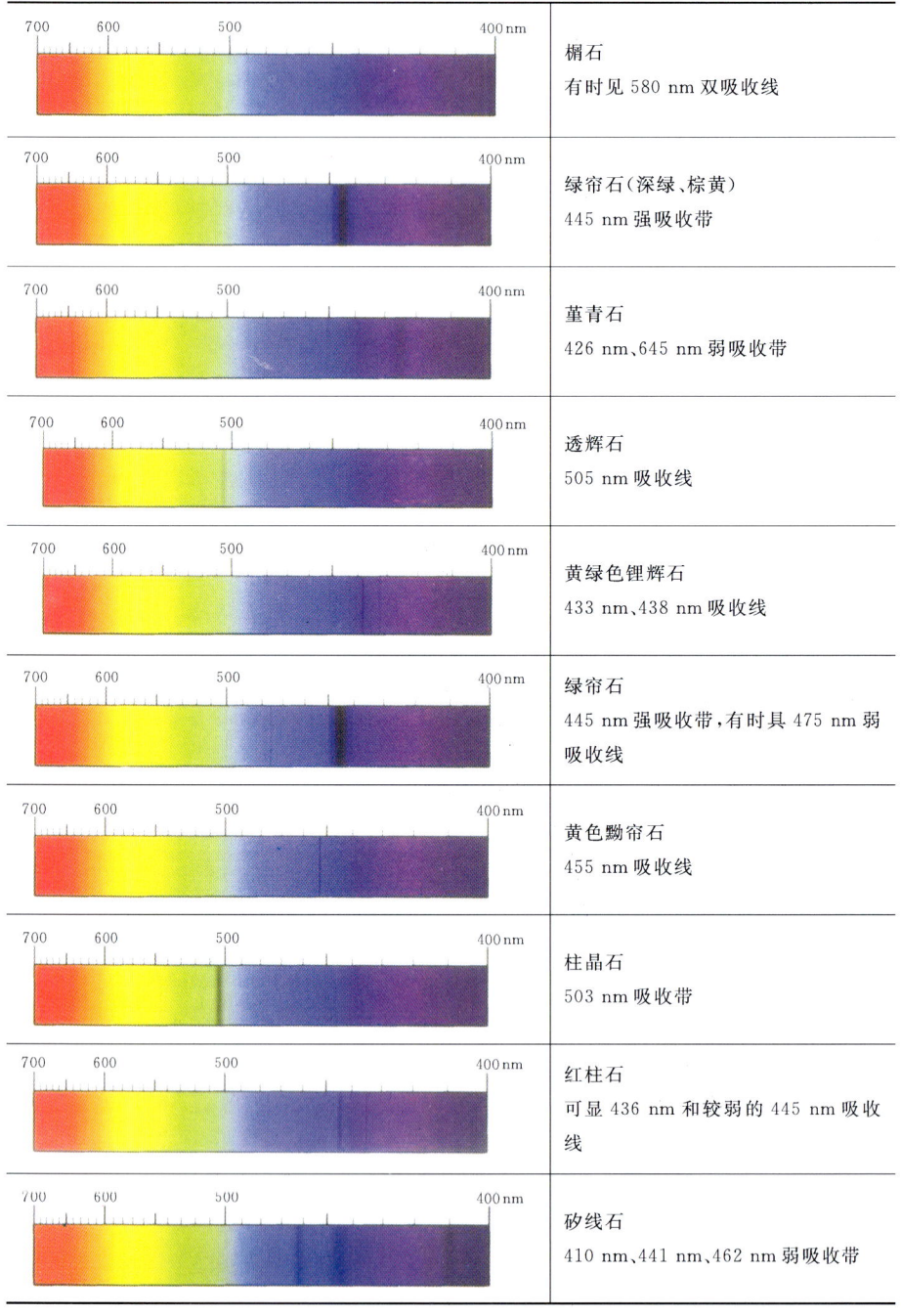

	榍石 有时见 580 nm 双吸收线
	绿帘石（深绿、棕黄） 445 nm 强吸收带
	堇青石 426 nm、645 nm 弱吸收带
	透辉石 505 nm 吸收线
	黄绿色锂辉石 433 nm、438 nm 吸收线
	绿帘石 445 nm 强吸收带，有时具 475 nm 弱吸收线
	黄色黝帘石 455 nm 吸收线
	柱晶石 503 nm 吸收带
	红柱石 可显 436 nm 和较弱的 445 nm 吸收线
	矽线石 410 nm、441 nm、462 nm 弱吸收带

附录B 常见宝石特征吸收光谱

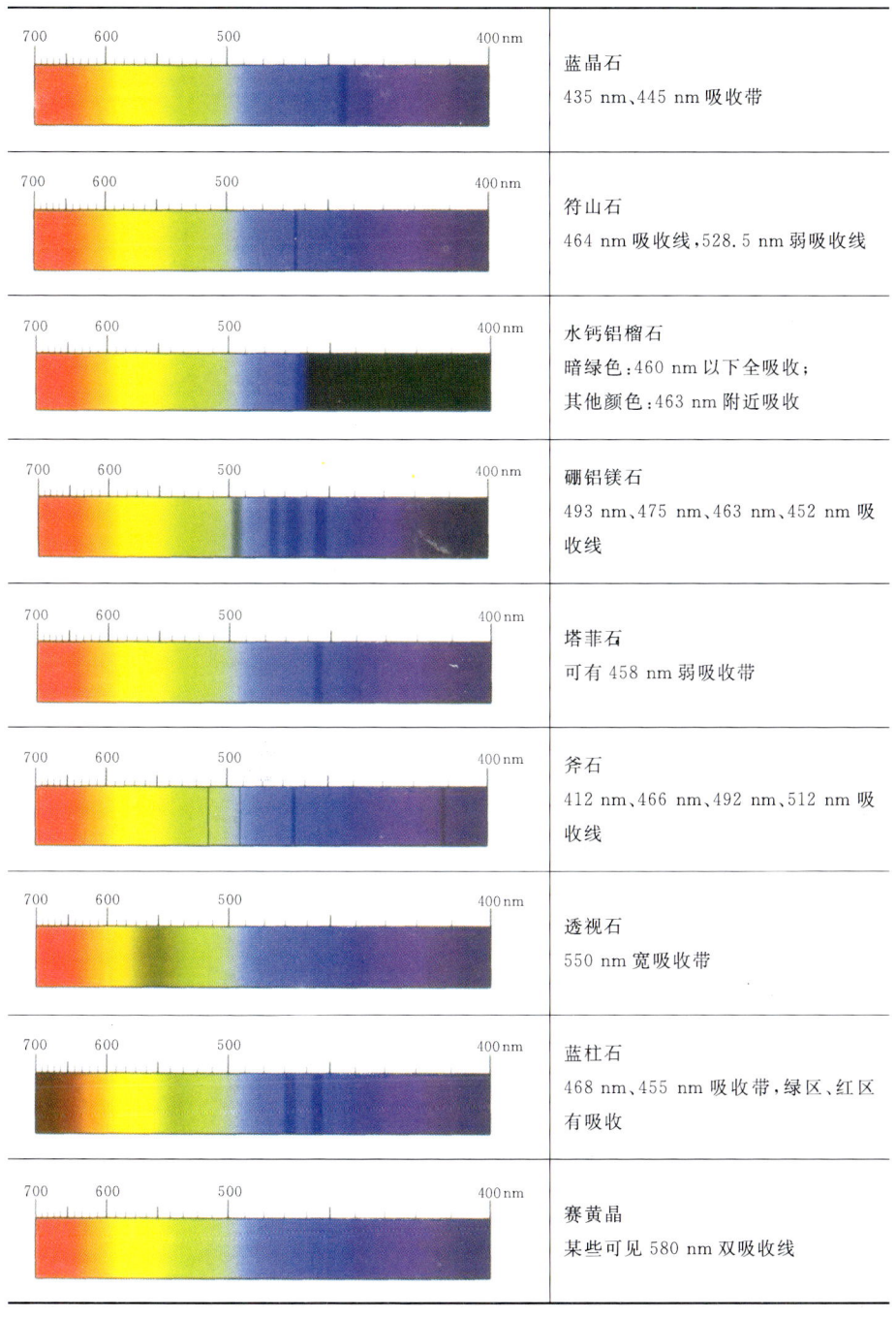

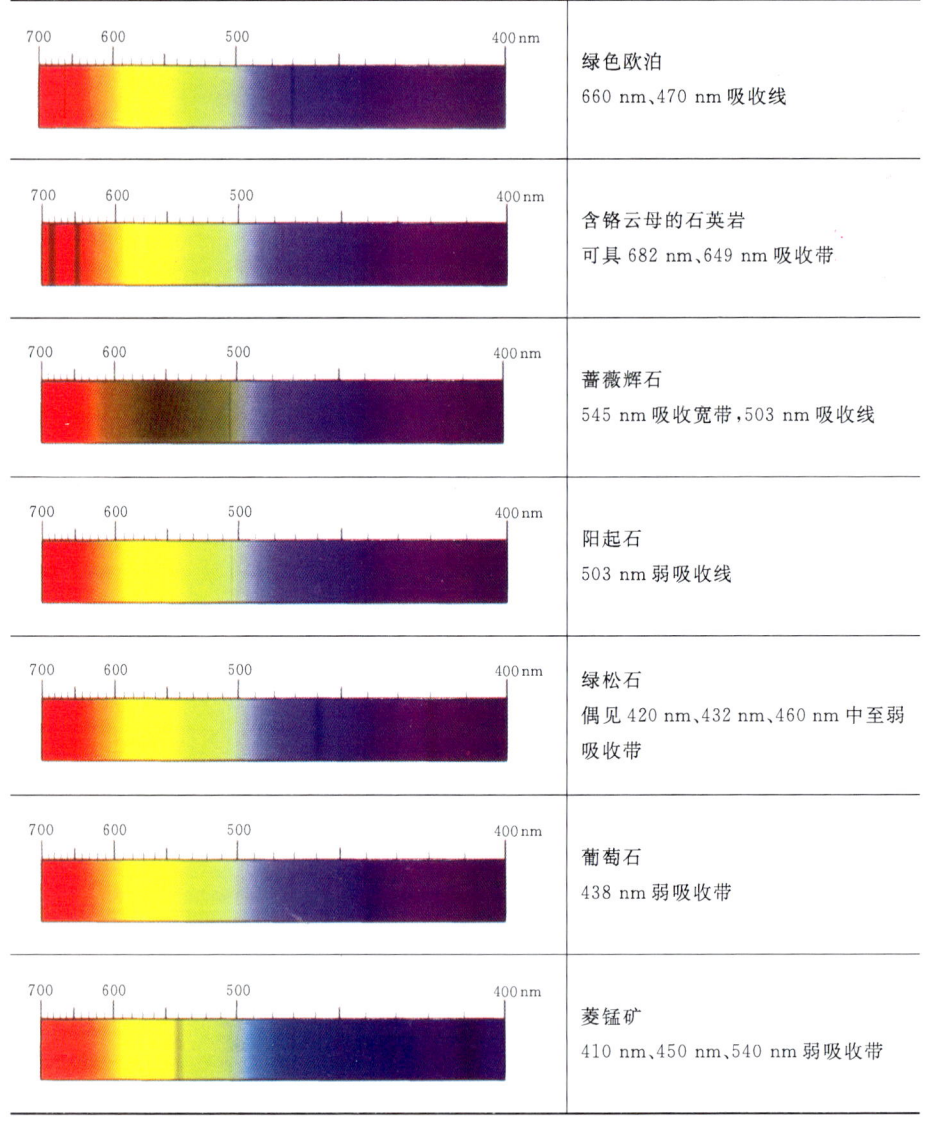

	绿色欧泊 660 nm、470 nm 吸收线
	含铬云母的石英岩 可具 682 nm、649 nm 吸收带
	蔷薇辉石 545 nm 吸收宽带,503 nm 吸收线
	阳起石 503 nm 弱吸收线
	绿松石 偶见 420 nm、432 nm、460 nm 中至弱吸收带
	葡萄石 438 nm 弱吸收带
	菱锰矿 410 nm、450 nm、540 nm 弱吸收带

贵重宝石

不同颜色饱和度和色调的蓝宝石

彩色钻石

刚玉

合成星光刚玉宝石

红宝石晶体

金绿宝石晶体

蓝宝石不均匀的色带

宝石欣赏 贵重宝石

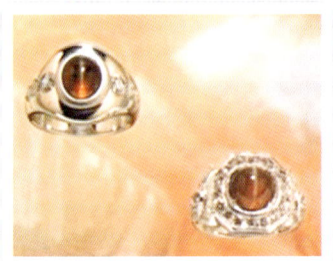

猫眼

祖母绿

蓝宝石晶体

祖母绿晶体

钻石

钻石

猫眼

星光红宝石

贵重宝石 宝石欣赏

云南祖母绿

祖母绿

祖母绿晶体

钻石的结晶习性、表面特征

钻石戒指

钻石晶体

最漂亮的红宝石——鸽血红

最漂亮的蓝宝石——矢车菊蓝

宝石欣赏 常见一般宝石

水晶树

紫水晶

尖晶石晶体

碧玺

橄榄石不规则晶体

各种石榴石

各种月光石

拉长石

常见一般宝石 宝石欣赏

天河石

水晶晶簇

日光石

查罗石

宝石欣赏 常见一般宝石

月光石

各种颜色的电气石

石榴石晶体

海蓝宝石晶体

托帕石晶体

常见玉石 宝石欣赏

翡翠原石

翡翠豆角

翡翠挂件

翡翠手镯

翡翠手镯

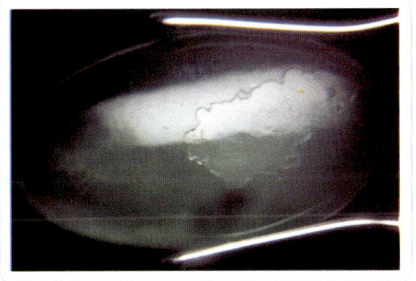
覆膜翡翠

翡翠

独山玉

常见玉石

岫玉

和田玉

和田玉

和田玉

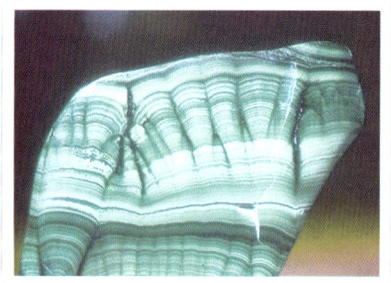

孔雀石

菱锰矿

绿松石

玛瑙

常见玉石

蔷薇辉石

欧泊

方纳石

羊脂白玉壶

青金石

木变石

常见有机宝石

象牙

象牙的勒兹纹

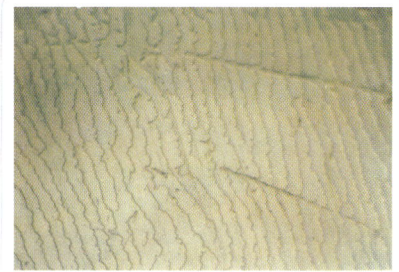

珍珠"沙丘纹"

染色海柳珊瑚

琥珀手镯

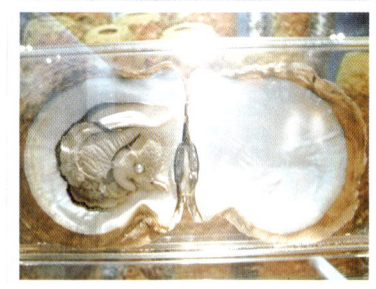

白蝶贝养殖珍珠

鲍鱼贝壳

珍珠养殖中清除贝体上的寄生物

常见有机宝石 宝石欣赏

珊瑚

玳瑁耳坠

琥珀

马氏贝养殖珍珠

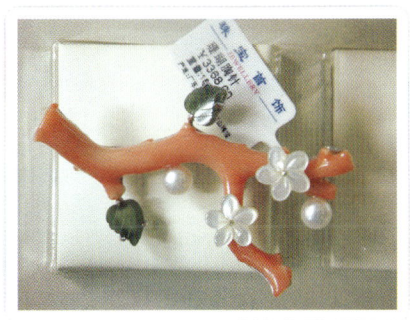
珊瑚与珍珠

珍珠

珍珠

染色海柳珊瑚

常见宝石包裹体

"苍蝇翅"反光

A货翡翠的"桔皮效应"

B货翡翠的酸蚀纹

B货翡翠整体泛白色

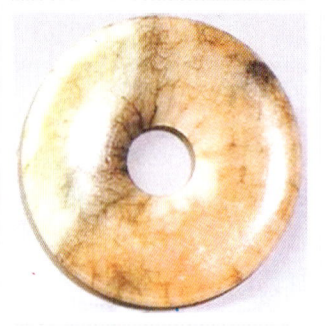

C货翡翠的裂隙处染料沉淀

玻璃的表面凹坑和气泡

玻璃猫眼蜂窝状构造

翠榴石中的马尾丝状包裹体

常见宝石包裹体

翡翠的"苍蝇翅"反光

翡翠的"苍蝇翅"反光

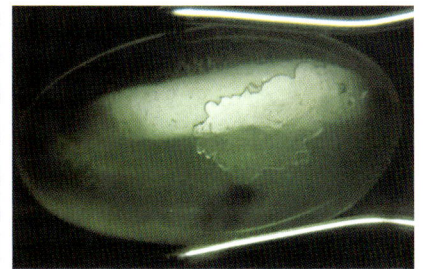

覆膜翡翠

翡翠酸蚀纹

橄榄石睡莲叶状包裹体

锆石后刻面棱双影线

锆石后刻面双影现象

锆石纸蚀现象

宝石欣赏 常见宝石包裹体

合成的黄水晶

合成红宝石的弧形生长纹理

合成金红石的后刻面重影

合成欧泊的蜥蜴皮状结构

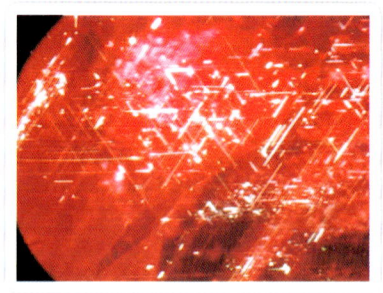

红宝石中的金红石包裹体

红宝石中的针状及角状包裹体

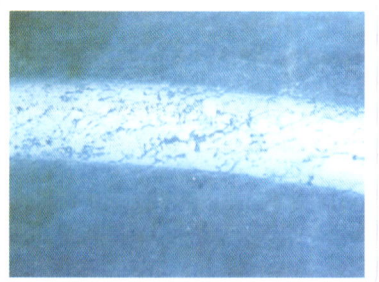

B货翡翠的表面酸蚀纹

金绿宝石双晶纹

常见宝石包裹体

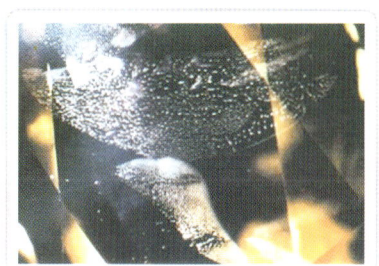

金绿宝石中的指纹状包裹体

焗色红翡翠

蓝宝石中的角状平直生长纹

蓝宝石中聚片双晶

玛瑙纹

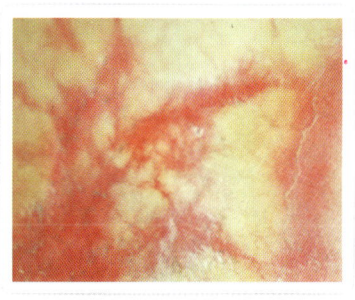

染色处理的岫玉

染色翡翠的颜色呈网脉状分布

染色岫玉手镯

常见宝石包裹体

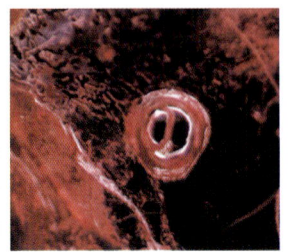

热处理红宝石的膨胀气泡

热处理蓝宝石中定向金红石点状残余及膨胀裂隙

人造发晶——黄玻璃拉丝

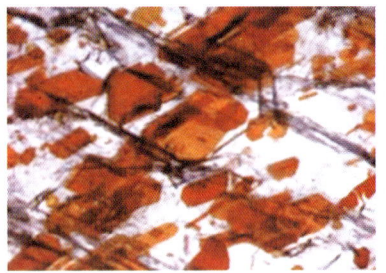

日光石中的赤铁矿薄片

水晶包裹体

水晶金红石包裹体

水晶中的次生包裹体

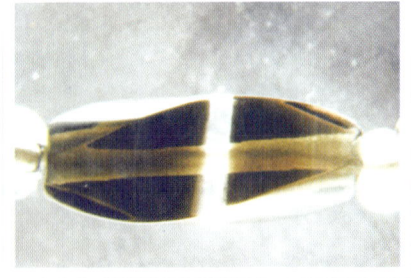

合成水晶中的种晶片

常见宝石包裹体 宝石欣赏

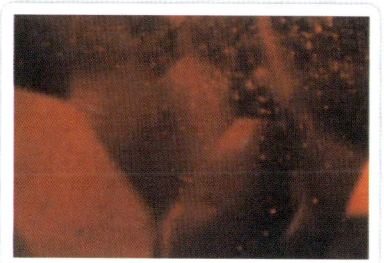
焰熔法合成红宝石里面有时会有这种极细小的气泡

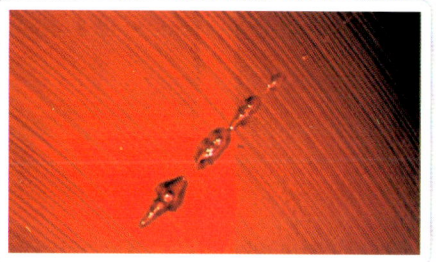
焰熔法合成红宝石的弧形生长纹和气泡

焰熔法生长的各种梨晶

月光石中的蜈蚣状包裹体

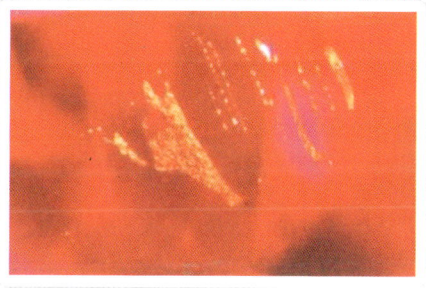
助熔剂法合成红宝石的助熔剂残留

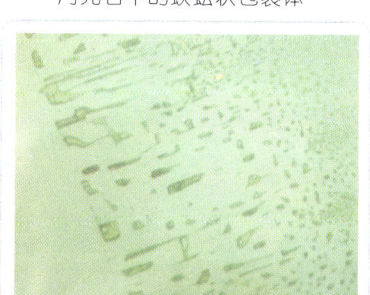
助熔剂法合成祖母绿的"布满裂纹"气液两相包裹体

助熔剂法合成祖母绿的平行分带和扭曲的熔剂云翳

宝石欣赏 常见宝石包裹体

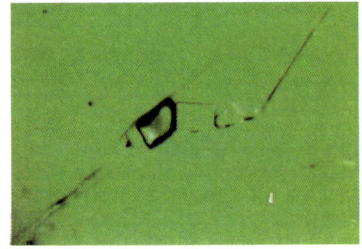
祖母绿的三相包裹体（产地：哥伦比亚）

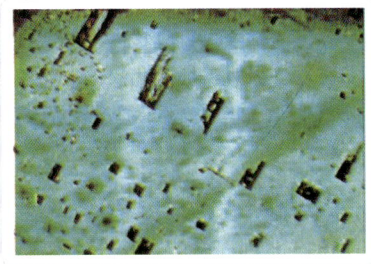
祖母绿中的黑云母两相"逗号"包裹体

祖母绿中的纤维状透闪石包裹体

祖母绿中竹节状阳起石包裹体

钻石的结晶习性、表面特征

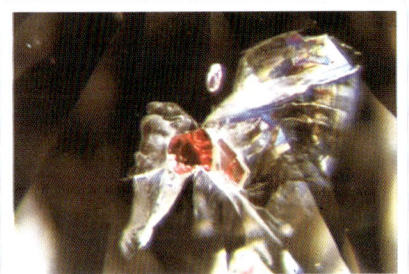
钻石中的含铬镁铝榴石矿物包裹体

钻石中的绿色透辉石矿物包裹体

一、宝石显微镜观察实习报告单

标样号_____

利用肉眼、10×放大镜和宝石显微镜进行观察和鉴定					
颜色		琢型		质量(g)	
观察到的外部特征					
观察到的内部特征					
结论					

标样号_____

利用肉眼、10×放大镜和宝石显微镜进行观察和鉴定					
颜色		琢型		质量(g)	
观察到的外部特征					
观察到的内部特征					
结论					

标样号_____

利用肉眼、10×放大镜和宝石显微镜进行观察和鉴定					
颜色		琢型		质量(g)	
观察到的外部特征					
观察到的内部特征					
结论					

标样号_____

利用肉眼、10×放大镜和宝石显微镜进行观察和鉴定					
颜色		琢型		质量(g)	
观察到的外部特征					
观察到的内部特征					
结论					

标样号_____

利用肉眼、10×放大镜和宝石显微镜进行观察和鉴定					
颜色		琢型		质量(g)	
观察到的外部特征					
观察到的内部特征					
结论					

标样号_____

利用肉眼、10×放大镜和宝石显微镜进行观察和鉴定					
颜色		琢型		质量(g)	
观察到的外部特征					
观察到的内部特征					
结论					

二、宝石显微镜观察记录表（平时练习用表）

宝玉石名称	颜色	琢型	质量(g)	外部特征	内部特征
宝玉石名称	颜色	琢型	质量(g)	外部特征	内部特征

宝玉石名称	颜色	琢型	质量(g)	外部特征	内部特征

三、折射率和双折射率测量报告单

标样号_____

测量折射率和双折射率(适用刻面测法)					
颜　色		琢型		质量(g)	
折射率(高值)					
折射率(低值)					
双折射率					
轴性及光性					

标样号_____

测量折射率和双折射率(适用刻面测法)					
颜　色		琢型		质量(g)	
折射率(高值)					
折射率(低值)					
双折射率					
轴性及光性					

标样号_____

测量折射率和双折射率(适用刻面测法)					
颜　色		琢型		质量(g)	
折射率(高值)					
折射率(低值)					
双折射率					
轴性及光性					

标样号_____

测量折射率和双折射率（适用刻面测法）					
颜色		琢型		质量(g)	
折射率(高值) 折射率(低值) 双折射率 轴性及光性					

标样号_____

测量折射率和双折射率（适用刻面测法）					
颜色		琢型		质量(g)	
折射率(高值) 折射率(低值) 双折射率 轴性及光性					

标样号_____

测量折射率和双折射率（适用刻面测法）					
颜色		琢型		质量(g)	
折射率(高值) 折射率(低值) 双折射率 轴性及光性					

标样号_____

测量折射率和双折射率（适用刻面测法）					
颜色		琢型		质量	
折射率(高值) 折射率(低值) 双折射率 轴性及光性					

标样号_____

测量折射率和双折射率（适用刻面测法）					
颜色		琢型		质量	
折射率(高值) 折射率(低值) 双折射率 轴性及光性					

标样号_____

测量折射率和双折射率（适用刻面测法）					
颜色		琢型		质量	
折射率(高值) 折射率(低值) 双折射率 轴性及光性					

标样号_____

测量折射率和双折射率（适用刻面测法）					
颜 色		琢型		质量(g)	
折射率（高值） 折射率（低值） 双折射率 轴性及光性					

标样号_____

测量折射率和双折射率（适用刻面测法）					
颜 色		琢型		质量(g)	
折射率（高值） 折射率（低值） 双折射率 轴性及光性					

标样号_____

测量折射率和双折射率（适用刻面测法）					
颜 色		琢型		质量(g)	
折射率（高值） 折射率（低值） 双折射率 轴性及光性					

标样号_____

测量折射率和双折射率(适用刻面测法)					
颜 色		琢型		质量(g)	
折射率(高值) 折射率(低值) 双折射率 轴性及光性					

标样号_____

测量折射率和双折射率(适用刻面测法)					
颜 色		琢型		质量(g)	
折射率(高值) 折射率(低值) 双折射率 轴性及光性					

标样号_____

测量折射率和双折射率(适用刻面测法)					
颜 色		琢型		质量(g)	
折射率(高值) 折射率(低值) 双折射率 轴性及光性					

标样号_____

测量折射率和双折射率（适用刻面测法）					
颜色		琢型		质量(g)	
折射率(高值) 折射率(低值) 双折射率 轴性及光性					

标样号_____

测量折射率和双折射率（适用刻面测法）					
颜色		琢型		质量(g)	
折射率(高值) 折射率(低值) 双折射率 轴性及光性					

标样号_____

测量折射率和双折射率（适用刻面测法）					
颜色		琢型		质量(g)	
折射率(高值) 折射率(低值) 双折射率 轴性及光性					

标样号_____

测量折射率和双折射率（适用刻面测法）					
颜色		琢型		质量(g)	
折射率(高值) 折射率(低值) 双折射率 轴性及光性					

标样号_____

测量折射率和双折射率（适用刻面测法）					
颜色		琢型		质量(g)	
折射率(高值) 折射率(低值) 双折射率 轴性及光性					

标样号_____

测量折射率和双折射率（适用刻面测法）					
颜色		琢型		质量(g)	
折射率(高值) 折射率(低值) 双折射率 轴性及光性					

标样号_____

测量折射率和双折射率(适用刻面测法)					
颜 色		琢型		质量(g)	
折射率(高值) 折射率(低值) 双折射率 轴性及光性					

标样号_____

测量折射率和双折射率(适用刻面测法)					
颜 色		琢型		质量(g)	
折射率(高值) 折射率(低值) 双折射率 轴性及光性					

标样号_____

测量折射率和双折射率(适用刻面测法)					
颜 色		琢型		质量(g)	
折射率(高值) 折射率(低值) 双折射率 轴性及光性					

标样号_____

测量折射率和双折射率(适用刻面测法)					
颜　色		琢型		质量(g)	
折射率(高值) 折射率(低值) 双折射率 轴性及光性					

标样号_____

测量折射率和双折射率(适用刻面测法)					
颜　色		琢型		质量(g)	
折射率(高值) 折射率(低值) 双折射率 轴性及光性					

标样号_____

测量折射率和双折射率(适用刻面测法)					
颜　色		琢型		质量(g)	
折射率(高值) 折射率(低值) 双折射率 轴性及光性					

四、折射率测量及轴性光性判断

标样号_____

测量折射率和双折射率(适用轴性光性判断)					
颜色		琢型		质量(g)	
转动宝石	第一次读数	第二次读数	第三次读数	第四次读数	第五次读数
折射率(高值)					
折射率(低值)					
轴性及光性判断结论:					

标样号_____

测量折射率和双折射率(适用轴性光性判断)					
颜色		琢型		质量(g)	
转动宝石	第一次读数	第二次读数	第三次读数	第四次读数	第五次读数
折射率(高值)					
折射率(低值)					
轴性及光性判断结论:					

标样号_____

测量折射率和双折射率(适用轴性光性判断)					
颜色		琢型		质量(g)	
转动宝石	第一次读数	第二次读数	第三次读数	第四次读数	第五次读数
折射率(高值)					
折射率(低值)					
轴性及光性判断结论:					

标样号_____

测量折射率和双折射率(适用轴性光性判断)					
颜色		琢型		质量(g)	
转动宝石	第一次读数	第二次读数	第三次读数	第四次读数	第五次读数
折射率(高值)					
折射率(低值)					
轴性及光性判断结论:					

五、折射率观测表(平时练习用表)

宝玉石名称	颜色	琢型	质量(g)	折射率		双折射率	轴性及光性
				高值	低值		

宝玉石名称	颜色	琢型	质量(g)	折射率		双折射率	轴性及光性
				高值	低值		

六、静水力学法密度测定表

宝玉石名称	颜色	琢型	空气中质量 m (g)	液体中质量 m_1 (g)	计算 $\rho=\dfrac{m\rho_0}{m-m_1}$	密度(g/cm³)

注:ρ_0 为重液密度。

宝玉石名称	颜色	琢型	空气中质量 m (g)	液体中质量 m_1 (g)	计算 $\rho=\dfrac{m\rho_0}{m-m_1}$	密度(g/cm³)

七、二色镜观察实习报告单

标样号_____

适用于有色透明至半透明各向异性材料				
颜色		琢型		质量(g)	
多色性强弱	强	中	弱	无
结论	二色性(　　);三色性(　　　)			
观察到的二色性/三色性				
解释结果				

注：在括号内打"√"，以下同。

标样号_____

适用于有色透明至半透明各向异性材料				
颜色		琢型		质量(g)	
多色性强弱	强	中	弱	无
结论	二色性(　　);三色性(　　　)			
观察到的二色性/三色性				
解释结果				

标样号_____

适用于有色透明至半透明各向异性材料							
颜色			琢型		质量(g)		
多色性强弱	强		中		弱		无
结论	二色性(　　)；三色性(　　)						
观察到的二色性/三色性							
解释结果							

标样号_____

适用于有色透明至半透明各向异性材料							
颜色			琢型		质量(g)		
多色性强弱	强		中		弱		无
结论	二色性(　　)；三色性(　　)						
观察到的二色性/三色性							
解释结果							

标样号_____

适用于有色透明至半透明各向异性材料						
颜色		琢型		质量(g)		
多色性强弱	强		中		弱	无
结论	二色性（　　）；三色性（　　）					
观察到的二色性/三色性						
解释结果						

标样号_____

适用于有色透明至半透明各向异性材料						
颜色		琢型		质量(g)		
多色性强弱	强		中		弱	无
结论	二色性（　　）；三色性（　　）					
观察到的二色性/三色性						
解释结果						

标样号_____

适用于有色透明至半透明各向异性材料							
颜色			琢型		质量(g)		
多色性强弱	强		中		弱		无
结论	二色性(　　);三色性(　　)						
观察到的二色性/三色性							
解释结果							

标样号_____

适用于有色透明至半透明各向异性材料							
颜色			琢型		质量(g)		
多色性强弱	强		中		弱		无
结论	二色性(　　);三色性(　　)						
观察到的二色性/三色性							
解释结果							

八、偏光镜观察实习报告单

标样号_____

适用于有色透明至半透明各向异性材料					
颜色		琢型		质量(g)	
正交偏光镜下360°观察到现象					
结论					

标样号_____

适用于有色透明至半透明各向异性材料					
颜色		琢型		质量(g)	
正交偏光镜下360°观察到现象					
结论					

标样号_____

适用于有色透明至半透明各向异性材料					
颜色		琢型		质量(g)	
正交偏光镜下360°观察到现象					
结论					

标样号_____

适用于有色透明至半透明各向异性材料					
颜色		琢型		质量(g)	
正交偏光镜下 360°观察到现象					
结论					

标样号_____

适用于有色透明至半透明各向异性材料					
颜色		琢型		质量(g)	
正交偏光镜下 360°观察到现象					
结论					

标样号_____

适用于有色透明至半透明各向异性材料					
颜色		琢型		质量(g)	
正交偏光镜下 360°观察到现象					
结论					

标样号_____

适用于有色透明至半透明各向异性材料					
颜色		琢型		质量(g)	
正交偏光镜下 360° 观察到现象					
结论					

标样号_____

适用于有色透明至半透明各向异性材料					
颜色		琢型		质量(g)	
正交偏光镜下 360° 观察到现象					
结论					

标样号_____

适用于有色透明至半透明各向异性材料					
颜色		琢型		质量(g)	
正交偏光镜下 360° 观察到现象					
结论					

标样号_____

适用于有色透明至半透明各向异性材料					
颜色		琢型		质量(g)	
正交偏光镜下360°观察到现象					
结论					

标样号_____

适用于有色透明至半透明各向异性材料					
颜色		琢型		质量(g)	
正交偏光镜下360°观察到现象					
结论					

标样号_____

适用于有色透明至半透明各向异性材料					
颜色		琢型		质量(g)	
正交偏光镜下360°观察到现象					
结论					

九、查尔斯滤色镜观测记录表

宝玉石名称	宝石颜色	查尔斯滤色镜下特征

十、荧光灯观测记录表

宝玉石名称	颜色	SWUV 下特征(SW)	LWUV 特征(LW)

十一、二色镜、偏光镜、查尔斯滤色镜、荧光灯、热导仪观测表

宝玉石名称	颜色	琢型	质量(g)	多色性	偏光镜检查	查尔斯滤色镜检查	荧光检查		热导仪检查
							LW	SW	

宝玉石名称	颜色	琢型	质量(g)	多色性	偏光镜检查	查尔斯滤色镜检查	荧光检查		热导仪检查
							LW	SW	

十二、分光镜测试表

宝玉石名称	颜色	琢型	质量(g)	分光镜测试
				700　　600　　500　　450　　400nm
				700　　600　　500　　450　　400nm
				700　　600　　500　　450　　400nm
				700　　600　　500　　450　　400nm
				700　　600　　500　　450　　400nm
				700　　600　　500　　450　　400nm
				700　　600　　500　　450　　400nm
				700　　600　　500　　450　　400nm
				700　　600　　500　　450　　400nm

宝玉石名称	颜色	琢型	质量(g)	分光镜测试
				700　　　600　　　500　　　450　　　400nm
				700　　　600　　　500　　　450　　　400nm
				700　　　600　　　500　　　450　　　400nm
				700　　　600　　　500　　　450　　　400nm
				700　　　600　　　500　　　450　　　400nm
				700　　　600　　　500　　　450　　　400nm
				700　　　600　　　500　　　450　　　400nm
				700　　　600　　　500　　　450　　　400nm
				700　　　600　　　500　　　450　　　400nm
				700　　　600　　　500　　　450　　　400nm

十三、钻石分级实习作业

标样号_____

证书号_____
定名_____ 琢型_____
尺寸（平均直径____mm，全深____mm）
质量_____ct 色级_____ 净度_____
比率：台宽_____ 亭深_____
　　　冠角_____ 腰厚_____
　　　切工_____ 修饰度_____
紫外荧光_____
出证日期_____年____月____日

分级师_____ 校验_____

一、颜色分级

| D | E | F | G | H | I | J | K | L |

荧光反应

| 无 | 弱 | 中 | 强 |

二、净度分级（10×镜下目测）

内部瑕疵			外部瑕疵		
序号	台面观察	亭部观察	序号	台面观察	亭部观察
1			1		
2			2		
3			3		

| LC | VVS1 | VVS2 | VS1 | VS2 | SI1 | SI2 | P1 | P2 | P3 |

三、切工分级（10×镜下目测）

序号	项目	评级
1	最大直径_____mm，最小直径_____mm，全深_____mm，平均直径_____mm	很好　好　一般
2	台宽比	很好　好　一般
3	冠角	很好　好　一般
4	亭深比	很好　好　一般
5	腰厚（粗磨、抛光、刻面）	很好　好　一般

四、质量

称重：_____ct　　估重_____ct

标样号_____

证书号_____
定名_____琢型_____
尺寸(平均直径___ mm,全深___ mm)
质量_____ct 色级_____净度_____
比率:台宽_____亭深_____
　　　冠角_____腰厚_____
　　　切工_____修饰度_____
紫外荧光_____
出证日期_____年____月____日

分级师_____校验_____

一、颜色分级

| D | E | F | G | H | I | J | K | L |

荧光反应

| 无 | 弱 | 中 | 强 |

二、净度分级(10×镜下目测)

内部瑕疵			外部瑕疵		
序号	台面观察	亭部观察	序号	台面观察	亭部观察
1			1		
2			2		
3			3		

| LC | VVS1 | VVS2 | VS1 | VS2 | SI1 | SI2 | P1 | P2 | P3 |

三、切工分级(10×镜下目测)

序号	项目	评级
1	最大直径_____mm,最小直径_____mm,全深_____mm,平均直径_____mm	很好　好　一般
2	台宽比	很好　好　一般
3	冠角	很好　好　一般
4	亭深比	很好　好　一般
5	腰厚(粗磨、抛光、刻面)	很好　好　一般

四、质量

称重:_____ct　　估重_____ct

十四、未知宝石测试表

标样号_____

颜色		折射率	高值	低值	光谱特征	
琢型		双折射率				
光泽		多色性	颜色			
透明度			强　中　弱		紫外荧光	LW
火彩						SW
特殊光学效应		偏光镜测试	现象		放大检查	
解理			结论			
断口		光性				
拼合现象		密度			其他测试	
掂重		重液测试				
定名						

标样号_____

颜色		折射率	高值	低值	光谱特征	
琢型		双折射率				
光泽		多色性	颜色			
透明度			强　中　弱		紫外荧光	LW
火彩						SW
特殊光学效应		偏光镜测试	现象		放大检查	
解理			结论			
断口		光性				
拼合现象		密度			其他测试	
掂重		重液测试				
定名						

标样号_____

颜色		折射率	高值	低值	光谱特征	
琢型		双折射率				
光泽		多色性	颜色			
透明度			强 中 弱		紫外荧光	LW
火彩						SW
特殊光学效应		偏光镜测试	现象		放大检查	
解理			结论			
断口		光性				
拼合现象		密度			其他测试	
掂重		重液测试				
定名						

标样号_____

颜色		折射率	高值	低值	光谱特征	
琢型		双折射率				
光泽		多色性	颜色			
透明度			强 中 弱		紫外荧光	LW
火彩						SW
特殊光学效应		偏光镜测试	现象		放大检查	
解理			结论			
断口		光性				
拼合现象		密度			其他测试	
掂重		重液测试				
定名						

标样号_____

颜色		折射率	高值	低值	光谱特征	
琢型		双折射率				
光泽		多色性	颜色			
透明度			强　中　弱		紫外荧光	LW
火彩						SW
特殊光学效应		偏光镜测试	现象		放大检查	
解理			结论			
断口		光性				
拼合现象		密度			其他测试	
掂重		重液测试				
定名						

标样号_____

颜色		折射率	高值	低值	光谱特征	
琢型		双折射率				
光泽		多色性	颜色			
透明度			强　中　弱		紫外荧光	LW
火彩						SW
特殊光学效应		偏光镜测试	现象		放大检查	
解理			结论			
断口		光性				
拼合现象		密度			其他测试	
掂重		重液测试				
定名						

标样号_____

颜色		折射率	高值	低值	光谱特征	
琢型		双折射率				
光泽		多色性	颜色		紫外荧光	LW
透明度			强 中 弱			SW
火彩		偏光镜测试	现象		放大检查	
特殊光学效应						
解理			结论			
断口		光性				
拼合现象		密度			其他测试	
掂重		重液测试				
定名						

标样号_____

颜色		折射率	高值	低值	光谱特征	
琢型		双折射率				
光泽		多色性	颜色		紫外荧光	LW
透明度			强 中 弱			SW
火彩		偏光镜测试	现象		放大检查	
特殊光学效应						
解理			结论			
断口		光性				
拼合现象		密度			其他测试	
掂重		重液测试				
定名						

标样号_____

颜色		折射率	高值	低值	光谱特征	
琢型		双折射率				
光泽		多色性	颜色			
透明度			强 中 弱		紫外荧光	LW
火彩						SW
特殊光学效应		偏光镜测试	现象		放大检查	
解理			结论			
断口		光性				
拼合现象		密度			其他测试	
掂重		重液测试				
定名						

标样号_____

颜色		折射率	高值	低值	光谱特征	
琢型		双折射率				
光泽		多色性	颜色			
透明度			强 中 弱		紫外荧光	LW
火彩						SW
特殊光学效应		偏光镜测试	现象		放大检查	
解理			结论			
断口		光性				
拼合现象		密度			其他测试	
掂重		重液测试				
定名						

标样号_____

颜色		折射率	高值	低值	光谱特征	
琢型		双折射率				
光泽		多色性	颜色			
透明度			强 中 弱		紫外荧光	LW
火彩						SW
特殊光学效应		偏光镜测试	现象		放大检查	
解理			结论			
断口		光性				
拼合现象		密度			其他测试	
掂重		重液测试				
定名						

标样号_____

颜色		折射率	高值	低值	光谱特征	
琢型		双折射率				
光泽		多色性	颜色			
透明度			强 中 弱		紫外荧光	LW
火彩						SW
特殊光学效应		偏光镜测试	现象		放大检查	
解理			结论			
断口		光性				
拼合现象		密度			其他测试	
掂重		重液测试				
定名						

十五、镶嵌宝石的质量评价

样品号		全重(g)		
颜 色		形 状		
光 泽		透明度		
特殊光学效应		滤色镜下特征		
多色性		紫外荧光		LW	SW
偏光镜测试 现象		放大检查		
结论				
其他测试		初步定名		
镶嵌工艺的质量评价				

样品号		全重(g)		
颜 色		形 状		
光 泽		透明度		
特殊光学效应		滤色镜下特征		
多色性		紫外荧光		LW	SW
偏光镜测试 现象		放大检查		
结论				
其他测试		初步定名		
镶嵌工艺的质量评价				

十六、宝玉石鉴定表

年　月　日

样品号	颜色	琢型	质量 (g)	透明度	放大检查	折射率	多色性	偏光镜检查	滤色镜检查	发光性 LW	发光性 SW	密度 (g/cm³)	分光镜检查	其他特征	鉴定名称

样品号	颜色	琢型	质量 (g)	透明度	放大检查	折射率	多色性	偏光镜检查	滤色镜检查	发光性 LW	发光性 SW	密度 (g/cm³)	分光镜检查	其他特征	鉴定名称

年　月　日

年　月　日

样品号	颜色	琢型	质量 (g)	透明度	放大检查	折射率	多色性	偏光镜检查	滤色镜检查	发光性 LW	发光性 SW	密度 (g/cm³)	分光镜检查	其他特征	鉴定名称

样品号	颜色	琢型	质量 (g)	透明度	放大检查	折射率	多色性	偏光镜检查	滤色镜检查	发光性 LW	发光性 SW	密度 (g/cm³)	分光镜检查	其他特征	鉴定名称

年　月　日

年　月　日

样品号	颜色	琢型	质量 (g)	透明度	放大检查	折射率	多色性	偏光镜检查	滤色镜检查	发光性 LW	发光性 SW	密度 (g/cm³)	分光镜检查	其他特征	鉴定名称

年　月　日

样品号	颜色	琢型	质量 (g)	透明度	放大检查	折射率	多色性	偏光镜检查	滤色镜检查	发光性 LW	发光性 SW	密度 (g/cm³)	分光镜检查	其他特征	鉴定名称